シリーズ
いま日本の「農」を問う
5

遺伝子組換えは農業に何をもたらすか

世界の穀物流通と安全性

椎名 隆／石崎陽子／内田 健／茅野信行［著］

ミネルヴァ書房

刊行にあたって

「農業」関連の議論や報道が活発化している。これまで農業問題というと、農業研究者や生産者、農林水産省・JA関係者だけの問題と考えられ、とくに都市部の住民は関心が薄かった。ところが、ここへきて急に農業問題がクローズアップされ一般市民の関心を集めている背景には、世界規模での社会情勢の変化がある。マスコミが発信する記事からは、研究機関・穀物メジャーや大商社・食品関連企業・農林水産省などからの新しい農業の動向が伝えられる。また食料自給率や食料安全保障という考え方が市民に浸透し、日本の食料問題は、世界の政治・経済や気候条件と無関係ではないという事実を強く感じさせる。

また環境問題や食の安全問題は、自分自身の問題として、我々の日常に無関係ではなくなっている。しかし肥料の過剰投与や化学農薬による土壌や水質汚染、遺伝子組換え種子の問題は、それをセンセーショナルに否定的にとらえる論調ばかりが目立ち、実際のところはどうなのか、という冷静な判断ができにくくなっている。

一方で、化学肥料や農薬を使わない「有機農業」や、そもそも肥料も農薬も使わない「自然農法」の存在がきわめて魅力的に語られ、環境や食の安全に関心のある人々を惹きつけている。しかし、実際のところはどうなのか、現実にはどの程度実現しているのか、という冷静で客観的な判断は、残念ながらあまり目にする機会がない。これは原発の自然エネルギーへの代替可能性論議に似ている。

本シリーズを企画するにあたり、センセーショナルな論者ではなく、科学的かつ客観的で冷静な、あるいは農業の実践者ならではの経験蓄積から語られる、説得力のある言葉をもつ筆者にお願いした。そのため執筆者の範囲はたいへん広くなり、大学や研究機関の研究者では、農学にとどまらず、生物学、植物遺伝学、文化人類学、経済学、哲学、歴史学、社会学にまでおよぶこととなった。研究者以外では、穀物メジャーや大商社の現役商社マン、世界規模の化学会社、種苗会社、食品関連企業、また農業関係のジャーナリストやコンサルタント、大規模農家、農業関連NPOの代表や農業ベンチャーの経営者まで幅広い。その結果、執筆者の年齢も三〇代はじめから七〇代まで広がった。また筆者選定にあたり、TPPに賛成か反対か、遺伝子組換え問題に賛成か反対かという立場を「踏み絵」的条件にすることを避けた。

この企画作業の過程で、「農業」という人間の営みがもつ多面的な姿に気付かされることになった。「農業」は生産活動である前にまず「文化的な営み」であることを感じ、企画の基調に「農業は文化である」という視点を立てることとなった。

この広範な視野を取り込む編集作業にあたり、多くの方のご協力、ご教示を得た。ここに記し、深く感謝する次第である。

平成二六年五月

本シリーズ企画委員会

遺伝子組換えは農業に何をもたらすか——世界の穀物流通と安全性

目次

本文DTP AND・K
企画・編集 エディシオン・アルシーヴ

第1章　遺伝子組換え農業の可能性と課題

――研究者からのメッセージ――

椎名　隆・石崎陽子

椎名　隆

（しいな　たかし）

1959年，茨城県生まれ。

京都府立大学大学院生命環境科学研究科教授。

1982年，東北大学理学部生物学科卒業。88年，東京大学大学院博士後期課程を修了，理学博士。広島大学総合科学部，京都大学大学院人間・環境学研究科を経て，現職。専門は葉緑体を中心にした生理学および分子生物学研究。『有機農業と遺伝子組換え食品』（パメラ・ロナルド，ラウル・アダムシャ著，椎名隆・石崎陽子・奥西紀子・増村威宏訳，丸善出版，2011年），『スタートアップ生化学』（椎名隆・佐藤雅彦・角山雄一著，化学同人，2009年）他論文多数。

石崎陽子

（いしざき　ようこ）

京都府立大学大学院生命環境科学研究科教室実験補助員。

1983年，京都府立大学農学部農芸化学科卒業後，宝酒造株式会社研究員。95年から京都の複数の大学でパートタイム研究補助員を経て現職。主著『有機農業と遺伝子組換え食品』（椎名隆他と共訳）。

1　バイオテクノロジーの講義

教室から

教養課程の生物学の授業で、バイオテクノロジーについての講義をしている。講義の最初で学生に聞くお決まりの質問がある。「朝ご飯に、遺伝子組換え食品を食べた人はいますか？」。手を挙げる学生はまずいない。数人手を挙げかけても、周りを見回して引っ込めてしまう。そこで逆に「食べていないと思う人は？」と聞くと、ほとんどの学生が一斉に手を挙げる。学生の多くは、醤油や食用油の原材料に遺伝子組換えダイズやトウモロコシが使われる場合があることを知っている。しかし、それは特殊な食材に限られたことで、自分たちの食生活とはあまり関係ないと思っているのだ。

そこで次に、ドレッシングやマヨネーズ、カップ麺、菓子、清涼飲料水などの実物を配り、商品の裏側の原材料表示を確認してもらう（図1）。そうすると、教室のあちこちから、「えっ！」「何これ？」「どういう意味？」「俺これ昨日食べたよ」という声が上がる。一部大手スーパーや生協の自社企画商品の中には、「遺伝子組換え不分別」や「遺伝子組換え

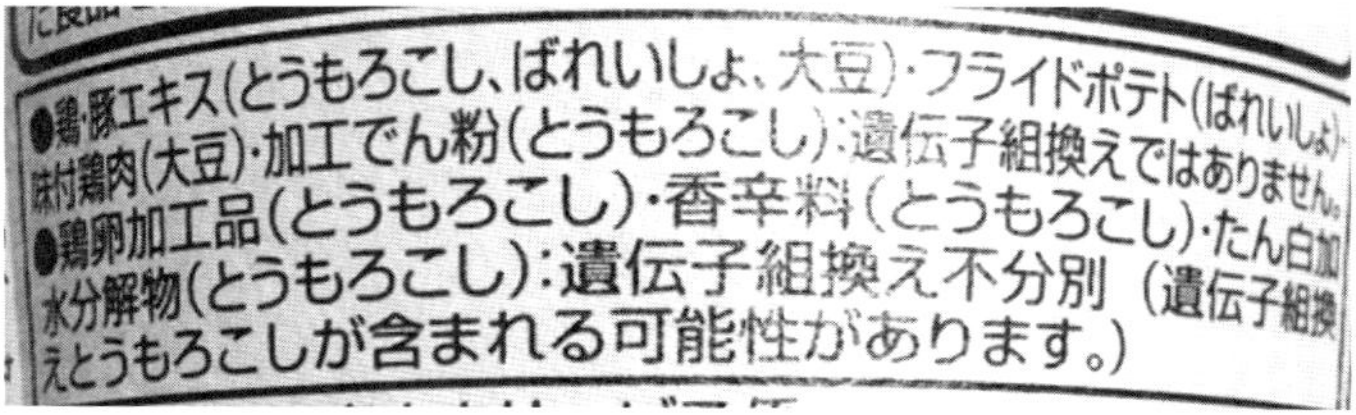

図１　遺伝子組換え原材料の表示例

カップ麺の原材料表示で，遺伝子組換え不分別（遺伝子組換えとうもろこしが含まれる可能性があります）の表示がされている。

ダイズを含む可能性があります」などの表示がされている商品がある。

実は、日本は世界有数の遺伝子組換え作物の輸入国で、私たちは毎日その製品を口にしているのだ。学生たちは、自分たちが日常的に食べている食品や飲料に遺伝子組換え原料が使われていることを知り、興味津々だ。「このマーガリンにも入っている」「ゼリーにも入っているの？」。実際のところ、どのような食品に遺伝子組換え原料が使われているのだろう。

学生とスーパーマーケットに行き、遺伝子組換え原料が使われている商品を調べたことがある。「カレーもシチューも……」「栄養補助食品にも使われているようです」「お菓子にも、チューハイにも入っている」。いろいろな声が上がる。ドレッシング（和風ドレッシングも例外ではない）、食用油の他に、シチューやカレー、パスタソース、カップ麺やカップスープ、菓子類（チョコレート菓子やクッキーの他にチーズタラなどの珍味にも）、また、栄養補助ゼリーやクッキー、清涼飲料水やアルコール飲料にも表示があった。本当にさまざまな食品に遺伝子組換え原料が使われている可能性がある。

一方、スーパーマーケットの別の場所を見に行った学生からは、異なった報告が入る。「野菜にはそのような表示はありません」「おコメも大丈夫」「納豆と豆腐を全部調べたけれど、みんな『遺伝子組換えダイズを使用していません』と表示されていました」「アメリカから輸入されたポテトチップスやコーンフレークには何も書かれていません。英語表記も確認しました」。このように、野菜などの生鮮食材、コメはもちろん、うどんやスパゲッティなどの小麦製品には「遺伝子組換え不分別」の表示は一つもない。また、納豆や豆腐、味噌などのダイズ製品、ポップコーンやコーンフレークなどのトウモロコシ加工製品にも表示がなく、逆に「遺伝子組換えダイズ（トウモロコシ）不使用」の表示がされている場合も多い。混乱してくる。

日本では、ダイズやトウモロコシなどの遺伝子組換え作物の商業栽培はまったく行われていない（遺伝子組換えバラの花き栽培を除く）。そのため、コメや生鮮野菜はもちろん、国産のダイズやトウモロコシを使った納豆や豆腐、スナック菓子などにも遺伝子組換え原料は使われていない。一方、日本は世界有数の遺伝子組換え作物の輸入国の一つで、輸入ダイズやトウモロコシには相当量の遺伝子組換え品種が含まれている。しかし、その多くが家畜用の飼料として使われ、残りは食用油やデンプン由来の異性化糖（デンプンを加水分解し、果糖などに異性化した糖）の原料となる。遺伝子組換え作物が、私たちの口に直接入ることはまずない。食用油や異性化糖は、多くの加工食品に原材料の一部として使われているが、日本の食品表示基準では、遺伝子組換え食品であることを表示する義務がない。油や糖にすることで、原材料のＤＮＡやタンパク質が検出できなくなるためだ。したがって、遺伝子組換え作物由来の食用油や異性化糖を使っていても、多くの加工食品ではあえてそのような表示はされていない。生協などの一部商品についてのみ、消費者に正確な情報を伝えるというスタンスから、「遺伝子組換え不分別」などの表示がされている（表示がない他の製品に遺伝子組換え原料が使われていないというわけではない）。したがって、日常的に利用している加工食品には、遺伝子組換え作物が原材料として含まれている可能性が高い。

食の安心・安全

学生から、いろいろな声が上がる。「本当にずっと食べ続けて安全なのですか？　動物実験は？」

食べることは、私たちが健康に生きていくための基本だ。そのため、食にまつわる問題にはとくに神経質になる。「食の安心・安全」という言葉をよく聞く。「食の安心」は不安や心配がない主観的な状況を、「食の安全」は健康に害を及ぼす危険が物理的、化学的に存在しない状況を意味する。ところで、実際に口に入れる食物の「安心と安全」を、私たちは本当に理解しているだろうか。

スーパーマーケットに「低温殺菌牛乳」と「超高温殺菌牛乳」が並んでいると、何となく「低温殺菌牛乳」の方が美味しく、身体にも良いように（安全だと）思って手に取ってしまう。「低温殺菌牛乳」は六五度で三〇分の殺菌を行ったもので、一部の高温耐性菌が生き残る可能性がある。明示された消費期限までに飲みきらないと味は悪くなり、お腹をこわす原因になりかねない。一方、「超高温殺菌牛乳」は一二〇度で三秒の高温殺菌で微生物は完全に死滅しており日持ちがする。結局、美味しい期間が長い。「安心」と「安全」が一致しない一例である。

遺伝子組換え食品は、いつの間にか身近な言葉になった。これは「安心」できるものなのか？　本当に「安全」なのか？　まず「遺伝子組換え」という言葉が不安を呼び起こす。ガンの原因が遺伝子の変異であることを私たちは知っている。そのため、無意識に遺伝子は変化させてはいけないものと考えがちだ。遺伝子を組換える（変化させる）ことで作られた食品には本能的な不安を持つ。遺伝子組換え食品は食べたくないと思うことになる。しかし、その不安には科学的根拠があるのだろうか。

遺伝子組換え作物に先立って認可された遺伝子組換え食品に、食品添加物レンネットがある。チーズ生産には、生後三〜五週の子牛の胃からしかとれないレンネットが欠かせない。レンネットは牛乳のカゼインを分解する酵素キモシンを含み、カゼインを部分分解し凝集させる働きがある。近年は、値段の高騰や動物愛護の観点から、カビ由来のレンネットも使われているが、風味や味の点で子牛のレンネットに劣るとされている。そこで、遺伝子組換え技術を使いウシのキモシンを大腸菌や酵母で製造するようになった。アミノ酸配列は同じなので、その働きも子牛由来のキモシンと同じである。日本での認可は一九九四年になる。二〇〇七年時点で、世界のレンネットの四五パーセントが遺伝子組換えキモシンを使った製品となっている。遺伝子組換えキモシンの安全性に関する問題点はこれまで指摘されていない。遺伝子組換え技術がチーズ作りを支えている。

二一世紀農業の直面する課題

さらに質問は続く、「遺伝子組換え食品って美味しいの？」「なんで、遺伝子組換えでないといけないの？」、遺伝子組換え作物を栽培する理由はどこにあるのだろうか。

二一世紀の農業は深刻な課題に直面している。二〇五〇年までに世界人口は九〇億人に達し、経済発展にともなう食生活の変化（食肉消費の増大）によって、世界の穀物消費量が大幅に増える。経済協力開発機構（ＯＥＣＤ）・国連食糧農業機関（ＦＡＯ）アウトルック（二〇一二）では、今後四〇年で六〇パーセントの食糧増産が必要になると分析している。一方、地球の食糧生産能力はもう限界に近い。国際自然保護連合（ＩＵＣＮ）のレッドリスト（二〇一二）によると、現存の哺乳類の二割、両生類の三割が絶滅に瀕している。これ以上ジャングルや草原を畑にして食糧増産を図ることはできない。また、農業に水や肥料は不可欠で、水資源やリン酸資源の不足も深刻な問題だ。

私たちに求められているのは、増える人口と食肉消費をまかなう食糧増産を行うと同時に、地球環境への負荷を小さくした持続的農業システムを構築するという、一見矛盾した

21世紀農業に求められる課題

・増える人口と食肉消費をまかなう食糧増産
　(2050年までに60%の生産増)
・環境負荷を小さくした持続的農業

遺伝子組換え技術ができること

・農薬（除草剤，殺虫剤）の削減
・生産性の向上
・農業で使う水量の削減
・肥料利用効率の向上
・農業関連二酸化炭素排出量の削減
・生物多様性の向上
・作物の栄養特性の改善

遺伝子組換え農業の課題

・食品としての安全性
・組換え遺伝子の環境への拡散
・除草剤耐性雑草，Bt抵抗性害虫の発生
・消費者への情報提供と表示問題

インドネシアの水田

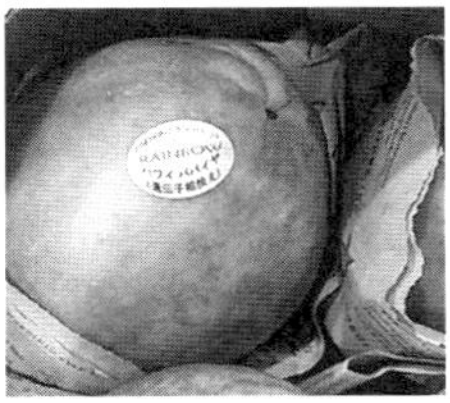

遺伝子組換えパパイヤ

図２　現代農業の課題と遺伝子組換え技術

遺伝子組換え技術は，現代農業が直面する課題に応えるための重要な農業技術の一つである。一方，遺伝子組換え農業にはさまざまな懸念もある。

インドネシアでは米作が盛んで，３期作も可能であるが，人口増によって消費量が増大し，生産量が追いついていない。灌漑が不十分な農地での水不足や害虫被害などが問題になっている（写真上）。

日本では100種以上の遺伝子組換え農産物が認可されている。写真（下）は，耐病性を強めたハワイの遺伝子組換えパパイヤで，「遺伝子組換え」との表示がされている。

課題に同時に応えることだ（図2）。これ以上農地を増やさず、水や肥料を節約しながら、単位面積あたりの食糧生産量を高める必要がある。解けない問題ではない。我々は、さまざまな道具や知恵を持っている。生産量の三分の一にも達する食糧ロスを抑えることや有機農業などの循環的農業技術を採用することも大切だし、遺伝子組換え作物も重要な選択肢になる。

一九九六年以来の遺伝子組換え作物の導入は、収量の増大だけでなく、水や肥料、農薬使用量の削減につながった。さらに、農業由来の二酸化炭素発生量が減少し、耕作地の生物多様性を高めるという効果も生んだ。意外なことに、遺伝子組換え農業は、持続的農業としての側面も併せ持つ。

食糧生産に遺伝子組換え技術をどう使っていくかには、さまざまな意見がある。本章では遺伝子組換え農業のアウトラインを紹介することで、読者がそれぞれに考える基盤を提供したい。実際、どのような遺伝子組換え作物が日本に輸入され、どのように使われているのか？　遺伝子組換え農業には、どのような利点と問題点があるのか。遺伝子組換え食品の安全性はどう審査されているのか？　動物実験の結果は？　各国の表示ルールはどうなっているか？　本章では、これらの疑問にできるだけ平易に答えていきたいと思う。

2　遺伝子組換え農業の現状

遺伝子組換え作物とは

日本に大量に輸入されている遺伝子組換え作物とは、そもそもどんなものなのか。筆者を含めて二〇世紀に教育を受けた世代にとって、「遺伝子組換え」という言葉は学校では習っていない新しい言葉だ。「遺伝子組換え食品」とか、「GM（Genetically modified）作物」という言葉を、いつの間にか見聞きするようになったが、実際のところはよくわからないという方も少なくないと思う。まず、遺伝子組換え作物の概要について簡単に紹介しよう。

遺伝子組換え技術とは、ある生物の特定の遺伝子を選び出し、「種の壁」を越えて他の生物に導入する技術のことだ（図3）。この技術を使えば、微生物の遺伝子もヒトの遺伝子も自由に選び出して、大腸菌やトウモロコシに導入して働かせることができる。実際、ヒトの遺伝子を導入した遺伝子組換え大腸菌や酵母は、インスリンなどの医薬品生産に広く用いられている。

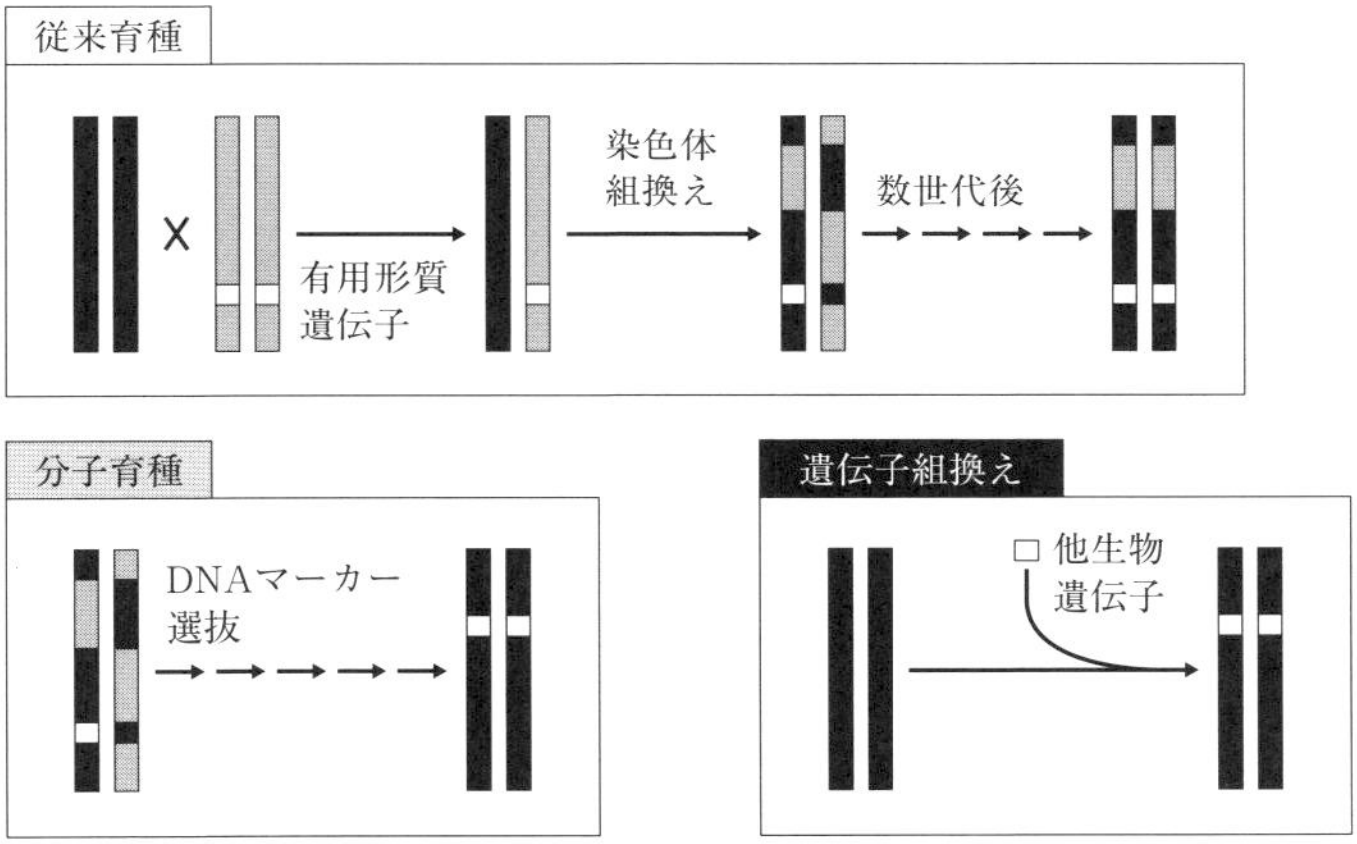

図３　従来育種と遺伝子組換え育種
掛け合わせと選抜を基本とする従来育種では，優良形質に関係する遺伝子の他に多くの遺伝子が導入され，選抜に時間がかかる。DNAマーカーを用いた分子育種では，有用遺伝子の選抜過程を大幅に短縮できるが，種を越えた遺伝子導入はできない。一方，遺伝子組換え技術では，種の壁を越えて有用遺伝子のみを作物に導入することができる。

人類は約一万年前に農耕を始めた時から、よりたくさんの実が取れる植物、よりおいしい実をつける植物、そして病気や害虫に強い植物を選び出し、栽培作物を作ってきた。この過程は、より良い遺伝子を選び出す無意識の作業にほかならない。この過程を育種という。その結果、小さな実しかつけない野生原種から、トウモロコシやトマトなどの美味しい実をたくさんつける栽培植物が作られた。一方、育種技術では種の壁を越えて遺伝子を導入することはできない。

それを可能にしたのが遺伝子組換え技術で、これまでの作物が持つ能力を大きく超えた新しい作物が作られ、世界中で栽培されている。

現在、栽培されている遺伝子組換え作物は大きく二つの種類がある（図4）。一つは、

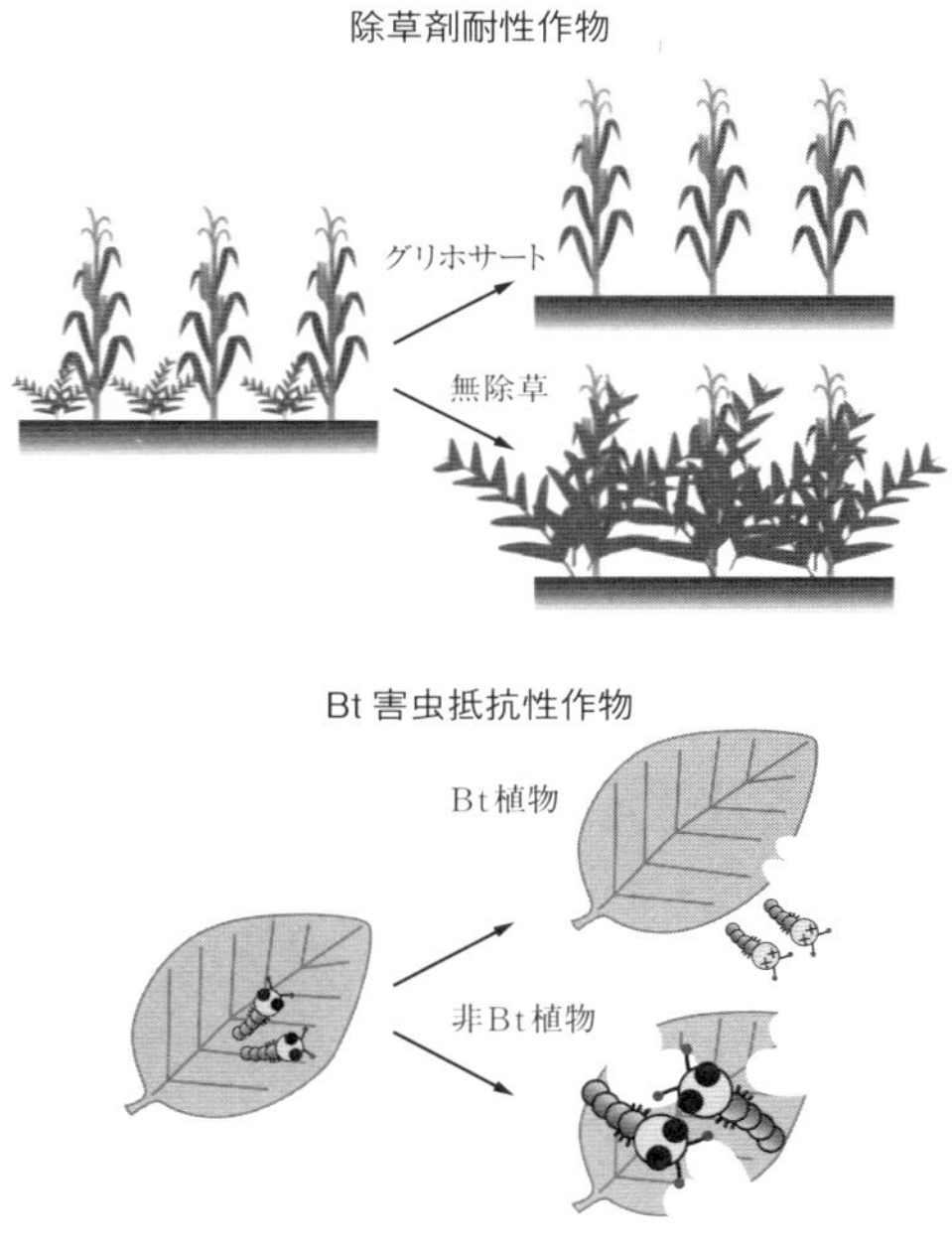

図4　除草剤耐性作物とBt害虫抵抗性作物

グリホサートは，すべての植物に有効な非選択的除草剤である。除草剤耐性作物は，グリホサート抵抗性のEPSPS酵素を持ち，グリホサート散布時でもアミノ酸合成が正常に起こり生き残る。一方，雑草はグリホサートによって枯死する（上）。

Btタンパク質を発現する害虫抵抗性作物をターゲットの害虫が食べると，栄養障害を起こし，死ぬ（下）。一方，Btタンパク質は，ターゲットの害虫以外の昆虫や人を含めた哺乳動物には無害である。Btタンパク質は，生物農薬として有機農業でも使われている。

除草剤をかけても枯れない作物で、「除草剤耐性作物」と呼ばれる。除草剤グリホサートはすべての植物に有効な除草剤で、これを散布すると雑草はほとんど枯れるが、除草剤耐性遺伝子組換え作物だけが生き残る。その結果、農家は草取りの重労働から開放される。この植物には、土壌細菌が持つグリホサート耐性アミノ酸合成酵素の遺伝子が導入されている。

もう一つは、「Bt作物」と呼ばれる害虫抵抗性を持つ作物である。一部の土壌細菌*Bacillus thuringiensis*（バチラス・チューリンゲンシス／Bt菌）が持つBtタンパク質は、特定の昆虫の消化管に働いて栄養吸収を阻害し、昆虫を殺す能力を持つ。このBtタンパク質を作る遺伝子を植物に導入することで、特定の害虫に強い抵抗性を持つ作物を作ることができる。これがBt作物で、殺虫剤を使わない栽培が可能になる。ちなみにBtタンパク質は哺乳類への毒性は無く、有機農業で長く使われてきた生物農薬の一つでもある。

世界の遺伝子組換え農業

大規模機械化農業を行っている北米やオーストラリアの畑から、アフリカの自給自足の小規模栽培まで、世界中の耕作地の面積を見積もると、約一五億ヘクタールになる。(1)これは、南極やグリーンランド以外の氷床に覆われていない土地（砂漠や高山も含めて）の一六パーセントに相当する[2]（図５①）。さて、その何パーセントで遺伝子組換え作物を栽培する農業が行われているのだろう。その面積は、二〇一二年時点で一億七五〇〇万ヘクター

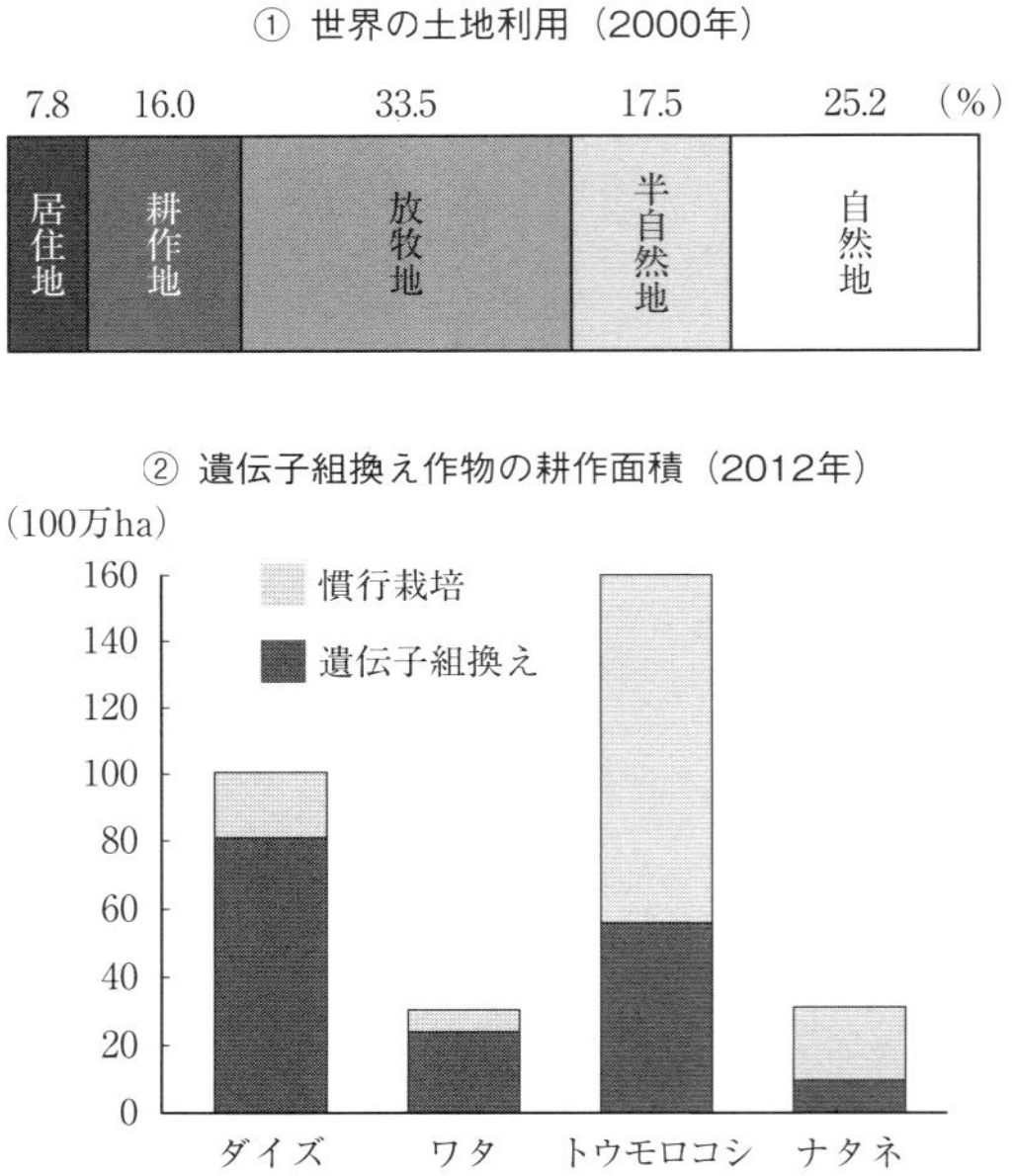

図５　世界の土地利用と遺伝子組換え作物の栽培面積

① 世界の氷に覆われていない土地の16%が耕作地となっている。居住地や放牧地を加えると，世界の土地の半分以上を人間が使っている。
出典：N. Jones (2011)「人間活動を指標に，新たな地質年代」*Nature* ダイジェスト，9巻8号，14-15頁より，椎名改変。

② 遺伝子組換え作物は，2012年時点で，世界の耕作地の11%を超える面積で栽培されている。主な栽培国は，米国，ブラジル，アルゼンチン，カナダとインドとなる。
出典："GM crops: A story in numbers" (2013) *Nature* 497, 22-23より，椎名改変。

ルになる。つまり、地球の全耕作地面積の一割以上（一一・三パーセント）で遺伝子組換え作物が生産されている。ちょっと驚きの数字かもしれない。日本の国土面積三七八〇万ヘクタールと比べると、その規模が実感できる。日本の国土の四・六倍もの土地で遺伝子組換え作物が栽培されている。そしてその面積は毎年広がっている。

次に、遺伝子組換え品種と一般品種の栽培比率を見てみる（図５②）。ダイズ、トウモロコシ、ワタ、ナタネが世界で栽培されている代表的遺伝子組換え作物になる。世界のダイズ作付け面積一億ヘクタールの八一パーセントで遺伝子組換えダイズが栽培されている。[3] ワタも同様で、八一パーセントが遺伝子組換え品種となっている。ダイズとワタについては、遺伝子組換え品種が通常品種ということになる。トウモロコシは三五パーセント、ナタネについては三〇パーセントで遺伝子組換え品種が栽培されている。トウモロコシは世界の三大穀物の一つで、遺伝子組換えトウモロコシの栽培面積は五五〇〇万ヘクタールにもなり、ダイズに次いで大量に栽培されている遺伝子組換え作物となる。

遺伝子組換え作物の栽培がどのように増えてきたのかを見てみよう（図６）。遺伝子組換え作物の商業栽培が始まったのは一九九六年である。その後、毎年六〜一〇パーセントの比率で栽培面積が増大し、二〇〇六年には一億ヘクタールを突破し、その後も増大しつ

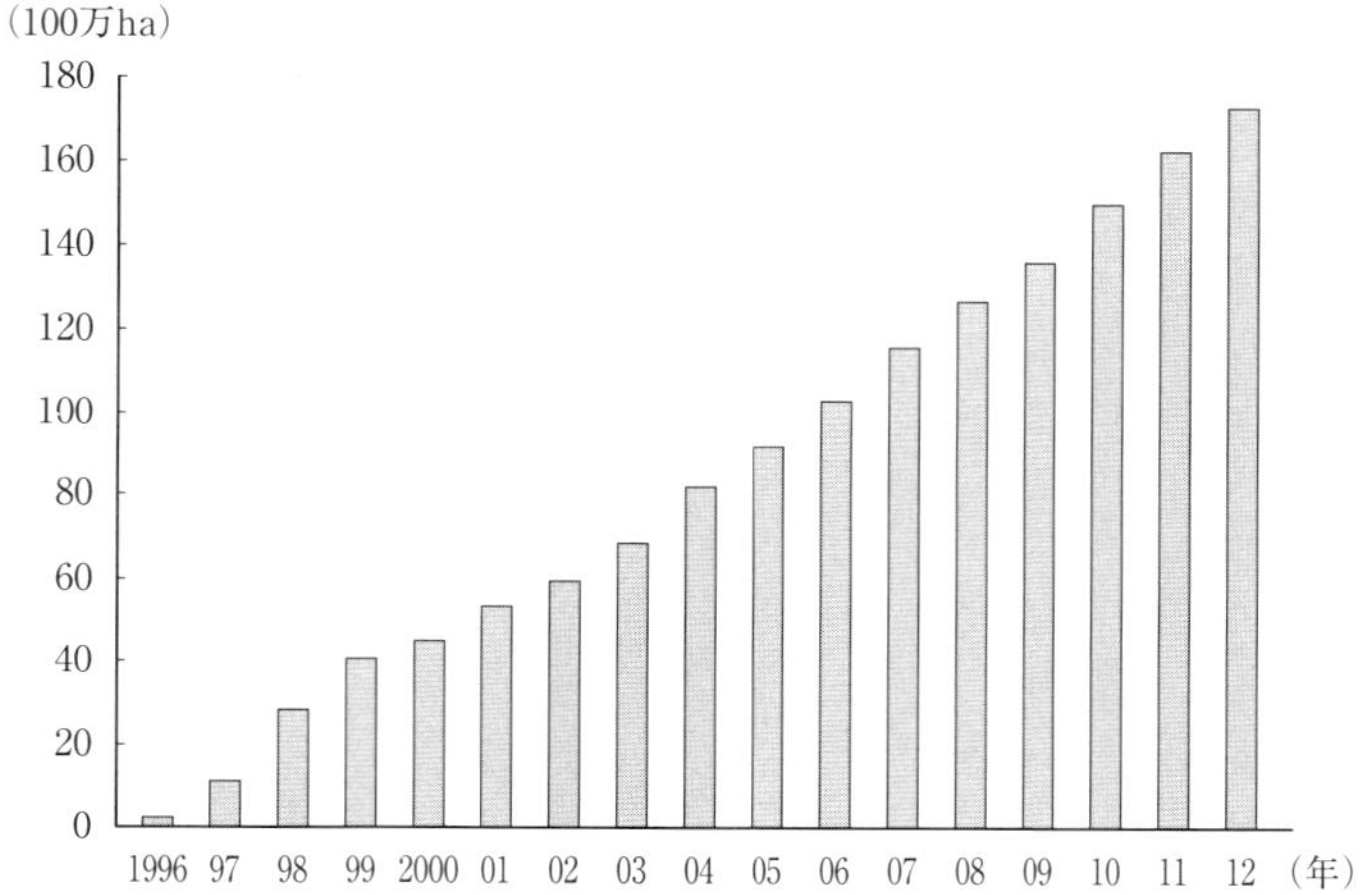

図6　遺伝子組換え作物の栽培面積の年次変化

1996年の最初の作付け以来，遺伝子組換え作物の作付け面積は一定の率で伸びている。2011年と2012年の間でも，6％増加し，新たに1030万haの面積に遺伝子組換え作物が作付けされた。これは，日本の耕作面積の2倍以上にあたる。

出典：ISAAA(2013) "Global Status of Commercialized Biotech/GM Crops in 2013," *Pocket K* No.16より，椎名改変。

づけている。(4) 二〇一三年には、世界中の二七カ国で遺伝子組換え作物の商業栽培が行われている。とくに、世界の食糧生産基地である米国、カナダ、ブラジル、アルゼンチン、インドでの栽培が盛んである。また、ブルキナファソ、南アフリカなどのアフリカ諸国でも遺伝子組換え作物の栽培を始めている。アフリカやインドでは、資源に恵まれない貧しい農民が遺伝子組換え作物栽培による経済的恩恵を受けている。

一方、EU、東南アジアおよ

び東アジア諸国は、概して遺伝子組換え作物の栽培に消極的だ。ＥＵではスペイン、東南アジアではフィリピンを除くと、ほとんどの国で遺伝子組換え作物はまったく商業栽培されていないか、ごく小規模の栽培にとどまっている。日本では、サントリーが開発した青いバラの花き栽培は行われているが、食用あるいは飼料用遺伝子組換え作物の商業栽培はされていない。一方、中国は、ダイズやトウモロコシで世界三位および二位の生産国であるが、遺伝子組換え品種の商業栽培は行われていない。しかし、遺伝子組換えワタの栽培は大規模に行われている。

遺伝子組換え作物の輸入状況

私たちが普段口にする納豆やコーンポタージュには「遺伝子組換えダイズ（トウモロコシ）不使用」のラベルがある。そのため、毎日の食卓で遺伝子組換え食品を食べている実感はない。実のところ、日本が輸入している遺伝子組換え作物の量は、どのくらいなのだろう。実は多くの穀物生産国で、遺伝子組換え品種と非遺伝子組換え品種を区別せずに輸出しているため正確な統計値は存在しない。そこで、日本が輸入している遺伝子組換え作物の量を推定した結果を見てみる[5]（表１）。

表１　日本が輸入している遺伝子組換え作物の推定量

作物名	輸入量（万トン）	遺伝子組換え（万トン）	非遺伝子組換え（万トン）	遺伝子組換え比率（％）
ダイズ	283	216	67	76
トウモロコシ	1,528	1,269	259	83
ナタネ	232	213	19	92

出典：NPO法人 くらしとバイオプラザ21「知っておきたいこと――遺伝子組換え作物・食品」9頁より，椎名改変。

まずダイズだが、二〇一一年に日本は二八三万トンのダイズを輸入している。その内、約七六パーセントの二一六万トンが遺伝子組換えダイズと推定される。一方、二〇一一年の国産ダイズの生産量は二二万トンで、日本のダイズ使用量のたった七パーセントしかまかなえていない。国内では、ダイズの六四・九パーセントが製油に使われ、味噌、醤油などの加工食品に五・一パーセント、飼料には三〇パーセントが使われている。日本の食品表示基準では、食用油については表示義務がない。輸入された遺伝子組換え非分別ダイズのほとんどは、飼料に使われたり、食用油に加工されるために、私たちの目に触れない。

次はトウモロコシだが、アメリカとブラジル、アルゼンチンなどから一二六九万トンの遺伝子組換えトウモロコシを輸入していると推定される。全トウモロコシ消費量の八三パーセントだ。一方、国内でのトウモロコシ生産量は二四万トンで日本のトウモロコシ消費量の一・六パーセントにすぎない。トウモロコシの六五パーセントが飼料に、二〇パーセントがコーンスターチ（デンプン）加工用に、残り一五パーセントがそれ以外の加工食品や発酵原料、一般食品として使われている。この場合も、飼料用やコーン油、異性化糖は遺伝子組換え表示の義務がないため、大量に輸入した遺伝子組換えトウモロコシが一般消費者の目に触れることはない。

ナタネについては、二三二万トンの輸入量のうち九二パーセントが遺伝子組換え品種である。一方、国内生産は一〇〇〇トンと、ほんのわずかだ。ナタネのほぼ全量は製油に使われるために、こちらも「遺伝子組換えナタネ」と表示されることはない。

このように、日本は遺伝子組換え作物を大量に輸入し、主に製油や異性化糖などの加工用途と飼料に利用している。日本は、トウモロコシとナタネの最大の輸入国であり、ダイズについては中国に次いで世界二位の輸入国だ。

供給熱量源の変化

ここで、興味深い分析を紹介したい。農林水産省の「農業白書」に、一九六五年と二〇一一年の日本の食料需給表の比較が出ている。(6) 日本人一人あたりの一日の供給熱量は、一九六五年が二四五九キロカロリー、二〇一一年が二四三六キロカロリーとほとんど変わっていない。現代は決して飽食の時代ではないのだ。大きく変わったのはコメから得るエネルギーの割合で、一九六五年の一〇九〇キロカロリーに対し、二〇一一年は五六二キロカロリーとほぼ半減している。その代わり伸びたのが、油脂類(一五九キロカロリーから三四一キロカロリー)と畜産類(一五七キロカロリーから三九六キロカロリー)で、それぞれ倍増している。その他のコムギ、砂糖、魚介類、野菜やダイズ製品の摂取量は熱量ベースで見る限り大きく変化していない。もうおわかりのことと思う。油脂と食肉を大量摂取する現代日本の食生活を、海外から輸入する遺伝子組換え作物が支えているのだ。現代日本の食生活は、実は遺伝子組換え農業と切っても切れない関係になっている。

遺伝子組換え農業が拡大する理由

図6に示したように、遺伝子組換え作物の栽培面積は短期間に急増している。一九九六年から一七年間の遺伝子組換え作物栽培の年平均成長率を計算すると、一三七・三パーセントになる。(7) 遺伝子組換え作物栽培はビジネスとして魅力的な市場を形成しているのだ。

成功の理由は、遺伝子組換え作物が特別美味しいからか? 育てる手間がかからないからか？　収穫量が多いからなのか？　遺伝子組換え作物という商品の魅力は何なのだろう。

農薬について

レイチェル・カーソンの『沈黙の春』以来、化学農薬はすっかり悪者になっているが、現代農業の高い生産性は、化学農薬の使用に支えられている。家庭菜園で無（減）農薬栽培がうまくいくのは、多品種を少量栽培しているためで、世界の人口を支えるために単一品種を大量栽培する大規模生産地で同じことを行うのは不可能だ。大規模生産地では、害虫や病気が大発生しやすく、安定した収穫には農薬が不可欠だ。昔使われていた強い毒性を持つ農薬の代わりに、現在ではより毒性の低い農薬が用いられるようになり、農薬事故や残留農薬汚染の心配はほとんどなくなった。

しかし、発展途上国を中心に毒性の強い農薬も依然として使われており、多かれ少なかれ人間や環境への影響が問題となっている。たとえば、二〇一三年七月には、有機リン系の毒性の強い農薬が混入した給食によって二〇名以上の児童が亡くなるという痛ましい事故が、インドで起こっている。大量の農薬を取り扱う農薬散布時の事故もなくならない。農薬散布時の体調不良を嫌って有機農業に取り組むようになった農家の方も少なくない。

また、昆虫や両生類の生物多様性など、生態系への悪影響も気になるところだ。さらに、殺虫剤や除草剤に対する抵抗性の拡大も大きな問題となる。人口が増大し、食に贅沢になった人類をまかなうためには高い農業生産性が必要である。その高い生産性のために必要な農薬が人間の健康や自然環境に対する負荷となっている。温暖化問題や原子力エネルギー問題と同様、人類が直面している「諸刃の剣問題」の一つである。

害虫や雑草を化学農薬によって根絶させるのではなく、化学農薬も含めたさまざまな防除手段を組み合わせることで農業生態系をコントロールする総合防除という考え方がある。遺伝子組換え技術は、総合防除の重要な手段の一つである。遺伝子組換え農業の拡大は世界の農薬削減に大きく寄与している。ここでは、その具体的状況を紹介する。

害虫抵抗性Bt作物は殺虫剤使用量を削減する

Btタンパク質を蓄積するBt作物は、植物体そのものが特定の害虫に対する殺虫性を持つために殺虫剤を必要としない。遺伝子組換え技術で作られた除草剤耐性作物や害虫抵抗性Bt作物の栽培は、除草剤や殺虫剤などの農薬使用量を削減し、その結果、栽培コストが削減されただけでなく、生物多様性の増大にもつながった。表2に、遺伝子組換え除草剤耐

表2　世界の遺伝子組換え作物栽培による農薬の削減量

作　物（害虫抵抗性Bt作物）	殺虫剤削減量（万トン）	殺虫剤削減率（%）	EIQ指数削減率（%）
トウモロコシ	5.0	46.2	41.7
ワ　タ	18.9	24.8	27.3
作　物（除草剤耐性作物）	除草剤削減量（万トン）	除草剤削減率（%）	EIQ指数削減率（%）
トウモロコシ	19.3	10.1	12.5
ダイズ	1.3	0.6	15.5
ワ　タ	1.6	6.1	8.9
ナタネ	1.5	17.3	27.1

1996年～2011年の16年間における，遺伝子組換え作物栽培による世界全体での除草剤使用量の変化。ダイズの場合，除草剤使用量の削減量は小さいが，使用する除草剤が異なるため環境影響指数は大きく減っている（EIQ指数とは，農薬の環境影響を評価した指数）。

出典：G. Brookes and P. Barfoot (2012) "Key environmental impacts of global genetically modified (GM) crop use 1996-2011," *GM Crops and Food: Biotechnology in Agriculture and the Food Chain* 4, 109-119より，椎名改変。

性作物の栽培が始まった一九九六年から二〇一一年の一六年間の、Bt作物の栽培による殺虫剤削減量をまとめた[8]。トウモロコシで四六・二パーセント、ワタ（綿花）で二四・八パーセントの殺虫剤使用量が削減され、評価されている。

米国のトウモロコシ栽培でもっとも問題になる害虫は、アワノメイガ（ヨーロピアン・コーン・ボーラー）である。この虫は、葉を食べるだけでなく実や茎の奥深くに入り込むために、散布した農薬が効きづらく厄介

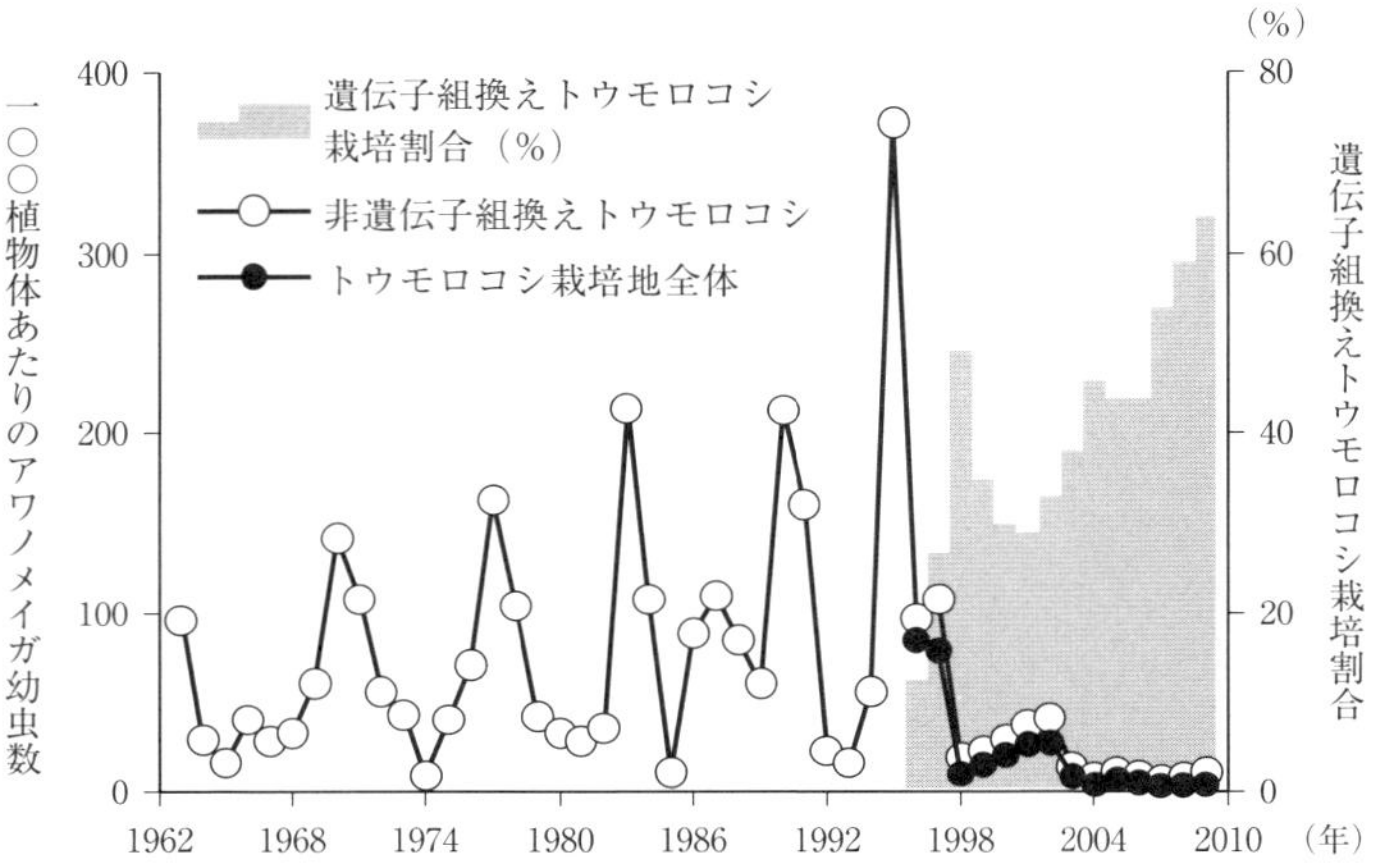

図7　Btトウモロコシ栽培による害虫数の減少（ミネソタ州）

1996年の遺伝子組換えトウモロコシ栽培が始まる前，アワノメイガは，農薬を散布していても，数年周期の大発生が見られた（○印）。Btトウモロコシの導入以降（グレー縦棒），非遺伝子組換えトウモロコシ栽培農場を含め（○印），地域全体のアワノメイガ数が減少し（●印），大発生が見られなくなった。

出典：W.D. Hutchison et al. (2010) "Areawide suppression of European corn borer with Bt maize reaps savings to non-Bt maize growers," *Science* 330, 222-225より転載，Copyright © 2010 AAAS. All Rights Reserved.

な害虫だ。ミネソタ大学を中心に、コーンベルト地帯として知られるミネソタ州、イリノイ州、ウイスコンシン州におけるBtトウモロコシ栽培の効果が評価されている。[9] 鱗翅目《りんしもく》（チョウ目）に選択的毒性を持つCry1AbなどのBtタンパク質を導入した遺伝子組換えトウモロコシは、アワノメイガなどの害虫防除に大変有効だった。一九九六年にBtトウモロコシが導入される前は、アワノメイガは六

～八年周期で大発生を繰り返し、大きな収穫被害を引き起こしていた（図7）。しかし、一九九六年のBtトウモロコシの導入以降、大発生は見られず、総数も大きく減少した。ミネソタ州の場合、Btトウモロコシ導入前は、殺虫剤を使っていても、平均してトウモロコシ一〇〇株あたり五九個体に幼虫が見つかったが、導入後は一六個体の幼虫しかいなくなった。七三パーセントの減少である。興味深いことに、同様の効果は非遺伝子組換えの通常品種を栽培している近隣の畑でも認められた。その結果として、一九九六年以降、単位面積あたりのトウモロコシ収穫量は大きく増大し（一・三～一・五倍）、一九九六年から二〇〇九年までの一四年間で五州で六九億ドルの経済的利益を生み出した。利益の六三パーセントは、アワノメイガ減少により、非遺伝子組換えトウモロコシ栽培農家が享受している。

トウモロコシ栽培に大きな被害を与えるもう一つの害虫がネキリムシ（ルートワーム）の幼虫だ。地中に産卵されたネキリムシの幼虫は、春に孵化《ふか》し、トウモロコシの幼根を食べる。ひどい場合は、収穫前にトウモロコシが倒れてしまう。従来、ネキリムシの被害を抑えるために二つの手段がとられてきた。土壌殺虫剤を散布するか、ダイズとの輪作をする方法だ。しかし、経済性の高いトウモロコシを連作できないことは農家にとって損失であり、完璧な防除法はなかった。そこで、ネキリムシに有効なBtタンパク質Cry3Bb1を導入したBtトウモロコシが開発され、二〇〇三年から使われている。ネキリムシ抵抗性Btトウモロコシを使うことで連作が可能になり、農家には大きな経済的利益となった。

大発生していなくても、土中のネキリムシは根に障害を与え、トウモロコシの生産性を落としている。一方、ネキリムシ抵抗性Btトウモロコシでは、根の障害が起こらないために窒素吸収能力が約三一パーセント高まり、収穫量もヘクタールあたり一トン(約一〇パーセント)増大した[10]。後節で述べるように、現代農業は工業的に生産する窒素肥料に大きく依存している。ネキリムシ抵抗性Btトウモロコシの栽培によって、窒素肥料が三八パーセント節約できた。地球環境に優しい作物とも言える。

大規模農家だけでなく、遺伝子組換えBt作物栽培は小規模農家に対しても一定の利益をもたらしている。インドでのBtワタ栽培の調査結果によると、二〇〇二年から二〇〇八年までのBtワタの栽培で、通常栽培に比べて、単位面積あたりの収量が二四パーセント増大するとともに、小規模農家の収入が五〇パーセント増大していた。Btワタの作付けによって、栽培規模にかかわらず農家に大きな経済的利益が生まれ、消費者は安価な綿製品を得ることができる。

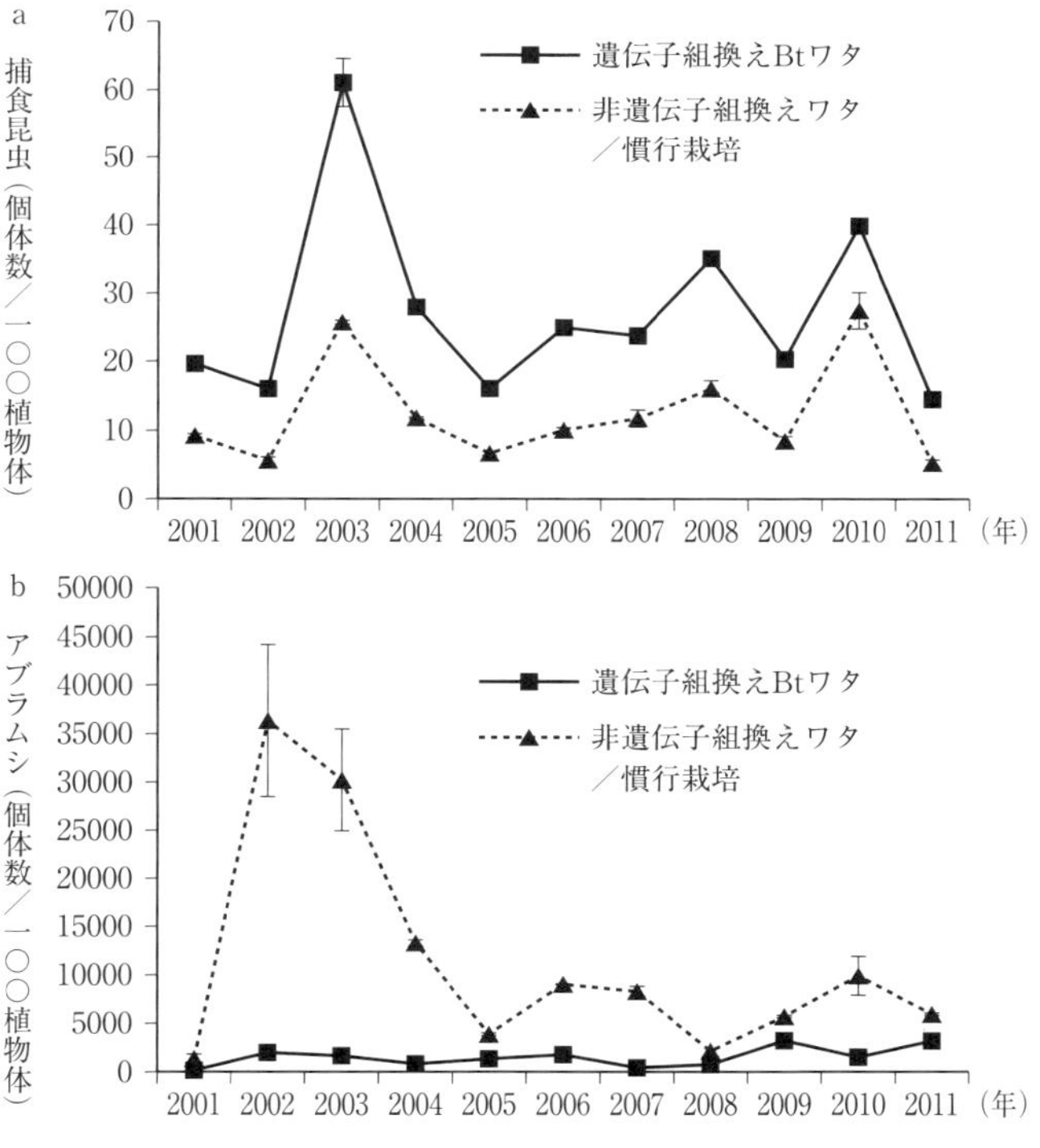

図８　Btワタ栽培によって，補食昆虫が増えアブラムシが減る

2001年から2011年にわたって，中国における遺伝子組換えBtワタ栽培（黒実線）と非遺伝子組換えワタの慣行栽培（黒点線）について，生物多様性への影響が研究された。図は，湖北省廊坊市の実験農場で得られたデータで，補食昆虫（a）とアブラムシ（b）の個体数（植物体100個体あたり）の年次変化を示す。Btワタ栽培では補食昆虫数が増え，その結果，導入したBtには直接影響を受けない害虫であるアブラムシの個体数も大きく減少した。Btワタ栽培によって農場の生物多様性が増大した。

出典：Y. Lu et al. (2012) " Widespread adoption of Bt cotton and insecticide decrease promotes biocontrol services," *Nature* 487, 362-367より，Macmillan Publishers Ltd. の許可を得て転載。

さらに、害虫抵抗性Bt作物の栽培が生物多様性にも良い影響を与えることが報告されている（図8）。オオタバコガの幼虫は、ワタに対して深刻な食害を引き起こす。一九九七年以降、オオタバコガの幼虫に特異的に効くBt遺伝子を導入したワタが中国でも広く栽培されてきた。中国農業科学院の研究によると、このBtワタの栽培によって、殺虫剤の散布量が大幅に減少し、それにともなってテントウムシ、クサカゲロウ、クモなどの捕食性の益虫の数が増すことが示された[11]。Btワタに導入したBt遺伝子はアブラムシに対する殺虫性はない。しかし、数を増した益虫がもう一つの害虫であるアブラムシを食べるために、アブラムシの生息数も大きく減少することがわかった。Btワタの栽培によって、農地の生物多様性が大きく上昇したのだ。この研究では、有機栽培との比較も行っており、Btワタの畑が、有機栽培の畑と同じく高い生物多様性を持つことがわかった。

このように害虫抵抗性を示すBt作物については、殺虫剤の散布量が減るとともに、単位面積あたりの収穫量が増大し、大規模、小規模を問わず農家の収入増加につながることがわかる。さらに、肥料の節約や農地の生物多様性の増大にもつながる。これは有機農業と同じ効果であり、遺伝子組換えBt作物栽培が持続的な農業の実現に大きく寄与するといえる。害虫抵抗性Bt作物については次節でくわしく述べる。

除草剤耐性作物は除草作業を軽減する

次に、もう一つの遺伝子組換え品種である除草剤耐性作物の利点を見てみる。除草は、農作業でもっとも労力とエネルギーを必要とする作業の一つだ。米国における通常のダイズ栽培では、二〜五回の除草剤散布を必要とする。一方、除草剤抵抗性ダイズ栽培の場合は、一〜二回のグリホサート散布をするだけで雑草は生えてこない。除草剤耐性作物の栽培は、除草剤費用の削減と収穫増につながる。一九九六年から二〇一一年の一六年間で、一割程度の除草剤費用の削減となっている[12]（表2）。

アトラジンは、トウモロコシを中心に世界でもっとも多く使われている除草剤の一つであるが、両生類の個体数減少と関係している可能性の議論が続いている。一方、米国では遺伝子組換えトウモロコシ栽培の拡大により、アトラジンの使用量が減少傾向にある。世界では、トウモロコシに対する除草剤使用量が最近の一六年間で一〇・一パーセント減少している。一方、グリホサートは安全性が非常に高い農薬である。哺乳動物、鳥類および魚類に対する発ガン性や変異原性などの報告例はなく、生物毒性はきわめて低い。毒・劇物法では普通物に分類され、土壌中で微生物によってすみやかに分解されるため、環境残留性もきわめて低い。

トラクターが畑を耕す光景にはなじみがあると思う。畑を耕すことは、多年生雑草の根を切ったり、一年生雑草の種子を深く埋めることで、雑草の発生を抑制する効果がある（耕起農法）。しかし、耕起をすることで表土が流出しやすくなるので、表土が薄い米国の中部穀倉地帯では深刻な問題となっている。一方、ほとんどすべての雑草を抑制するグリホサートを使うことで、不耕起栽培が可能になる。実際、米国のダイズ栽培農家の六五パーセントで不耕起栽培が行われ、表土流出の予防、耕起作業のための燃料削減につながっている。

以上をまとめると、遺伝子組換え作物の商業栽培が始まった一九九六年から二〇一一年までの一六年間で、世界の農薬使用量は八・九パーセント（四七・六万トン）減少した[13]。同時期に、ダイズで一・一億トン（二〇一一年生産量の三八パーセント）、トウモロコシで一・九五億トン（二〇一一年生産量の二二パーセント）の増収となっている[14]。遺伝子組換え品種の栽培によって、一六年間で九八二億ドルの経済効果が生まれ、その半分は農家の手元に渡ったと見積もられている。ここで仮に二〇一一年の生産量を非遺伝子組換え品種だけでまかなったとして計算すると、どうなるだろうか。一九九六年に比べダイズで五四〇万ヘクタール、トウモロコシで三三〇万ヘクタール、ナタネで二〇万ヘクタールの栽培面積を増やさなければならなくなる[15]。その合計八九〇万ヘクタールは日本の耕地面積のほぼ二倍である。耕地面積の拡大（森林伐採）とそれにともなう環境破壊を遺伝子組換え作物栽培が防いだことになる。

さらに、遺伝子組換え作物栽培によって農薬使用量が減り、不耕起栽培によって燃料消費も減少することから、一四六億九〇〇〇キロの二酸化炭素削減につながったとも見積もられている。遺伝子組換え作物の導入は世界全体に大きな経済的影響をあたえるとともに、農業の環境インパクトを大きく抑制している。遺伝子組換え作物栽培は、経済面でも環境面でも大きなメリットがあり、世界の栽培面積は年々増え続けている（図６）。

3　遺伝子組換え作物の詳細

遺伝子組換え作物はストレスを軽減する

遺伝子組換え作物は、他生物の遺伝子を導入することで新しい能力を獲得している。田畑で栽培される農産物は、その持てる生産力を一〇〇パーセント生かしているわけではない。畑や田の作物は常にさまざまなストレスに曝されており、それは生産性の低下につながる。害虫や草食動物による食害やさまざまな病気、さらに雑草との競争は農業上の大きな問題である。農業は、化学合成殺虫剤や除草剤を使うことで、これらの生物ストレスを低減してきた。また、栄養不足、酸性土壌、乾燥などの非生物ストレスを回避するために、化成肥料、土壌改良剤、灌漑設備、機械化農業などの近代技術を駆使している。つまり、現代農業は作物が曝されるストレスを、化学や工学技術を使い人為的に小さくすることで生産性を飛躍的に高めることに成功した。

遺伝子組換え作物は、化学や工学技術の代わりに、生物の能力を生かすことで、植物のストレスに対する抵抗性を高める技術といえる。「除草剤耐性作物」は雑草との競争ストレス、「害虫抵抗性作物」は害虫の食害ストレスを低減させるものだ。他に、ウイルスが引き起こす病気に強い遺伝子組換えパパイヤなども栽培されている。

さて、現在栽培されている一つひとつの遺伝子組換え作物について、その中身を少しくわしく見てみよう。

除草剤耐性作物

除草剤には、特定の雑草にだけ有効な「選択的除草剤」と、すべての植物を枯らす「非選択的除草剤」がある。通常は作物や雑草の種類に合わせて複数の選択的除草剤を何度も散布する必要がある。

非選択的除草剤は、光合成やホルモン機能などの植物の基本機能を阻害する除草剤で、すべての植物を非選択的に枯らす。たとえば、グリホサートなどの３－ホスホシキミ酸－１－カルボキシビニルトランスフェラーゼ（ＥＰＳＰＳ）阻害剤は、植物のアミノ酸合成系を阻害する。動物のように食物からアミノ酸を摂れない植物は、光合成産物の有機酸を素材に二〇種類すべてのアミノ酸を合成する。ＥＰＳＰＳは葉緑体に存在する酵素で、トリプトファン、フェニルアラニン、チロシンの三種類の芳香族アミノ酸合成に働く酵素だ。ＥＰＳＰＳはグリホサートによって特異的に阻害される。これらの除草剤に直接触れた植物は、この三つのアミノ酸合成が停止してしまうため、タンパク質合成ができなくなり枯死してしまう。これらの除草剤はすべての植物に非選択的に効く。

一方、ヒトをはじめとする動物はＥＰＳＰＳによるアミノ酸合成系を持っていない。したがって、グリホサートの人に対する毒性は非常に低く、その急性毒性は食塩以下と評価されている[16]。また、グリホサートは土壌中ですぐに二酸化炭素と水に分解され土壌残留性が非常に低いことから、環境負荷の大変低い農薬の一つでもある。通常、これらの非選択的除草剤は、公園やゴルフ場をはじめとする非農地での除草に広く使われている。

一方、細菌は植物とは少し異なるＥＰＳＰＳを使ってアミノ酸合成を行っている。とくに、土の中にいる土壌細菌の一種アグロバクテリウム・ツメファシエンスのもつＣＰ４ＥＰＳＰＳという酵素は、グリホサートによる阻害を受けない。アグロバクテリウムからＣＰ４ＥＰＳＰＳの遺伝子を取り出して植物に導入すれば、グリホサートで枯れない除草剤耐性植物を作り出せる。言い換えれば、グリホサートによって雑草は根こそぎ枯死し、ＣＰ４ＥＰＳＰＳ遺伝子を持つ作物だけを残すことができる（図４）。そこで、遺伝子組換え技術が必要になる。遺伝子組換え技術を使えば、細菌遺伝子を取り出して植物に導入することが可能になる。米国のモンサント社は、ＣＰ４ＥＰＳＰＳ遺伝子を純粋に単離し、植物の細胞内で働くようにプロモーターやターミネーターをつないだ上で、ダイズとトウモロコシに導入した。これらが「ラウンドアップ・レディ」という製品名で知られる遺伝子組換えダイズやトウモロコシだ。他にも、アミノ酸の一種グルタミンの合成酵素を阻害することで毒性の高いアンモニアが蓄積し、植物が枯死するグリホシネートと呼ばれる除草剤に抵抗性を持った遺伝子組換え作物も作られている。

遺伝子組換え技術で開発した除草剤耐性ダイズは、実際どのように栽培するのだろう。

ダイズの通常栽培では、農薬散布を複数回行うことで、雑草との競争に負けないようにする。一方、除草剤耐性ダイズの場合、生育初期に一～二回グリホサートを散布するだけで、雑草が枯死し、除草剤耐性ダイズは生育を続ける。ダイズの葉が十分に展開すると、土壌表面に光が射さなくなり、それ以上の雑草の発生が起こらなくなる。このように、除草剤耐性ダイズを栽培することで除草剤使用量が削減される上に、環境負荷の少ない一種類の除草剤を使うだけで十分な除草効果が期待できるようになる。

また、不耕起栽培という新しい栽培方法が可能になったことも除草剤耐性ダイズ栽培の大きな利点である。前述したように畑を耕すことには、雑草の発芽抑制を行う意味がある。土壌を耕すことで表土の流出が加速される。実際、北米や南米の大規模農場では、表土の流出による土地の疲弊が大きな問題となっている。除草剤耐性ダイズを導入することで不耕起栽培が可能になり、表土流出を予防できるとともに、土地の安定性が増した。このように、除草剤耐性作物の導入には農業上大きないくつもの利点がある。現在では、ダイズとトウモロコシ以外に、ワタ、ナタネ、テンサイ、アルファルファなどの除草剤耐性品種が開発され、世界中で栽培されている。二〇一二年には世界中の一億四〇〇〇万ヘクタールの農地で栽培されている[17]（Bt遺伝子との二重組換え体を含む）。

害虫抵抗性Bt作物

野生植物は、害虫や病気に対する高度な抵抗性をもともと備えている。たとえば、葉の一部が虫にかじられると、傷の周辺の細胞は瞬時に傷害を認識し、揮発性の化学信号や電気信号を発信する。これらの防御信号は周辺組織に伝達され、まだ障害を受けていない組織で昆虫の消化を阻害する防御タンパク質を合成するなど、傷害に対する防御反応を誘導する。しかし、この防御システムは完璧ではない。とくに現代農業では、単一の農産物を大規模に生産するモノカルチャー農業が中心で、いったん害虫が発生すると大規模な虫害が生じやすい状況にある。そこで、大量の農薬（殺虫剤）を利用することで、害虫の発生を管理している。それが、現代農業の非常に高い生産性、品質の高い農産物の安定供給につながっている。

農地には、農作物に食害を与える害虫の他に、害虫を食べる益虫（テントウムシや寄生蜂、蜘蛛類などの捕食昆虫）も棲んでいる。また、トマトやイチゴなど多くの作物は、花粉を運ぶ送粉者としてハチなどの昆虫に頼っている。したがって、安定した農業生態系を維持するためには、捕食昆虫や送粉昆虫が棲める生物多様性の高い農業環境を作ることも重要である。しかし、多くの殺虫剤は、害虫だけでなくこれらの有用昆虫にも作用してしまう。

また、周辺環境の生物多様性にも影響することが問題になる。そこで、特定の昆虫種だけに効く選択性殺虫剤や、Bt剤や天敵昆虫などの生物農薬も取り入れる工夫がされている。

養蚕農家が飼っているカイコが突然死する病気（卒倒病）が昔から知られている。一九〇一年、日本の京都蚕業講習所（現京都工芸繊維大学）の石渡繁胤《いしわたしげたね》は、卒倒病が土壌細菌（カイコ卒倒病菌）の感染によって引き起こされることを見いだした[18]。後年、カイコ卒倒病菌はバチラス・チューリンゲンシスと名付けられ、芽胞と呼ばれる特別な細胞に生成される結晶性タンパク質（Btタンパク質またはCryタンパク質と呼ばれる）がカイコに対する強い毒性を持つことが明らかにされた。植物を食べる昆虫の消化管はアルカリ性の消化液を持っている。Btタンパク質の結晶は、アルカリ性の消化液中で溶け出すとともに、消化酵素で部分的に分解され、毒性をもつ活性化Btタンパク質となる。活性化Btタンパク質は、昆虫の中腸の微繊毛上にある特異的な受容体と結合し、小さな孔をあける。その結果、消化管が破壊され、昆虫は死に至る。Btタンパク質にはいくつかの種類が存在し、あるタイプのBtタンパク質は蝶や蛾等の鱗翅目に有効で、別のタイプは鞘翅目《しょうしもく》の甲虫に効く。Btタンパク質と受容体の特異性が、高い選択性を生み出していると考えられている。したがって、Btタンパク質を適切に選ぶことで、選択性の高い害虫管理が可能になる。

そこで、Btタンパク質を植物体内で作らせてはどうかという戦略が考えだされた（図4）。植物自身がBtタンパク質を作ることで、特定の害虫に対する作物の抵抗性が飛躍的に高まることが期待される。Btタンパク質はターゲットとなる昆虫には猛毒性だが、哺乳動物の腸管はBtタンパク質の特異的受容体を持たない上、強酸性の胃液で分解されてしまうので、哺乳動物には無害のタンパク質であり、安全性の高い殺虫剤である。また、腸の受容体が異なる昆虫にも無害な特異性の高い毒素である。しかし、土壌細菌の遺伝子を植物に導入するには、ここでも種の壁が問題となる。そこで、遺伝子組換え技術を用いてBt遺伝子を導入した「害虫抵抗性作物」が開発されることになった。

前述の鱗翅目アワノメイガはトウモロコシの害虫で、米国、中南米、欧州、アジアなどのトウモロコシの主要生産地に生息している。その幼虫は葉を食べるばかりでなく、茎の中に入り込み中から茎を食べる性質がある。したがって、茎に入る前の若い幼虫の段階で効果的に殺虫剤を使って駆除しないと、いったん茎の中へ侵入してしまった幼虫には外部から散布する農薬が効かなくなってしまう。アワノメイガによる食害は、トウモロコシ栽培における大きな問題となっていた。そこで、鱗翅目に対する選択的毒性を持つBtタンパク質（Cry1Ab）の遺伝子を導入したトウモロコシが開発された。このBtタンパク質はトウモロコシの葉や茎、実などすべての組織で作られ蓄積する。Btトウモロコシのとくに優れている点は、茎の中に入り込んだ幼虫にも有効な点である。茎内に入り込んだ幼虫を駆除するには大量の殺虫剤が必要となるが、作物自身の害虫抵抗性を高めたBtトウモロコシを栽培することで、殺虫剤の使用量を大幅に減らすことが可能になった（表２）。

結果として、アワノメイガの食害が減り、収穫量が増大した。さらに、トウモロコシの穀粒が食害を受けると、その傷害部位にカビが感染し、カビが生成する有害なアフラトキシンが深刻な健康被害を生むことが知られている。しかし、Btトウモロコシでは、穀粒の食害がほとんど見られないため、アフラトキシンによる健康被害も予防できる。

一方、初期のBtトウモロコシは一種類のBt遺伝子のみを持つことから、抵抗性害虫の出現が導入当初から危惧されていた。化学農薬でも、一種類の農薬だけを散布していると耐性昆虫が出現しやすい。そこで、アメリカ合衆国環境保護庁（ＥＰＡ）は、抵抗性害虫の出現を遅らせるために、二〇パーセントの緩衝帯を設け、非組換えトウモロコシを栽培することを法的に義務づけている。Btタンパク質に対する抵抗性をもつ害虫個体が生まれても、その変異は劣性変異であり、緩衝帯で生まれる感受性個体と交雑することで子孫にBt抵抗性が発達しない。この「緩衝帯ルール」によって、簡単には抵抗性害虫が生じないと考えられている。

他にも、ネキリムシに抵抗性のBtタンパク質遺伝子を導入したトウモロコシが開発され商業栽培されている。さらに、アワノメイガ抵抗性とネキリムシ抵抗性を合わせ持ったスタック品種も開発されている。また、ワタの害虫としてはオオタバコガが問題になっているが、オオタバコガに有効なBtタンパク質（Cry1Ac）の遺伝子を導入したワタ、さらに別のBtタンパク質（Cry2Ab）遺伝子を導入しアオムシやヨトウムシなどへの抵抗性も持たせたワタなども開発されている。Btタンパク質遺伝子はダイズやイネにも導入され、抵抗性品種が開発されている。

病害抵抗性作物

細菌や糸状菌《しじょうきん》、ウイルスなどの感染が引き起こす病気も、作物の減収を引き起こす大きな要因である。虫害の場合と同様、病原体を感知した植物は、抗菌タンパク質や抗菌物質の生合成、活性酸素の生成などを駆使して病原体に抵抗する。一方、人の保護下で栽培される作物では、病気に対する抵抗性が野生植物に比べ弱まっている場合も多い。さらに、現代農業のように単一作物を密集して栽培すると、いったん病気が発生すると蔓延し、大きな被害が生じやすい。植物の病気を抑制するために、病原細菌や病原糸状菌に対しては抗菌剤が使われている。一方、ウイルスが引き起こす病気については、有効な防御剤がなく、現代農業上の大きな課題となっている。

広く知られた熱帯産フルーツであるパパイヤの代表的病気として、パパイヤ・リングスポット病が知られている。これはウイルス病の一つで、果実にリング状のスポットが生じるとともに、糖度の低下、葉の縮れなどの深刻な症状が現れ、パパイヤを収穫できなくなる。パパイヤ・リングスポット病は、世界中のパパイヤ栽培地に大きな被害をもたらしている。とくにハワイ島では、一九九〇年代からリングスポット病が発生し、パパイヤの生産量が一九九七年には半減してしまった。この惨状を救ったのが遺伝子組換え技術を使ったリングスポット病抵抗性パパイヤの開発である。

植物細胞に感染したウイルスは細胞を乗っ取り、ウイルスを複製し増殖する。この時、あらかじめウイルスの外皮タンパク質を植物細胞内で作っておくことで、ウイルスが細胞に感染しても増殖できない仕掛けを作ることができる。この罠を仕組むためには、ウイルス遺伝子を植物細胞にあらかじめ導入しておく必要がある。このためにも遺伝子組換え技術を使う。ウイルスの外皮タンパク質の遺伝子を単離し、パパイヤに導入する。すると、ウイルスは増殖できなくなり、この遺伝子組換えパパイヤは、リングスポット病に感染しにくくなるのである。このウイルス病抵抗性パパイヤによって、ハワイでのパパイヤ生産は大きく回復した。現在、ハワイで栽培されているパパイヤの半分以上がリングスポット病抵抗性品種となっており、日本でも生食用の食品として認可されている（図２）。

花のバイオテクノロジー

パンジーやリンドウなど美しい青い花を咲かせる植物は多い。一方、花の女王たるバラには青い花が存在しない。そのため、「Blue Rose」、青いバラを作ることは育種家の長年の夢だった。しかし、実のところ、これはどんなに努力をしても叶わない見果てぬ夢なのだ。なぜなら、バラは青い色素（デルフィニジン）を作る遺伝子をもともと持たないからである。しかも、種の障壁のために、青い花のパンジーやリンドウとバラを掛け合わせて、青い色素を作る遺伝子をバラに導入することはできない。この場合も、遺伝子組換え技術が唯一の選択肢だ。

青い色素を作る酵素は、フラボノイド3',5'-水酸化酵素と呼ばれ、オレンジ色の色素（ペラルゴニジン）を作る代謝経路を、青い色素を作る経路に切り替える働きをする。サントリー社は、パンジーから取ってきた青い色素合成酵素（フラボノイド3',5'-水酸化酵素）を白いバラ（色素を持たない）に導入し、二〇〇四年に世界ではじめて青いバラを開発することに成功した。(19) このとき、葉が同時に青くなったりしないように、花びらだけで特異的に遺伝子を発現させる工夫も行っている。また、ペチュニアやパンジーから取ってきた青い遺伝子を導入することで、青いカーネーションの開発も行っている。

青いバラやカーネーションは、街の花屋さんで手に入れることもできる。このように、遺伝子組換え技術によって、何世紀にも渡って夢見られてきた青いバラを作ることにも成功した。現在、この青いバラは国内の農家で商業栽培されている。

ゴールデンライス

ゴールデンライスというイネの品種がある。ゴールデンライスは、名前の通り金色に輝くコメだ。しかし、その名前の豪華さとはまったく逆に、ゴールデンライスは発展途上国の人々のビタミン欠乏を緩和するために開発された遺伝子組換え米である。

イネは、世界中の人口の半分が主食とする主要穀物である。アジアを中心にアメリカやアフリカの一部の国でも栽培されている。一方、現在世界人口の八分の一、八億七〇〇〇万人が飢餓に苦しんでいる[20]。さらに、カロリーは足りていてもビタミンやミネラルが十分に摂れていない栄養不良の人達は二〇億人にも達する。ビタミンAは、鉄、ヨウ素とともに栄養障害の原因となる三大微量栄養素の一つである。世界中で毎年五〇万人の子供がビタミンA欠乏のために視力を失っていると言われている。アフリカ諸国だけでなく、米食中心でビタミン不足になりがちなアジアでも大きな問題である。現在、ビタミンA錠剤投与による補給が多くの国で普及し、ビタミンA欠乏症も大きく改善されつつあるが、依然問題を抱えている地域も多い。

ビタミンA欠乏の主な原因は、肉と野菜の摂取不足である。主食であるコメや小麦にはビタミンAがあまり含まれていない。そこで、コメにビタミンAの前駆体であるベータカロチンを蓄積させたのがゴールデンライスだ。ベータカロチンは体内でビタミンAに変換される。普通の白米の代わりにゴールデンライスを食べていれば、野菜を食べなくても、最低限のビタミンAは摂ることができる。

ゴールデンライスでは、青いバラと同様の代謝工学によって、本来ベータカロチンを合成していないコメの白米部分の代謝システムを改変した。ベータカロチンは、イソプレノイドという炭素数五の分子が重合し、さらに二重結合が導入されて黄色や赤色に発色する。

白米の部分には、この重合反応に働くフィトエン合成酵素（*psy*）がないので別の生物由来の遺伝子を導入する。現在、効率の高いトウモロコシ由来のフィトエン合成酵素の遺伝子を導入したゴールデンライス２が開発されている。また、二重結合を形成して発色させるフィトエン不飽和化酵素の*crtI*遺伝子は土壌細菌（*Erwinia uredovora*）のものを導入している。

ゴールデンライス２は、調理前のコメ一グラムあたり三〇マイクログラムものベータカロチンを含有している。最近の報告では、ゴールデンライス２のベータカロチンは高い効率で体内でビタミンＡに変換され、一日一〇〇～一五〇グラムのゴールデンライスのご飯（調理前のコメ五〇グラムに相当）を食べることで、六～八歳の子供のビタミンＡ必要量の六割をカバーできることが示されている[21]。現在、ゴールデンライス２の安全性と実効性を検証するための栽培試験がフィリピンにある国際イネ研究所で行われている。ゴールデンライスは、栽培特性を高める第一世代の遺伝子組換え作物（除草剤耐性作物やBt作物など）に対し、消費者に利点があるように作物の機能性を高めた第二世代の遺伝子組換え作物と言われる。イネの最初の遺伝子組換え品種としても、その商業栽培がいつ始まるのかが注目されている。国際イネ研究所は、数年内にもフィリピンでゴールデンライスの商業栽培を始める準備を進めている。現在、フィリピンでも一七〇万人の子供（六カ月〜五歳）が、世界では数億人の子供がビタミンA不足といわれている。ゴールデンライスは、ビタミンA欠乏に対処する切り札として期待されている。

4　遺伝子組換え作物の安全性

消費者の不安

男女一〇〇〇人を対象に二〇一二年に行われた遺伝子組換え食品に対する意識調査（バイテク情報普及会）では、遺伝子組換え食品について、五二・八パーセントの人が購入したくないと回答している。一方、毎年実施されている内閣府食品安全委員会のモニター調査では、遺伝子組換え食品に不安を持つ人の割合は年々減少し、最近五年間は五割を割っている。しかし、遺伝子組換え食品について、少なからず消費者が不安を感じていることも事実だ。

消費者の不安は大きく二つに分けられる。食品としての安全性に不安を感じているとともに、遺伝子を人為的に操作した作物を野外栽培することで、近縁野生種や周辺環境に悪影響がないかという漠然とした不安もある。遺伝子組換え技術が実用化されてまだ十数年しか経っておらず、世界の食料供給システムを変えるほど大規模に栽培するのは拙速ではないかとの議論もある。また、新しい技術に対する無意識的な警戒感、人為的に遺伝子を操作することに対する生命倫理的なとらえ方も人によって異なる。

遺伝子組換え作物を食べ続けても大丈夫か

食物は人間が生きていくために必要不可欠なものである一方、食物によって健康を損なうこともある。傷んだものを食べれば食中毒になるし、毒を持つ食品は中毒を起こす。また、水俣病やイタイイタイ病など食物を通じて引き起こされた公害病もある。さらに、乱れた食生活は生活習慣病やガンの原因になるとも言われる。当然、毎日口にする食品に対する私たちの関心は高く、遺伝子組換え食品も例外ではない。

食品による健康障害には急性障害と慢性障害がある。これまで、商業栽培されている遺伝子組換え作物による急性障害の報告はない。長期間食べ続けた時の慢性障害はどうだろうか。次節で述べるように、遺伝子組換え作物の食品としての安全性は「実質的同等性」という概念で評価されており、栄養分や成分などの分析値が遺伝子導入前の品種と同等であれば、元の品種と同程度に安全と判断する。その場合、遺伝子組換え品種ごとの個別の動物実験は求められていない。

しかし、動物実験は遺伝子組換え品種が安全で毒性を持たないことを示すとともに、栄養学的にも元の非遺伝子組換え品種と同等であることを示す有効な方法である。そのため、現在までに多くの動物実験が行われてきた。その結果、遺伝子組換え作物が、急性あるいは慢性障害を起こす可能性は否定されている。[22] また、ほとんどの場合において栄養学的な違いも認められていない。

二〇〇二年から二〇一〇年までに行われた遺伝子組換え作物についての三二件の長期経口投与試験の結果をまとめた総説がある。[23] 毎日一定量の遺伝子組換え作物由来の飼料をラットやマウスにあたえ、体重、血液学的検査、臨床生化学的検査を行う九〇日試験と呼ばれる試験法がある。成長や病気だけでなく、免疫や生殖に対する評価も可能なテストである。ラットを用いた八件の九〇日試験（Btおよび除草剤耐性トウモロコシ五件、除草剤耐性ダイズ一件、Btイネおよびレクチン生産イネそれぞれ一件）では、食餌量、体重や器官重量、血球数、血液検査、尿検査、病理組織学検査などを行い、すべての研究において、遺伝子組換え品種が通常品種と同じ安全性と栄養特性を持つことが示された。

さらに、げっ歯類以外の動物を用いた長期経口投与試験も行われている。遺伝子組換えトウモロコシの多くは家畜の飼料にされる。二〇一〇年に報告された三六頭の乳牛にBtトウモロコシを与えた二五カ月にわたる研究では、体重などへの影響に加えて搾乳された乳成分の分析も行われている。その結果、遺伝子組換えトウモロコシを与えた牛の乳は、成分的にも栄養学的にも通常のトウモロコシを与えた場合とほぼ同じであると報告されている(24)。

サケを養殖するための飼料としての評価も行われた(25)。除草剤耐性ダイズを用いた七カ月の試験から、中性脂肪値にわずかな影響が認められたが成長などへの影響は認められず、遺伝子組換えダイズをサケの餌とした場合も栄養的には通常のダイズを用いた場合と変わらないと結論された。

日本で開発されたスギ花粉症緩和米をサルに与える試験も行われている。スギ花粉の抗原決定基（エピトープ）を含む遺伝子組換え米をサルに二六週間にわたって与えた結果、体重、血液および臨床生化学検査ともに、通常のコメを与えた場合と差がないことが示されている(26)。

さらにシェル博士らは、数種の動物で複数世代にわたる（二～一〇世代）長期的影響を調べた一二例の報告を検討し、子孫への遺伝的影響が認められないことも報告している。細胞形態や代謝変化が見られた例や（ヤギ）、免疫応答が変化した例（マウス）も報告されているが、自然に見られる変動範囲を超えない小さな変化であった。これら三二の研究報告を科学的に検証することで、シェル博士らは、遺伝子組換え作物は栄養学的に非遺伝子組換え作物と同等であり、長期間摂取した場合も何らかの生物毒性を示す証拠はないと結論している。[27]

一方で科学的に怪しい研究もある。二〇一二年九月に、除草剤耐性の遺伝子組換えトウモロコシをラットに二年間投与し続けたところ、乳ガンや脳下垂体異常、肝障害などが発症したとの学術論文がフランスの研究グループから報告された。[28] 一時は、遺伝子組換え作物が重篤な病気を引き起こすことを示す初めての研究として、欧米のメディアを中心に大きく取り上げられた。しかし、この研究では、ガンを発症しやすいラットを材料にしたり、差を統計学的に示すために必要な動物数が用いられていないなどの実験手法の問題点が数多くあり（通常一群あたり雌雄それぞれ五〇匹用いるのに対し、この報告では雌雄それぞれ一〇匹を用いた）、その科学的信憑性が疑われていた。そしてとうとう、二〇一三年一一月には、この論文は掲載された学術誌から取り下げられてしまった。したがって、これまでに行われた遺伝子組換え作物を用いた動物実験で、明らかな健康障害を引き起こすことを示した研究例は一例も存在しない。

遺伝子組換え作物による環境リスクを考える

もう一つの問題、環境安全性について考えてみる。環境安全性については、①遺伝子組換え作物の自然環境への広まり、②交雑による近縁野生種への組換え遺伝子の拡散、③栽培品種との交雑、④除草剤耐性雑草、Bt耐性昆虫の発生などが問題となる。それぞれについて見ていきたい。

①　遺伝子組換え作物は自然環境中に広がらない

遺伝子組換え作物が、帰化植物のように、野生化して自然生態系に拡がる可能性はあるだろうか？　この可能性は、ほとんど考えなくてよい。自然界の野生種は、他生物との競争に勝ち、子孫を残す高い能力を持っている。一方、栽培品種は、他生物との競争に勝つことではなく、より人間が使いやすい、そして生産性ができるだけ高い作物として選抜を受けている。その結果、自然条件で野生種としての競争に必要な多くの遺伝子を失っている。ほとんどの栽培品種は、人間の保護を必要とし、自然条件では生きていけないのだ。クレソン（ヨーロッパ原産の野菜）や牧草類、一部の園芸植物（観賞用として持ち込まれたセイタカアワダチソウやヒメジョオンなど）などの例外を除き、トウモロコシやダイズなどの高度に栽培化された作物品種が雑草化した例は知られていない。

② 栽培種と野生種の交雑植物は野生種との競争に勝てない

先に述べたように、遺伝子組換え技術は、種の壁を越えて遺伝子を導入する技術であり、遺伝子組換え作物にはバクテリアや別種の植物由来の遺伝子が導入されている。この組換え遺伝子が、花粉を介した交雑によって近縁野生種（作物に近縁で自生している野生種）や非遺伝子組換えの栽培品種に拡散する可能性が問題視されている。実際、遺伝子組換え作物と近縁野生種との交雑は、条件が揃えば非常に低いながらも一定の確率で起こると考えられる。

まず、栽培種と近縁野生種の交雑の実例を見てみよう。トウモロコシは中米地域に自生しているテオシンテから作られた栽培植物である（6節参照）。トウモロコシとテオシンテは交雑可能であるが、交雑率は〇・一パーセント以下と低い。また、日本や中国には、ダイズの原種であるツルマメが自生している。中国を中心に東アジアの野生ツルマメと栽培ダイズの遺伝的関係をＤＮＡマーカーを用いて調べた研究がある[29]。その結果、両者の間に〇・五パーセントの遺伝的混合があることが見いだされた。これは、実際に実験的に求められたダイズとツルマメの交雑率〇・七三パーセントと近い値である[30]。しかし、ダイズとの交雑種がツルマメの生態や遺伝的多様性に影響していると認められるような報告はない。

このように栽培種と近縁野生種の間で交雑が起こる確率はゼロではない。しかし、数百年から数千年にわたって栽培されてきたにもかかわらず、栽培作物と野生種の交雑種が自然生態系に広がった例は知られていない。栽培種と野生種の交雑種は、多くの場合、生態的適応度が低く侵襲的にはならない。これは、なぜだろう。遺伝子組換え作物と野生近縁種との交配でも同じことが言えるのだろうか。まず、交雑した組換え遺伝子がどうなるか、野生種集団の中に広がっていくのか、消えていくのかを考えてみる。

交雑によって、まずは野生種集団のごく一部が組換え遺伝子を持つようになる（図９）。この遺伝子が植物の生存や増殖に有利に働く場合（たとえば、環境ストレス耐性が格段に高まる、種子数が増大するなど）、導入遺伝子を持つ個体が増えて集団内に広まる。しかし、

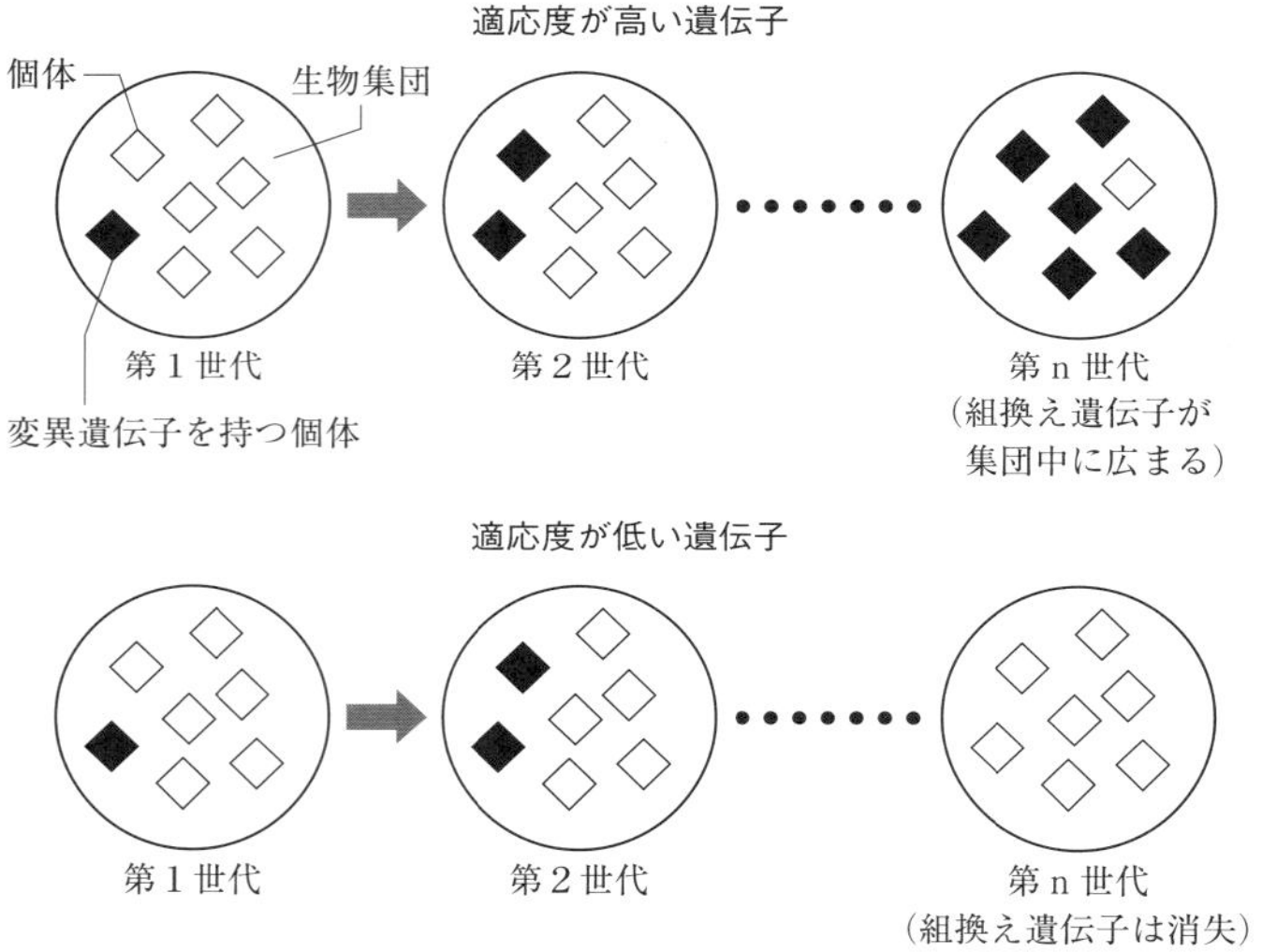

図９　生物集団中の変異遺伝子の変動

生態中における個体の適応度を高める遺伝子は集団中に広まり固定される可能性が高い（上）。一方，個体の適応度を低くする遺伝子は，集団中に広まらず最終的に失われると考えられる（下）。

多くの場合そのようにはならない。ここで考えなければいけないのは、交雑種には、栽培種が持つ他の遺伝子も一緒に持ち込まれることだ。先に述べたように栽培品種はひ弱で、その野生種との交雑種も、自然生態系の中で百戦錬磨の野生種との競争に勝つことは大変難しい。

栽培種が環境ストレスに強いなどの優良形質を持っている場合はどうだろう。トウモロコシや野菜などの

F_1（ハイブリッド）品種は、寒さや病気に強い、生産性が高いなどの有利な形質を持っている。ストレスに強いF_1作物は世界中で栽培されているが、野生近縁種との交雑種が生態系に広まった例は一つもない。この事実から、栽培作物がストレス耐性などの有利な形質を持っていても、交雑によって野生集団に広がることが容易でないことを示している。栽培種の有利な遺伝子が野生種の集団内で広がるためには、作物由来の他の遺伝子がもたらす不利な形質に対して、有利な点が大きく優るものでなければならない。

以上のように、栽培種と野生種の交雑体が侵襲性になる例は知られていない。さらにその可能性を実験的に検証した研究がある。[31] Btナタネを近縁野生種のブラッシカ・ラパと交雑し、害虫抵抗性のBt遺伝子と栽培ナタネの遺伝子を持つ交雑種を用意した。そして、この雑種を小麦畑に放出し雑草としての能力を評価した。その結果、交雑種は害虫抵抗性のBt遺伝子を持っているにもかかわらず、雑草としての競争力が野生種よりも弱いことがわかった。たとえBt遺伝子を持っていても、遺伝子組換え作物と野生種の交雑個体は生態的な適応性が野生植物に大きく劣り、自然生態系の中では野生種との競争に負けて駆逐されてしまう。交雑種が野生種に勝つためのハードルは非常に高いのだ。したがって、遺伝子組換え作物との交雑によって新しい雑草が生じる可能性は非常に低いといえる。

逆に、栽培種と近縁野生種の交雑種が、栽培種の脅威となる例は知られている。たとえば、タイではイネの栽培種と近縁野生種の交雑イネが、雑草イネとして農業上の問題となることがある。自然環境では、交雑イネは野生イネとの競争に負けすぐに駆逐されてしまうが、栽培イネには厄介な邪魔者となる。交雑イネの中には栽培イネよりも生態的に優位なものがある。その種子は土壌に残り、次のシーズンに雑草イネとして生えてきてイネの生産性を低下させる。その除去は容易でない。栽培種と野生種の交雑が問題になるのは、むしろ畑や田んぼの中であって、自然環境への影響は小さいといえる。

トウモロコシの場合は、交雑可能な野生種はメキシコなどの中米にのみあり、ダイズの場合は、中国や日本などの東アジアとオーストラリアのツルマメが該当する。しかしこれまで、遺伝子組換えトウモロコシやダイズが近縁野生種と交雑した例はない。一方、ナタネの場合は世界中に交配可能な近縁種が存在するので、幾つか交雑の報告がある。(32) たとえば、カナダでは二〇〇二年、二〇〇三年、二〇〇五年の調査で、アブラナ科作物の原種といわれる近縁野生種ブラッシカ・ラパと遺伝子組換えナタネの交雑種が見つかっている。(33) また、カナダで遺伝子組換えナタネが近縁種の野生ラディッシュと交雑し、交雑種に組換え遺伝子が検出された例がある。しかし、その組換え遺伝子は世代を経てゆっくりと消失した(34)。これも、先に述べたように、栽培品種のナタネとの交雑により野生種の持つ競争力が弱まったためと思われる。

日本の河川敷などで、在来ナタネやカラシナなどが自生している。これらは、ヨーロッパ原産で、弥生時代に日本に伝えられた帰化植物と考えられている。日本では遺伝子組換えダイズやナタネは商業栽培されていないが、輸入された穀物の一部が輸送途上でこぼれ落ち自生する例が知られている。農林水産省（二〇〇六年から）や環境省（二〇〇三年から）は、遺伝子組換えセイヨウナタネの広がりについて継続的な調査を行っている。その結果、港湾近くの道路沿いにセイヨウナタネが生育しており、その一部で遺伝子組換え品種が見つかっている。輸送途中にこぼれ落ちた遺伝子組換え種子が発芽したものと思われる。しかし、日本に輸入が許可された遺伝子組換え品種については、こぼれ落ちた種子が自生したり、近縁野生種と交雑しても生物多様性に影響を与えないことを確認した上で認可されており、遺伝子組換え品種の種子が自生していること自体に問題はない。他の農産物と同様に自然環境に侵襲する心配はない。

一方、交雑種の調査から、遺伝子組換えでないセイヨウナタネと遺伝子組換えのセイヨウナタネどうし、遺伝子組換えセイヨウナタネと在来ナタネの間で交雑が起こっていることが示唆されている[35]。しかし、断続的に一、二個体の雑種が確認されるという状況で、交雑種が分布を拡大する傾向はない。また、カラシナやハマダイコンなどの在来の近縁野生種との交雑は見られていない。こぼれ落ちた遺伝子組換えセイヨウナタネ自体も道路周辺でのみ見られ、分布域の拡大は認められていない。

農業生産性をさらに高め、農業の環境インパクトを低減するために、作物の栄養要求性やストレス耐性、さらに光合成を強化する遺伝子組換え技術の開発が現在進められている。これらの遺伝子組換え植物に用いる遺伝子は、現在利用されている組換え遺伝子よりも野生植物との競争力を強める可能性がある。しかし、多くの場合、交雑種にみられる生態的競争力の弱さ（浸潤性の低下）によって、組換え遺伝子の拡散が問題になることはないと考えられる。一方、母性遺伝の性質を利用して組換え遺伝子の完全な封じ込めを実現する葉緑体形質転換技術や花粉を作らなくさせる不稔技術などの新技術の開発も進められている。

③　遺伝子組換え品種と在来農産物品種（栽培品種）の交雑防止の方法

次に、遺伝子組換え品種と在来農産物品種の交雑についてみてみる。異なる栽培品種間で交雑が起こる可能性は、自家受粉か他家受粉か、花粉の飛散距離、受粉可能時期の重なり（通常、花粉の寿命は数分から数時間）などの要因に依存する。ダイズやイネなどの自家受粉植物（自分自身の花粉で受粉できる植物）の花粉は遠くまで飛ばず、四〜五メートル以上離れるとほとんど花粉が検出できなくなる。一方、トウモロコシやナタネなどの他家受粉植物（他個体の花粉でないと受粉できない植物）の花粉は遠くまで飛ぶ。交雑率がみられなくなる距離はトウモロコシで二〇〇メートル、ナタネで六〇〇メートルである。

農家は品種間交雑が起こらないように、作付け面積を大きくしたり（面積を大きくすることで、他品種の花粉飛散に曝される面積を小さくできる）、開花時期をずらしたりと、品種間交雑をさけるためにいろいろな工夫を行う。たとえば、モチ米は劣性形質であり、ウルチ米の花粉が受粉すると普通のウルチ米となってしまう。そこで、モチ米栽培では、一定以上の大きな面積で作付けをし、周囲で栽培されているウルチ米の混入をできるだけ小さくする工夫をしている。

日本では、遺伝子組換え作物の商業栽培は、バラを除いて行われていない。しかし、国内での遺伝子組換え作物栽培が法律で禁止されているわけではない。むしろ逆で、一〇〇種を超える遺伝子組換え品種が認可されており、輸入あるいは栽培することができる（次節参照）。農水省は遺伝子組換え作物と慣行栽培の畑とは一定の距離を離して栽培することを栽培指針として定めている。その距離は、花粉の飛散距離などを参考に、ダイズは一〇メートル、イネは二〇メートル、トウモロコシとナタネは六〇〇メートルとして定められている。また、自治体によっては、それぞれの地域の事情を考慮して、国の基準の数倍の距離を定めているところもある。

有機農業の施行規則（日本：有機ＪＡＳ規格、アメリカ：全米有機プログラム規則）では、遺伝子組換え作物の利用が認められていない。そのため、米国では、遺伝子組換え作物と有機栽培品種の交雑が問題視される場合がある。しかしこれまで、遺伝子組換え品種との交雑体の混入によって有機栽培認証が取り消された例はない。一方、ＥＵ農業会議は、有機農産物について遺伝子組換え品種の混入基準を設けている。〇・九パーセント以下の混入については、それが偶然の混入であれ、避けられない交雑であれ、認定有機農産物として販売することができる。ＥＵの基準によれば、交雑した遺伝子組換え遺伝子がごく微量検出された場合も問題にならない。先述したように、現在栽培されている遺伝子組換え作物は健康上の問題点はまったくないので、このような数値基準を設けることは多分に恣意的なものであるが、遺伝子組換え農業と有機農業の共存を図るための知恵の一つと考えられる。

④　除草剤耐性雑草、Bt抵抗性害虫の発生の現状

遺伝子組換え作物の栽培が始まって以来、除草剤グリホサートに抵抗性の雑草やBtタンパク質で死なない害虫が生じる可能性が危惧されていた。しかし、これは、遺伝子組換え作物に限定された問題ではなく、化学農薬に対する抵抗性を持つ雑草や害虫の発生は現代農業に共通する問題である。ここでは、除草剤耐性雑草やBt抵抗性害虫の現状と、対抗手段について考えてみる。

除草剤耐性作物が栽培されることで、除草剤使用量が減少し、不耕起栽培が可能になるなど、大きな経済的および環境上の利点を生んだ。除草剤耐性作物の栽培は一九九六年に始まったが、その時点ではグリホサート耐性雑草は存在していない。当時、雑草を完全に死滅させるグリホサートに対する抵抗性雑草は発生しにくいと考えられていた。しかし、最近になって除草剤耐性雑草の出現が問題になってきた。[36] 二〇〇四年にグリホサート抵抗性の雑草オオホナガアオゲイトウ（*Amaranthus palmeri*）がアメリカで発見され、現在までに二四種類のグリホサート抵抗性雑草が見つかっている。一方、除草剤耐性雑草の出現は、遺伝子組換え作物に限られた話ではない。二〇一二年時点で、他の化学除草剤耐性雑草は二〇〇種以上も知られている。

同様なグリホサート抵抗性雑草は世界では一八カ国で報告されており、米国南部、ブラジル、オーストラリア、アルゼンチン、パラグアイなどで無視できない問題となっている。農家はグリホサート使用量を増やしたり、他の除草剤の混合使用を行ったり、耕起農法を復活させるなどの方法で、この問題に対抗している。しかし、これらの対抗法は、遺伝子組換え除草剤抵抗性作物栽培によって得られる経済的および環境上のメリットを一部損なうことになる。現在、新しいタイプの除草剤抵抗性作物が開発され、その認可が急がれている。抵抗性雑草出現とのいたちごっこを避けるためには、化学農薬と遺伝子組換え作物を組み合わせた新しい持続的農法を考えていくべきかもしれない。

一種類の農薬を使い続けると耐性を持った昆虫が出現するというこれまでの経験から、Btタンパク質に対する抵抗性害虫の出現も当初から予測されていた。抵抗性害虫の出現を防ぐためにまず大事なのは、Btタンパク質が高レベルに発現している作物を利用することだ。Btタンパク質の発現が十分高い場合、害虫は幼虫段階で死んでしまい、抵抗性害虫が生じる確率は低くなる。自家採種などで、Btタンパク質の発現レベルが低い作物が栽培されると、抵抗性害虫が生き残り子孫を残す確率が高まるので、問題となる。

きわめて重要なのは、先に述べたように、非遺伝子組換え作物を育てる一定割合の緩衝帯を設けることだ。一般にBt抵抗性変異は劣性変異である。そのため、Bt抵抗性害虫が生じても緩衝帯由来のBt感受性の野生型個体と交雑することで、その子孫はBt抵抗性でなくなってしまう。Bt作物については、こういう戦術が当初から取られたこともあり、Bt抵抗性害虫の出現はきわめて限定的である。一九九六年の栽培開始から九年後の二〇〇五年時点で見いだされた抵抗性害虫はわずか一種だけであった。二〇一一年段階の調査でも、アメリカ、オーストラリア、中国、インド、フィリピン、南アフリカの二四地点中（二～一五年栽培）、五八パーセントの一四地点でBt抵抗性害虫はほとんど見つからなかった[37]。その中の五地点では一〇年以上にわたってBt作物が栽培されている。

一方、この調査では五種のBt抵抗性害虫が同定されている。三件がアメリカ（トウモロコシとワタ）、残り二件は南アフリカ（トウモロコシ）とインド（ワタ）である。南アフリカとインドでのBt抵抗性害虫の出現は、非Bt品種を植える緩衝帯の設置ルールが十分に守られていないことが主な原因である。一方、アメリカでのBt抵抗性害虫の発生は限定的で、二種類のBtタンパク質を持つ新しい作物の開発などにより深刻な問題にはなっていない。この安定した状況を維持するためにも、とくに発展途上国でルール遵守のための方策を採るとともに、抵抗性獲得頻度のリスクを予測し、恒常的に戦略の改善を続けることが重要であると思われる。

ここで、失敗例も紹介する。中米のプエルトリコでは、二〇〇三年のBtトウモロコシの栽培開始からわずか四年でBt抵抗性害虫が生じ、栽培中止になってしまった。用いたCry1Fに対して害虫ツマジロクサヨトウの耐性が高かったのと、熱帯では一年に何世代も害虫が発生するためと考えられている。当然のことだが、栽培する環境に合わせた遺伝子組換え作物の栽培管理が重要である。

5 遺伝子組換え食品の安全性評価と表示問題

安全性評価の流れ

遺伝子組換え食品の安全性評価は、カルタヘナ法と食品衛生法によって、環境面と食品としての両方の評価が義務づけられている。その流れを見てみる（図10）。遺伝子組換え作物を日本に輸入したり、販売しようとする開発企業等は、カルタヘナ法に基づく環境安全性評価を行い、農林水産省または環境省の確認を受ける。また、厚生労働省に後述の食品としての安全性試験の結果を提出する。厚生労働省は、その安全性について、内閣府の

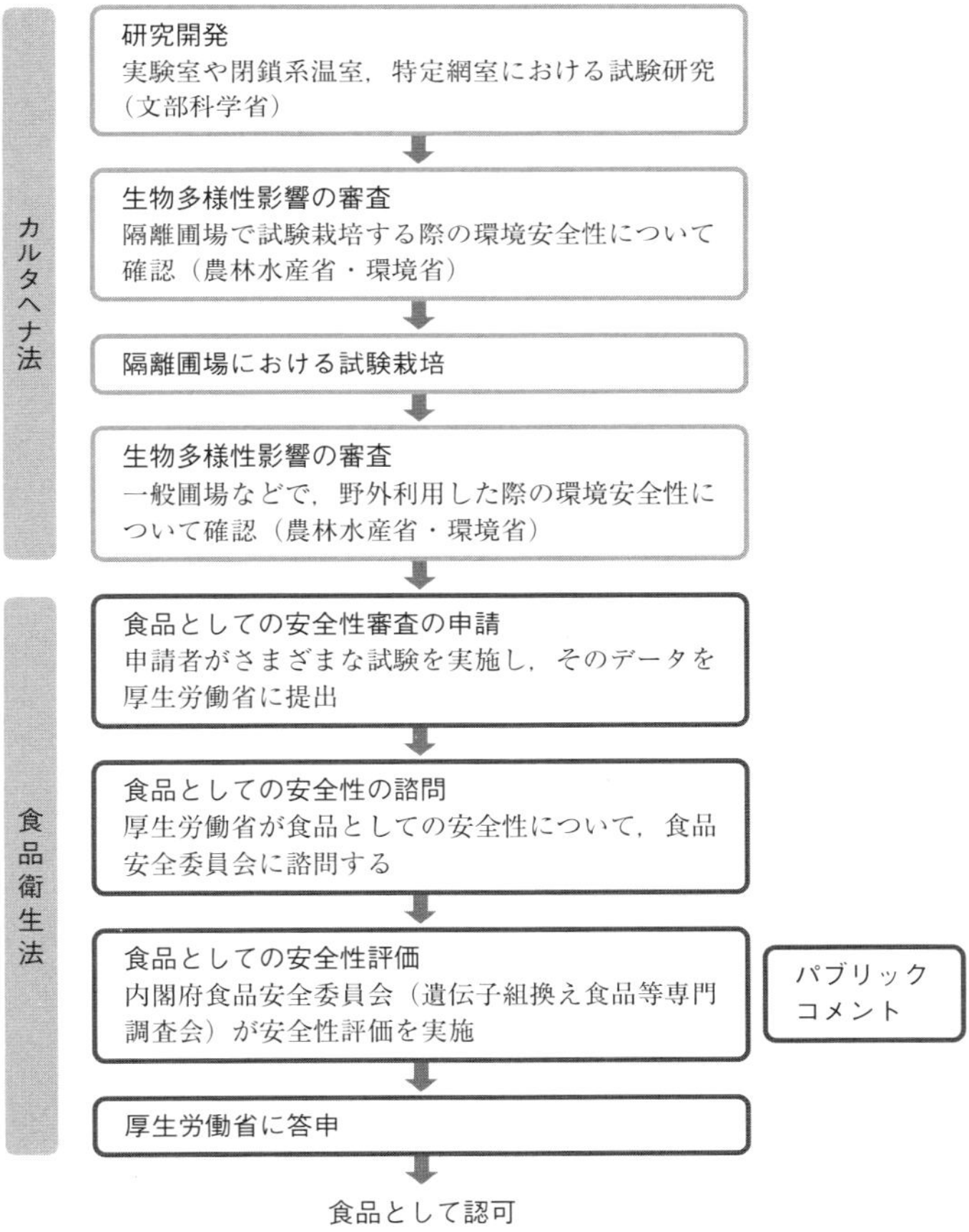
カルタヘナ法
研究開発
実験室や閉鎖系温室，特定網室における試験研究（文部科学省）
生物多様性影響の審査
隔離圃場で試験栽培する際の環境安全性について確認（農林水産省・環境省）
隔離圃場における試験栽培
生物多様性影響の審査
一般圃場などで，野外利用した際の環境安全性について確認（農林水産省・環境省）
食品衛生法
食品としての安全性審査の申請
申請者がさまざまな試験を実施し，そのデータを厚生労働省に提出
食品としての安全性の諮問
厚生労働省が食品としての安全性について，食品安全委員会に諮問する
食品としての安全性評価
内閣府食品安全委員会（遺伝子組換え食品等専門調査会）が安全性評価を実施
パブリックコメント
厚生労働省に答申
食品として認可

図10　遺伝子組換え作物の安全審査の流れ

カルタヘナ法による生物多様性影響（環境安全性）の評価と，食品衛生法による食品としての安全性評価を行う。

食品安全委員会に諮問し、遺伝子組換え食品等専門調査会が安全性評価を行う。このとき、一般市民の意見を集めるパブリックコメントも行われる。その答申を受けて、厚生労働省が食品として認められるかの判断を行う。

これまでに、トウモロコシ一九八品種、ダイズ一五品種、ナタネ一九品種、ワタ四三品種、ジャガイモ八品種、テンサイ三品種、アルファルファ三品種、パパイヤ一品種の遺伝子組換え作物が、安全性審査を経て日本で食品としての利用が認められている（二〇一四年四月一〇日現在）。また、遺伝子組換え作物については、一九九六年の商業栽培の開始以来、一件も安全性に関わる事故は起こっていない。

環境安全性評価の方法

遺伝子組換え作物に限らず、遺伝子組換え生物を実験室などの隔離された空間の外で育てるためには、厳密なルールに基づいた何段階もの審査や試験が求められる。遺伝子組換え生物の取り扱いは、「遺伝子組換え生物等の使用等の規制による生物の多様性の確保に関する法律」（カルタヘナ法）に規定されている。

カルタヘナ法では、遺伝子組換え生物の利用を隔離された実験室などで行う第二種使用等と、遺伝子組換え作物の商業利用のように開放された野外で通常の生物と同様に扱う第一種使用等に区別し、第一種使用等を認可する段階で厳しい環境安全性評価が求められる。環境安全性評価では、交雑種が競争力を持ち、生態系に広がる可能性がないことを以下の三点から確認する。

① 在来の野生植物と競合して駆逐するような優位性がないかを評価する。栄養分や日照などを巡る競争に優位になったり、生殖特性が高まるなどの変化が生じ、在来生態系へ侵入し影響を及ぼす可能性がないことを確認する。そのために、生育の仕方や特性、種子の数、発芽率などを非遺伝子組換え作物と比較し、違いがある場合は、その違いが在来の野生種に影響するかを確認する。

② 在来種と交雑して、野生種集団に影響を及ぼす可能性を評価する。交雑可能な近縁種が国内に存在するか、存在する場合どの程度交雑するかなどを確認する。

③ 遺伝子組換え作物が有害物質を産生して周辺の植物や昆虫を初めとする生物相に影響を及ぼす可能性も検討する。新たな有害物質を作ったり、その量が増えたりしていないか、土壌微生物層への影響がないかなどを調査する。通常これらの評価は、花粉

が拡散したり、種子が飛び散ったりしないように閉鎖された特殊な閉鎖系温室、昆虫等が入り込まないようにすべての開口部に細かい網を張った特定網室と呼ばれる温室等で基礎データを取り、最終的には、一般の畑から十分に距離を置いた場所に設置され、専用の農機具等を整備した隔離試験圃場で実際の栽培試験を行う。したがって、環境安全性評価には数年を要する。一方、海外で開発された品種については、隔離試験圃場での安全性評価以降を国内で行うことになる。

開発企業は、上記のデータをまとめた「生物多様性影響評価書」を農林水産省や環境省などの担当官庁に提出し、承認を受ける。ここでも専門家による審査はもちろん、パブリックコメントにより広く市民からの情報や意見を求める。

食品安全性の評価は「実質的同等性」を評価する

植物のゲノムDNAは小さいもので一三〇〇万塩基対、コムギなどの大きいもので一七〇億塩基対の大きさを持つ。しかし、持っている遺伝子数（ゲノムの中でタンパク質の情報を持った箇所）はどの植物も大差なく、二万七〇〇〇～三万七〇〇〇種程度である。通常の遺伝子組換え作物の場合、そこに、二〜三種類の遺伝子（マーカー遺伝子と導入遺伝子）を持つ一万塩基対ほどのＤＮＡ断片を導入する。ゲノムが二三億塩基対のトウモロコシで考えれば、ゲノム全体の二三万分の一という微小部分だけが変化する。

組換え遺伝子自体は普通のＤＮＡであり、それ自体に毒性があったり、植物体内で勝手に増えたりすることはあり得ない。一方、遺伝子組換え作物では、二種類の変化が生じている。一つは、外来の組換え遺伝子が転写・翻訳され、もともとの植物が持っていない新しいタンパク質が合成されることである。もう一つは、組換え遺伝子が植物のＤＮＡ上に挿入された結果、周囲の遺伝子の発現活性が変化する可能性である。

そこで、遺伝子組換え食品の安全性評価は、①導入した組換え遺伝子の産生するタンパク質に問題がないか、②組換え遺伝子導入によって、食品として問題になるような新しい変化が植物に生じていないか、の二点を評価することになっている。そこで、従来の作物（遺伝子組換えを行う前の作物）と比較して、遺伝子組換えによって生じた新しい成分（組換えタンパク質や、その働きで生じる代謝産物）が安全であるか、その他の成分に変化がないか、を確認することで安全性評価をする。これが、「実質的同等性」を担保するという安全性評価の考え方だ。一九九三年にＯＥＣＤが定め、日本を含む多くの国でこの基準が採用されている。

まず、組換えタンパク質自体の安全性については、導入した遺伝子の由来や機能、産生されるタンパク質の性質や働き、人に対する有害性がないか、アレルギーを誘発する可能性がないかなどを確認する。アレルギーについては、人に対するアレルゲンの構造がわかっているので、導入タンパク質の構造を予測して、組換えタンパク質がアレルギーを誘発する可能性を評価する。また、導入遺伝子の挿入方法、遺伝子発現の特性や安定性、目的以外のタンパク質を作らないかなどについても調べる。

さらに、導入した組換え遺伝子や遺伝子が産生するタンパク質が体内で正常に消化・分解され、蓄積されないかの評価も行う。組換えタンパク質が人に対する生理作用や障害活性を持つ可能性がなく、そのＤＮＡやタンパク質が正常に消化・分解されることが確認されれば、動物実験は必要ないと判断される（4節参照）。

さらに、導入した組換え遺伝子が周囲の遺伝子発現を攪乱したり、産生された組換えタンパク質が植物の代謝系を変化させて、食品として有害になる物質を生成していないかも確認する。そのために、代謝産物を分析して栄養成分に大きな変化がないかなどを評価する。

遺伝子組換え食品の表示

日本では、消費者による食品選択のために、ＪＡＳ法および食品衛生法（食品衛生法施行規則）に基づいた遺伝子組換え食品についての表示ルールが定められ、二〇〇一年から義務化されている。このルールに基づき三種類の表示が存在する。「遺伝子組換え」「遺伝子組換え不分別」「遺伝子組換えでない」である（図11）。基本的に遺伝子組換え原材料を一定以上含む食品は「遺伝子組換え」、生産および流通段階で遺伝子組換え原材料を区分（分別生産流通管理／ＩＰハンドリング）していないため、遺伝子組換え原材料を一定量以上含有する可能性がある場合が「遺伝子組換え不分別」で、これらの表示は義務的に行うことが定められている。

一方、分別生産流通管理を行い遺伝子組換え原材料を一定量以下しか含まない場合は「遺伝子組換えでない」という表示ができるが、これは任意表示となっている。

まず、表示義務がある場合だが、遺伝子組換え原材料が重量の五パーセント以上で、加工品に使用されている原材料の重量比が上位三位以内の場合に表示義務が生じる。一方、遺伝子組換え作物の分別生産流通管理が適切に行われた場合でも、一定の混入は避けられないと考えられ、ダイズやトウモロコシの五パーセント以下の「意図しない混入」がある場合でも、「遺伝子組換えでない」との表示をすることができることとなっている。

また、遺伝子組換え表示の対象となるのは、ダイズ、トウモロコシ、ばれいしょ、ナタネ、綿実、アルファルファ、テンサイおよびパパイヤの八種類の農産物と、これを原材料としたものとされている。

分別生産流通管理（IPハンドリング）されている
非遺伝子組換え農産物

遺伝子組換えではない（任意表示）

IPハンドリングされた遺伝子組換え農産物

遺伝子組換え（表示義務）

IPハンドリングされていない農産物
（遺伝子組換え農産物を含む可能性がある）

遺伝子組換え不分別（表示義務）

表示の必要のない食品

① 精製された食品で組換え遺伝子やタンパク質が検出できない食品
例：食用油，しょう油，異性化糖など
② 主な原材料に占める重量の割合が上位３位以外の原料
③ 原材料に占める重量の割合が５％以内のもの

図11　日本の遺伝子組換え食品の表示ルール

生産や流通の過程で分別管理が行われ，遺伝子組換え作物が含まれない農産物は，任意で「遺伝子組換えではない」と表示できる。逆に遺伝子組換え作物として分別生産・流通したものは，「遺伝子組換え」と表示する義務がある。一方，分別管理されていない多くの作物や，それらを原材料とした加工食品は「遺伝子組換え不分別」と表示する義務がある。しかし，製油などにより組換え遺伝子・タンパク質が検出できない場合や，原材料の上位３位以内に含まれず，その割合が５％未満の加工食品は表示義務がない。多くの加工食品はこの基準により，遺伝子組換え不分別の原材料を使っていても表示はされていない。一方，豆腐や納豆，コーンフレークなどこれらの例外にあてはまらないものは，IPハンドリングされた原材料や国産原材料を使う場合が多い。

加工食品の場合、加工後も組換えＤＮＡやタンパク質が検出できる三三食品群が指定されている。しかし食用油（ダイズ油、コーン油、菜種油、綿実油）や醤油、異性化糖などの液糖や水飴、デキストリン、砂糖は、原材料のＤＮＡやタンパク質が検出不可能とされ、遺伝子組換え表示の対象外とされている。遺伝子組換え不分別原料から作られた食用油や異性化糖を使用したり、遺伝子組換え原材料を五パーセント以下しか使用していない場合は、表示義務は生じない。

「遺伝子組換えダイズ（トウモロコシ）を原材料に含む可能性があります」という表示のある食品の多くは、この基準では表示義務が生じないのだが、消費者への情報提供ということで任意で表示しているものだ。他の加工食品と内容物が大きく異なっているわけではない。日本が輸入している大量の遺伝子組換え作物のほとんどは、家畜飼料に使われたり、前述の表示義務のない加工食品に加工されて利用されており、「遺伝子組換え」あるいは「遺伝子組換え不分別」の表示が必要な加工食品の原材料に直接利用されることは少ない。

海外の表示事情を見てみる（表３）。遺伝子組換え食品の表示については、大きく二つの流れがあり、ＥＵと米国で基本的な考え方が異なっている。ＥＵの制度は、組換えＤＮ

表３　各国の遺伝子組換え食品表示

	米　国	ＥＵ	日　本	オーストラリア
義務表示	×	○	○	○
［表示が必要になる事例］				
従来品と組成等が大きく異なるもの	○	○	○	○
DNAやタンパク質が残存する食品	×	○	○	○
DNAやタンパク質が残存しない食品	×	○	×	×
食品以外の飼料	×	○	×	×
表示義務が生じない最大混入率	－	0.9%	5%	1%

×＝なし　○＝あり　－＝記載なし

Ａやタンパク質の検出の可能性ではなく、原料の履歴をたどるというトレーサビリティを重視する。生産履歴をたどることで原材料に遺伝子組換え作物を使っているかどうかを検証する仕組みだ。そのため、ＤＮＡやタンパク質が残っているかは問題にならず、食用油を含むすべての食品が表示義務の対象になる。ただし、一般作物への遺伝子組換え作物の混入をゼロにするのは現実的に不可能であるため、遺伝子組換え原材料混入の閾値を定め、〇・九パーセント以下の混入であれば表示をしなくてよいことになっている（日本では五パーセントである）。このように、有機農産物への遺伝子組換え作物混入の問題などにも現実的に対応できる制度となっている。また、飼料にも同じ基準が適用され表示義務がある。しかし、遺伝子組換え作物を飼料とした家畜から生産された肉製品や卵、乳製品に表示の義務はない。

一方、アメリカでは、最終製品が実質的に従来品と変わらないのであれば表示の必要はないとする立場に立っている。組成や栄養に大きな変化がある場合は、成分表示が求められるが、現状の遺伝子組換え作物にそのようなものは存在しない。したがって、アメリカにおいては遺伝子組換え食品の表示は行われていない。一方、ＥＵにならい、遺伝子組換え食品に表示を義務づける法案が州レベルで提出される動きが広まっている。二〇一二年に、カリフォルニア州とワシントン州では否決されたが、コネチカット州とメイン州では可決されている。しかし、条例の執行には幾つかの条件があり、実現は疑問視されている。

先に紹介した日本の表示制度は両者の中間の立場で、遺伝子組換え原材料のＤＮＡやタンパクが検出可能な形で残っている場合は表示を求めるが、検出不可能な加工食品についての表示義務はないというものである。韓国、オーストラリアなどが同様な表示基準を設けている。

6 「緑の革命」と地球環境

農業の始まり

遺伝子組換え技術を用いた農業は、最先端のバイオテクノロジー技術を活用した新しい農業だ。この新しい技術を正確に理解するために、まず農業の歴史を振り返ってみたいと思う。

最古の農業は紀元前九〇〇〇年頃に西アジアで始まった小麦栽培と考えられている。他にも、中国南部の稲作、東南アジアのイモ作、南北アメリカのトウモロコシやジャガイモ栽培、アフリカのモロコシ栽培などが各地域で独立した形で始まった。各地域では、自然に生えている野生種から、長い年月をかけて栽培種が作られた。栽培種は、種子やイモ、果実などの可食部が発達する、種子が落ちない、食味の悪化につながる防御物質が少ないなどの特徴を持つ。古代人は、収穫のたびにより良い形質（たとえば、よりたくさんの実をつける）を持った植物を選んで、次の種まきをする選抜を数千年も続けてきた。その結果、野生種の持つ遺伝子が失われたり変異することで、現在の栽培種が作られた。

トウモロコシの原種テオシンテは現存のトウモロコシとは似ても似つかぬ姿をしている。その果実はとても小さく、固い殻に包まれ、一つの雌花につく果実も十数粒とほんのわずかにすぎない[38]。トウモロコシは五〇〇〇年ほど前には中南米で栽培化されたと考えられている。最近の遺伝子研究の結果、テオシンテが大きく形を変えトウモロコシになるために、五つほどの遺伝子が変異したことがわかっている。植物体の分枝に関わる遺伝子 *tb1*（この遺伝子が壊れると枝分かれせず、一本の主軸に実を付ける）や、種子の殻形成に関わる遺伝子 *tga1*（種子は固い殻に包まれておらず裸で存在する）、種子の脱粒性遺伝子 *sh1*（種子は成熟後も落ちない）などが見つかっている。遺伝子の知識がない古代人たちは、長い年月をかけることで、経験的にこれらの遺伝子変異を選抜し、野生植物の栽培化に成功したといえる。

その後、人間は遺伝子変異を効率的に選抜する方法（育種法）を生み出し、さまざまな栽培品種を作り出してきた。

たとえば、ケール、キャベツ、ブロッコリー、カリフラワー、芽キャベツ、コールラビはすべて地中海沿岸原産の野生ケールから育種で作られた野菜である。葉が開かない結球変異（キャベツ）、蕾の肥大化の変異（ブロッコリーやカリフラワー）、芽の発達の変異（芽キャベツ）などの変異体を目ざとく見いだし、その形質を選抜した結果だ。しかし、1節で述べたように、育種法には根本的な限界がある。それは、種と種の間にある生殖障壁を超えて遺伝子をやり取りすることができないことだ。3節で紹介したようなバクテリア遺伝子を導入した除草剤耐性作物や害虫抵抗性作物を、遺伝子組換え技術を使わずに育種法で開発することはできないのだ。

緑の革命

いったん農業が始まると、安定な食料供給が人口を増やし、増えた人口を養うために農業技術が発達した。農業生産性は、水とリービッヒの言う三大栄養素（窒素・リン酸・カリ）の供給が左右する。古代から一九世紀までの農業では、水は河川水や雨水を利用した自然灌漑に依存し、栄養素も、焼き畑農業による供給や、家畜（人）糞尿からの堆肥、骨粉、油かす、魚肥などの天然肥料に頼っていた。この時代の農業は、基本的に現代の有機農業と同じ技術を使っていたと言える。

この状況を大きく変えたのが、二〇世紀初頭に発見された空中窒素の固定技術だ（ハーバー・ボッシュ法）。この発明により、エネルギーさえ投入すれば、大気中の窒素分子から直接アンモニア（窒素肥料）を無尽蔵に作ることができるようになった。そのインパクトは大変大きく、一九〇八年に実験室レベルで開発された工業的アンモニア合成法は、一九一〇年にはドイツで最初の工場生産が始まっている。日本の対応も早く、一四年後の一九二四年にはイギリスやアメリカと並んで日本窒素肥料（現旭化成）の延岡工場が操業を開始している。ここに、化成肥料を十分に投与し、殺虫剤や除草剤などの農薬を使い、石油を使った機械による耕作や灌漑を行う現代農業が確立した。一九五〇年代からは、イネやコムギの多収性品種の開発も行われ、主に開発途上国を中心に農業生産性の飛躍的向上が実現した。これを「緑の革命」と呼ぶ。緑の革命により、発展途上国の穀物生産性は四倍以上にも高まり、世界人口の爆発的増大を支えた。

地球環境と人間

それでは、そもそも遺伝子組換え技術がなぜ必要とされるのかを考えてみたい。一九九六年までは、世界は遺伝子組換え技術に頼らないでやってきた。一方、一九九六年に五八億人だった世界人口は、二〇一二年には七〇億人を突破した。この一八年で世界人口は二〇パーセント増大したのだ。また、世界の名目ＧＤＰは三〇兆ドルから七〇兆ドルと二倍以上に増えている。世界のこの大きな変化と遺伝子組換え農業の広がりにはどのような関係があるのだろうか。

地球環境への人間のインパクト

地球上のすべての生命活動は太陽エネルギーに依存している。植物が行う光合成によって、太陽の光エネルギーが化学エネルギーに変換され、二酸化炭素から糖などの光合成産物が合成される。地球全体では、一年間に三〇〇京《けい》キロジュール（kJ／ジュール＝熱量の単位の一〇〇〇倍）の光エネルギーが、光合成により生命が利用可能な化学エネルギーに変換されている。これを光合成の純一次生産量（NPP）と呼ぶ。これは地表に降り注ぐ太陽エネルギーの約一〇〇〇分の一に相当する。この三〇〇京キロジュールというエネルギーがすべての生命活動の源、言い換えれば、地球の生命系全体の「年収」に相当する。次に、地球のエネルギー収支決算をみてみる。

まず、三〇〇京キロジュールの光合成のNPPのうち、人間が使っている分を見積もってみる。大人の男性は一日に約一万キロジュール（二四〇〇キロカロリー）のエネルギーを消費する。ここから一年間に七〇億人が消費する代謝エネルギーを簡単に計算できる。

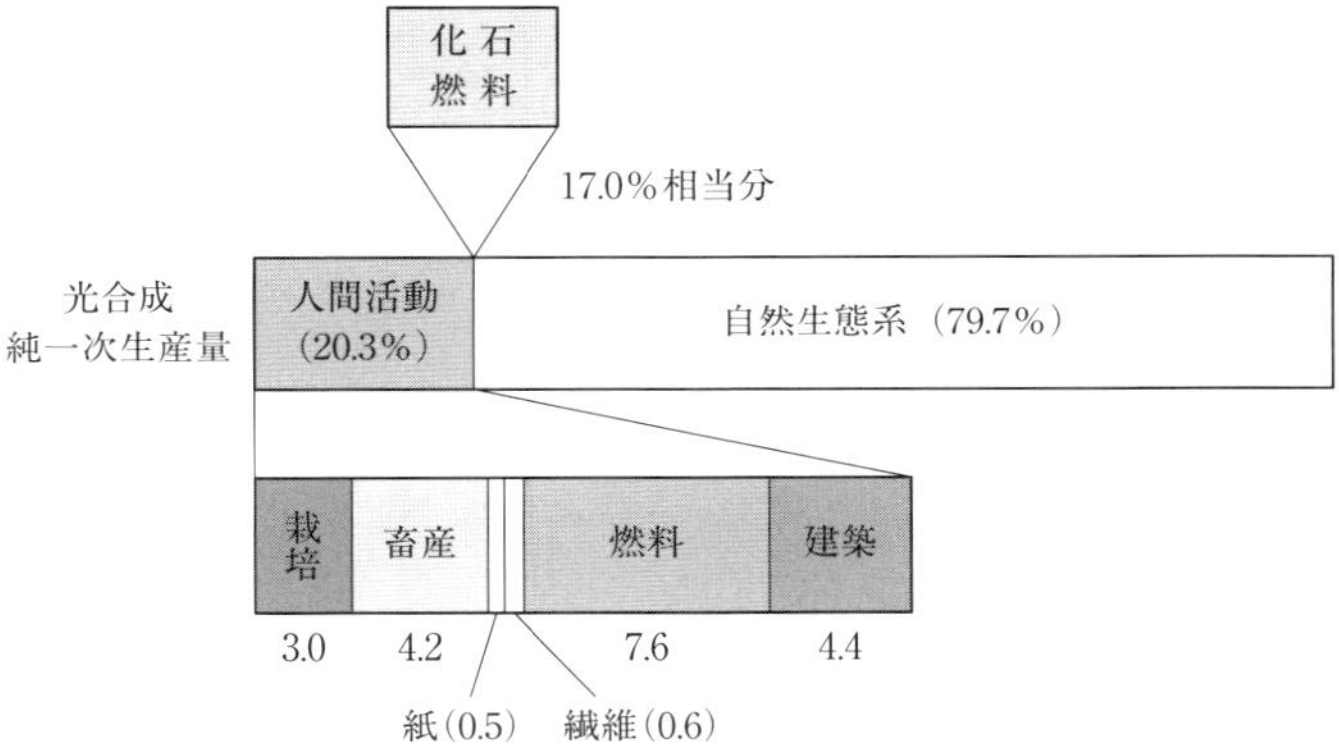

図12　光合成純一次生産量の利用内訳

地球の光合成純一次生産量の約20%は人間活動に関係して利用されており，自然生態系は残りの80%に依存している。人間活動の内訳は，作物や野菜栽培に3.0%，畜産関係に4.2%で，世界の光合成純一次生産量の7.2%を人間の食料生産に使っていることがわかる。その他，燃料に7.6%，建築に4.4%相当を使っている。また，化石燃料の使用分は，光合成の純一次生産量の17.0%に相当する。

出典：M.L. Imhoff et al. (2004) "Global patterns in human consumption of net primary production," *Nature* 429, 870-873より，椎名改変。

その値は二・六京キロジュールとなる。これは、光合成によって生み出される三〇〇京キロジュールの約〇・九パーセントに相当する。実際には女性や子供を考慮するともう少し小さい値になると思うが、人間はただ生きているだけで、このように膨大な代謝エネルギーを消費しているのだ。

　さらに、人間はさまざまな活動を行っている。その消費エネルギーを詳細に評価した研究がある[39]。それによると、光合成によるＮＰＰの約二〇パーセントが人間活動に関係して消費されていることになる（図12）。大まかには、食料生産つまり農業に七パーセント、紙や衣服にそれぞれ〇・五および〇・六パーセント、建築素材として四・四パーセント、そして燃料や焼き畑農業のために燃焼する分が七・六パーセントになる。また人間は、化石燃料を燃やしそのエネルギーも使っている。そのエネルギー量は、ＮＰＰの一七パーセントに相当する。つまり人間は、地球のＮＰＰの三七パーセントに相当するエネルギーを自分たちの活動のために使っている。このように、人間の存在はエネルギーの側面で見ても、生態系を強く圧迫している。

地球環境への農業のインパクト

宇宙船地球号という言葉がある。生命を構成する炭素、窒素、リンなどすべての元素は、地球という閉じた空間で四〇億年以上にわたって循環してきた。現在、人間活動が巨大化したことで、その循環にゆがみが生じている。ＮＰＰの一七パーセントに相当する化石燃料の利用は、地下深くに四億年も固定され閉じ込められていた大量の炭素を再び大気に戻す行為で、当然の結果として大気中の二酸化炭素濃度の上昇を引き起こしている。

地球環境に影響しているのは工業活動ばかりではない。ＮＰＰの七パーセントに相当する規模で行われている農業も、また地球環境に非常に大きな影響を与えている。現代農業に必要な窒素肥料を作るために一年間に一億トンの大気窒素が工業的にアンモニアに変換されている。[40]これは、地上で起こる生物的窒素固定量一億一〇〇〇万トンに匹敵する量となっている。その結果、自然の窒素循環系の容量を超える五〇〇〇万トン相当の窒素が河川や海洋へ流出し富栄養化の原因となっている。また、農業には大量の淡水を必要とするが、河川水で足りない分は地下水を汲み上げている。汲み上げた地下水は最終的に海に流れていく。ある研究によると、一九六一年から二〇〇三年までの四二年間の平均で、海水面が年に一・八ミリずつ上昇しており、その四二パーセント相当が汲み上げられた地下水によるものと推定されている。[41]地下水汲み上げによって、四二年間で三・二センチの海水面上昇が起こったことになる。これは温暖化による氷河やグリーンランドと南極の氷の溶解による上昇にほぼ匹敵するレベルだ。

農業、とくに畜産が引き起こす環境インパクトは非常に大きい。現在地球上には、七〇億人の人類に対して、一五億頭のウシ、一〇億頭のブタ、一五〇億羽のニワトリが飼育されている。実に四人家族あたり一頭のウシを持つ計算になる。ウシなどの反芻動物は大量のメタンガスを吐き出す上に、その育成過程でも少なからぬ二酸化炭素が発生する。そのため、畜産業由来の温室効果ガス（二酸化炭素やメタンガスなどの合計）は、全発生量の一八パーセントに相当し、運輸業で生じる量を上回る。また、家畜の放牧のために地球上の土地の三〇パーセントが利用されている。耕作地や居住地として利用されている面積（二五パーセント）を加えると五五パーセント以上の土地が人間に利用されていることになる（図5）。さらに、耕作地の三三パーセントでは、家畜飼料用の作物栽培が行われている。

国際自然保護連合（ＩＵＣＮ）が作成した絶滅危惧種のレッドリストによると地球上の全哺乳類の二割、鳥類の一割、両生類の三割が絶滅の恐れありと判断されている。地球生命は長い歴史の中で五回の大絶滅を経験している。現在六回目の大絶滅が進行中であると考える科学者もいる。[42] 原因はいろいろあるが、農地の増大による野生生物生息地の減少や分断が、急速に進む生物種の減少のもっとも大きな原因の一つであるのは間違いない。

農業のエネルギー収支

私たちには、毎日の食べ物を「お天道様のお恵み」ととらえ、太陽や自然に感謝する昔からの考え方がある。これは現在でも基本的に変わっていない。農産物は、光合成によってせっせと太陽エネルギーを化学エネルギー（糖やデンプン）に変換しており、私たちは間接的に太陽エネルギーを摂取して生きていると考えられる。はたして、本当だろうか。

　ライフサイクルアセスメント（ＬＣＡ）という考え方がある。ある製品を作り、使い、最後は分解処理するすべてのプロセスを考え、それぞれの過程にどの程度のエネルギーを使うか（あるいはどの程度の二酸化炭素を発生するか）を評価する手法をいう。この手法を農業に生かして、作物の栽培、収穫、流通、利用の過程にかかる全エネルギーを計算し、その作物から得られる熱量と比較することで、農業のエネルギー収支を計算することができる。ＬＣＡ解析を日本の水稲栽培について行うと驚くべき数字が出てくる。一九五〇年の肥料や機械をあまり使わない時代のエネルギー収支は一・三と一を超えているが、一九七〇年のエネルギー投入栽培の収支は〇・五となってしまう。(43) つまり、栽培のために投入したエネルギーの方が生産物であるコメの持つエネルギーより二倍も大きいことになる。もっと最近のイタリアの稲作についての解析では、一キロの白米の生産に一七・八メガジュール（ジュールの一〇〇万倍）のエネルギーが投入されると評価されている。(44) 白米一キロのエネルギーは約一五メガジュールで、収支は〇・八四となる。このことから、水稲栽培のエネルギー収支は〇・五～一・一程度であり、「お天道様のお恵みを食べている」というよりも、「石油を食べている」と言った方が正確なのかもしれない。

農業の将来

一方、人口増加はまだ止まらない。二〇五〇年には九〇億人を突破すると予測されている。また、世界のＧＤＰの伸びが示すように、単に人口が増えるだけでなく、中産階級の人口が大幅に伸びることが予想されている。そのため、人口の伸びを超えるより多くの食糧消費、食肉消費が見込まれる。一方、本節で述べたように、農業の地球環境へのインパクトはすでに限界を超えているかもしれない。食糧増産のためにこれ以上耕作地を増やしたり、増産のためにむやみにエネルギー投入を増やすことはできるだけ避けなければならない。環境へのインパクトや生物多様性への影響を抑えながら、食糧増産を図る必要がある。では、どうするべきか。一万年前の人類は、食用に適さない野生植物を改変し農業を始めるという知恵を持っていた。現代に生きる私たちは、生命の遺伝の仕組みを解き明かし、自在に扱う技術を持っている。私たちが何をなすべきかを考えてみたいと思う。

未来の作物

第一世代の遺伝子組換え作物である除草剤耐性作物と害虫抵抗性作物は、主に家畜飼料や加工食品原料を目的に栽培されているが、農薬使用量の削減や収穫量の増大によって生産性の増大と大きな経済効果を生んだ。また、多くの栽培地で生物多様性の拡大を実現し、遺伝子組換え作物が持続的農業を目指す上でも重要な技術であることを実証した。次は、世界の穀物栽培の半分以上を占める主食用のコメやコムギなどの食糧作物に取り組むことで、農業の地球環境へのインパクトをさらに緩和することが期待される。

一方、次世代の遺伝子組換え作物の研究開発も進められている。乾燥などに強い環境耐性植物は、水資源の節約や農業不適地での栽培を可能にすることで、農業の地球環境へのインパクトをさらに小さくする効果が期待される。代謝工学を利用し栄養素を改変し強化する遺伝子組換え作物は、健康増進に寄与すると期待される。さらに、栄養要求性を変えた植物の開発も進んでいる。

遺伝子組換えイネとコムギ

これまでのトウモロコシやダイズに続いて、イネやコムギなどの主食作物に遺伝子組換え技術を利用し、生産性を向上させるとともに、農業の環境負荷をさらに低減する可能性が検討されている。すでに中国では、Bt害虫抵抗性イネ二品種が「農業遺伝子組換え生物生産応用安全証書」を取得しており、数年内の実用化を目指している。このBtイネはチョウヤガなどの鱗翅目害虫に効果を示し、殺虫剤の三〇〜五〇パーセント減が期待される。[45]また、日本のイネ研究のレベルは高く、いもち病や白葉枯病《しらはがれびょう》などに強い品種や、冷害に強い品種、アルカリ土壌でも育つ品種、塩害に耐える品種、多収品種など、さまざまな遺伝子組換えイネが作られ、実用化への研究が進められている。モンサント社は、除草剤耐性コムギの開発を終えているが、業界団体からコムギ輸出に問題が出る可能性があるとの指摘もあり、まだ商業販売は進んでいない。一方、オーストラリアでの干ばつの多発などを受け、乾燥耐性コムギなどの開発も進められている。

世界の主要穀物であるイネやコムギの遺伝子組換え作物の実用化がなかなか進まないのはなぜだろうか。飼料や製油用途が主となるトウモロコシやダイズに比べ、直接穀粒や粉を食べるイネやコムギに対する消費者の抵抗感が強いのは確かである。そのため、輸出やマーケティング戦略として、遺伝子組換えイネやコムギの大規模栽培に踏み出せないという事情があるようだ。一方、南アジアやアフリカの貧しい人々は、収穫量が多く、農薬や水を節約できる主食の遺伝子組換えイネやコムギに期待する点は多いかもしれない。先進国の視点ばかりでなく、発展途上国の視点からも、遺伝子組換え技術の未来を見ていくことも重要だ。

環境ストレス耐性植物

近年、世界的に異常気象の発生頻度が高まっている。二〇一二年には、アメリカが歴史的な干ばつに見舞われ、トウモロコシ生産量は前年比一三パーセント減と大きな打撃を受けた。オーストラリアでは数年続いて干ばつ被害を受けており、二〇一三年には中国南部が深刻な干ばつに見舞われた。不安定な気候でも必要な食糧生産を確保するために、多少の干ばつでは収量が減らない乾燥耐性作物の開発が求められている。

モンサント社は、枯草菌の一種、*Bacillus subtilis* 由来の低温ショックタンパクB遺伝子をトウモロコシに導入し、乾燥に強い遺伝子組換え品種（MON87560）を開発している。この乾燥耐性トウモロコシは、乾燥環境で通常のトウモロコシに比べ一割以上高い収穫を示した(46)。少ない水で生育する乾燥耐性トウモロコシは、節水作物でもある。先に述べたように世界の地下水は枯渇の危機にある。持続的農業を目指すには、水資源を節約できる作物の開発も非常に重要である。乾燥耐性遺伝子組換え作物は、コムギやダイズでも開発されている。

アフリカのサハラ以南には、降雨量が少なく農業用水を十分に確保できない広大な地域が広がり、そこには八億人近くの人々が暮らしている。その半数近くは、トウモロコシを中心に自給自足農業を営んでいる貧しい農民だ。収穫が十分でないため、貧困や飢餓が深刻な問題となっている。この地域で、Water Efficient Maize for Africa（WEMA：アフリカ向け水有効利用トウモロコシ）プロジェクトが進められている。従来育種や遺伝子組換え技術を駆使して、乾燥耐性トウモロコシを開発し、この地域の状況を改善しようという国際プロジェクトだ。ビル＆メリンダ・ゲイツ財団やバフェット財団からの支援を受け、運営されている。このプロジェクトは、これまでに、乾燥耐性トウモロコシの栽培で一定の成果を挙げている。乾燥耐性作物は、米国やオーストラリア、中国などの大規模穀倉地帯の食糧生産を安定化させるだけでなく、アフリカの小規模農業の増産にも寄与することが期待される。

栄養素強化作物

代謝工学とは、他の生物由来の代謝系遺伝子を作物に導入し、元々活性の弱い代謝経路を活発にしたり、逆に、酵素遺伝子の発現を抑制して特定の代謝経路を不活性化するなどの操作を行い、目的の代謝産物を植物中に蓄積する方法である。すでに、青いバラやカーネーション、ゴールデンライスなどで成功している。現在、注目されている栄養素強化作物の一つに、オレイン酸高含有遺伝子組換えダイズがある。ダイズ油には、リノール酸などの不飽和結合を複数持つ脂肪酸が多く含まれ、オレイン酸のような不飽和結合を一つしか持たない一価不飽和脂肪酸の含有量は少ない。一方、一価不飽和脂肪酸には動脈硬化を防止する効果があるとされている。そこで、脂質代謝系を操作し、オレイン酸を大量蓄積する遺伝子組換えダイズが開発されている。

アミノ酸代謝の操作も行われている。リジンは必須アミノ酸の一つであるが、イネ科の貯蔵タンパク質はリジン含有量が少なく、飼料として用いる時は、その欠点を補うために、別途リジンを添加している。それに代わる方法として、種子中のリジン含有量が増加したトウモロコシが開発されている。この植物には、リジン生合成系のフィードバック阻害機能（リジンを作り過ぎないように、合成されたリジンが合成酵素の活性を下げる働き）を弱めるように改変された酵素遺伝子が導入されている。また最近、抗酸化活性を持つアントシアニンを発現させたトマトも開発されている。このトマトは、アントシアニン色素のためにナスのような紫色をしている。ゴールデンライスの他にも、ビタミンAやビタミンEなどのビタミンを高蓄積するジャガイモやダイズが開発されている。これらの栄養素強化植物は、発展途上国での栄養障害の予防ばかりでなく、先進国での健康増進も期待されている。

花粉症緩和米

抗原を経口摂取することで、その抗原に対する免疫反応が抑制される免疫寛容と呼ばれる現象がある。食べ物を異物と見なさず、免疫反応の対象とならないのはこの機構による。この仕組みを利用し、花粉症を緩和する遺伝子組換えイネが開発されている。スギ花粉症のアレルゲンとなる花粉タンパク質から複数の抗原決定基（エピトープ）を選び出し、その部分をになうDNAをつないで、種子ではたらくプロモーターから転写されるようにした組換え遺伝子をイネに導入した。抗原決定基はコメで特異的に発現し、マウスを用いた経口試験で、免疫寛容を起こすことが確認されている[47]。その発現量は、成人が、一日一合のコメを食べた場合、十分に経口免疫寛容を起こすことが期待できるレベルである。

工業原材料作物

代謝工学を利用して、工業原材料を作る遺伝子組換え作物の開発も行われている。デンプンのアミロースの生成を抑えるとアミロペクチン含量が高まり、粘着性が高まる。製紙・

接着剤用原料とすることを目的に、デンプン合成系遺伝子を発現制御し、アミロペクチン含量を増やしたジャガイモが開発されている。この遺伝子組換えジャガイモ（商品名Amflora）は二〇一〇年に商業栽培が認可された。現在、工業原材料作物としてドイツなどで少量が作付けされている。

栄養要求性改善作物

窒素、リン酸、カリウムが植物の三大栄養素であるが、世界の耕作地の六割以上がリン酸不足で、作物生産にリン酸肥料は欠かせない。しかし、窒素肥料は、空中窒素から工業的に合成することができるのに対して、リン酸はリン鉱石などの資源に頼っており、その枯渇が危惧されている。そこで、亜リン酸を酸化する酵素を導入することで、リン酸の代わりに亜リン酸を肥料として用いることができる遺伝子組換え植物が作られた[48]。この植物は、リン酸の代わりに亜リン酸をリン酸源として利用できるだけでなく、非常に面白い特徴を持つ。通常の植物は、リン酸欠乏状態で亜リン酸を与えられても利用できず枯死する。一方、亜リン酸利用遺伝子組換え植物は生育できる。したがって、リン酸欠乏土壌で亜リン酸を肥料とすることで、雑草は生長できず亜リン酸利用遺伝子組換え植物だけが生育する。これは、肥料投与と除草が同時にできるシステムで興味深い。

葉緑体形質転換植物

前節でみたように、作物と近縁野生種の間で稀にだが交雑が起こる例が知られている。しかし、栽培植物は環境適応能力が低く、組換え遺伝子がとくに大きな環境適応度を与えるものでなければ、野生種に伝播した組換え遺伝子もいずれ消えていく。一方、乾燥耐性遺伝子や光合成強化遺伝子など適応度の高い遺伝子については、優位な遺伝形質として野生集団内に広がる可能性が否定できない。このようなリスクを避け、環境適応性の高い遺伝子組換え作物を実用化するためには、花粉を介した遺伝子拡散そのものを止めることが有用である。それを実行する技術が「雄性不稔技術」と「葉緑体形質転換技術」である。ここでは、「葉緑体形質転換技術」について解説する。(49)

シアノバクテリアを祖先とする葉緑体（植物細胞に存在する細胞小器官で光合成を行う）は独自のゲノムと遺伝子発現系を持っている。葉緑体ゲノムは一五万塩基対程度の小さなゲノムで、多くの作物種で母性遺伝することが知られている。母性遺伝とは、母方の遺伝子だけが遺伝する遺伝様式を言い、花粉を介した父方の遺伝子の拡散は起こらない。タバコの場合、花粉を介した父性遺伝の確率は1.58×10^{-5}以下と非常に小さい。したがって、母性遺伝する葉緑体ゲノムに組換え遺伝子を導入すると実質的な組換え遺伝子の封じ込めが実現できる。

葉緑体形質転換技術にはもう一つの利点がある。それは、組換えタンパク質が大量に生産されることである。核に遺伝子導入した通常の形質転換植物での組換えタンパク質の発現量が総タンパク質量の〇・〇一～〇・一パーセントなのに対し、葉緑体形質転換体では一～一〇パーセントの大量発現が可能になる。この性質を利用してBtタンパク質を大量発現させると、Bt抵抗性昆虫の発生可能性がより低くなることも期待される。葉緑体形質転換体の組換えタンパク質生産能力は、微生物を用いた場合と同等であり、太陽エネルギーを使って直接、有用タンパク質を生産できることになる。微生物に代わって医薬用あるいは産業用組換えタンパク質を安価に生産する技術としても期待される。

一方、葉緑体形質転換は一部の植物（タバコやレタス）では比較的容易だが、イネやトウモロコシ、ダイズなど主要作物の葉緑体形質転換技術はまだ確立していない。植物種を選ばず葉緑体の遺伝子組換えが可能になる技術が開発されたとき、遺伝子組換え作物利用の新しい方向が見えてくるかもしれない。

遺伝子組換え作物と有機農業

有機農業というと、無農薬栽培による安心な農産物がイメージされる。一方、有機農業のとくに重要な側面は、化成肥料を使わず循環的農業を目指すところにある。化成肥料の合成には大量のエネルギーが必要で、肥料製造は農業ＬＣＡの二〇～三〇パーセントという大きな割合を占める。有機農業では、肥料を化成肥料でなく、緑肥、堆肥などの有機肥料に依存する。ここに、石油エネルギーに依存する現代農業との大きな違いがある。緑肥にしても堆肥にしても、窒素やリン酸成分は、その原料である生物残さに由来する。つまり循環的なのだ。前節でまとめた農業による環境負荷の多くを有機農業では回避することができる。しかし、有機農業には、単位面積あたりの収穫量が少ない、収穫が安定しないなどの問題が存在する。最近の詳細な分析によって、有機農業の収穫量は通常栽培の二五パーセント減になることが報告されている[50]。この収穫量の低さが問題となり、単位面積あたりで評価すると、環境負荷が小さいという有機農業の利点が相殺されてしまう。

また、有機農業における無農薬栽培は、多品種小規模栽培によって可能になっている側面が大きい。世界の七〇億人に食料を供給している大規模栽培では、作物はより大きな雑草や害虫リスクに曝されており、農薬は欠かせない。有機農業技術をそのまま大規模農業に適用することは不可能だ。循環的農業を目指すという有機農業の理念を、現在の大量食料生産システムに取り入れるには新しい発想が必要だ。

今まで見てきたように、遺伝子組換え作物の栽培によって、除草剤や殺虫剤使用量の削減、雑草・虫害ストレスの低下による増収、生物多様性の向上、さらに窒素施肥量の削減が可能になる。これは、有機農業が目指す農業の姿と重なる。重要なポイントは、遺伝子組換え技術を使うことで、大規模農業においても、これらの効果が得られることだ。実は、有機農業と遺伝子組換え農業は同じ方向を向いている。除草剤耐性や害虫抵抗性遺伝子組換え作物を有機肥料を使って栽培することで、互いの欠点を補い合った、持続的な食料生産システムが構築できる可能性がある[51]。乾燥などの環境ストレスや病害に強い遺伝子組換え作物が開発される将来、それらの遺伝子組換え作物を有機農業技術で栽培することで、高い生産性を実現する持続的農業が実現するかもしれない[52]。

7　遺伝子組換え植物の作製法

組換え遺伝子の設計

組換え遺伝子技術は、バクテリアからヒトまで共通の原理に基づいていて、バクテリアの遺伝子を植物に導入するのも、ヒトの遺伝子を導入する場合も、難易度は変わらない。他生物の遺伝子を植物で働けるように改変し、植物細胞に導入する流れは一緒だ。

生物の遺伝情報はＤＮＡに書き込まれている。アデニン（Ａ）、グアニン（Ｇ）、シトシン（Ｃ）、チミン（Ｔ）という四種類の塩基（ヌクレオチド）の並び方として書き込まれている。ＤＮＡの塩基配列情報は、メッセンジャーＲＮＡ（mRNA）と呼ばれる別の核酸に写し取られ（転写と呼ぶ）、核からタンパク質合成の場である細胞質のリボソームに運ばれる。リボソームでは、mRNAの塩基配列情報に基づいてタンパク質が合成される（翻訳とよぶ）。このとき、塩基三個の並び方からなる遺伝暗号に基づいて二〇種類のアミノ酸が指定される。この遺伝暗号はすべての生物で共通で、地球のすべての生物が共通祖先から進化したことを意味している。この流れをセントラルドグマと呼ぶ。

遺伝暗号が共通であるために、ある生物の遺伝子を切り出して、他の生物に導入して働かせることが比較的容易に行える。この過程で、制限酵素（ＤＮＡの特定の配列を認識して切断する酵素）やＰＣＲ法（ＤＮＡの任意の領域を何万倍にも増幅させる方法）を道具として用いる。しかし、ここで一つ工夫が必要だ。遺伝子そのものは、遺伝暗号がすべての生物で共通であり、どの生物由来のものであっても基本的に植物で働かせることができる。しかし、長いＤＮＡ上のどこに必要な遺伝子があるかを探し出し、遺伝子を含む必要な部分だけをmRNAに写し取る転写の制御機構は生物によって大きく異なる。

転写を始める位置を決める部分をプロモーターと呼び、遺伝子の前方にある。また、遺伝子の後方にはターミネーターと呼ばれる領域があり、転写をそこで終結させる（図13）。しかし、プロモーターとターミネーターの構造がバクテリアと植物ではまったく異なる。つまり、バクテリアのＤＮＡをそのまま植物細胞に入れても転写されない。そこで、たとえばバクテリア由来の遺伝子を植物に導入する場合は、バクテリアのプロモーターやターミネーターを取り除き、代わりに植物のプロモーターやターミネーターをつなぐ。このとき、すべての植物組織でタンパク質が作られるようなプロモーターや、特定の組織だけで働くプロモーターを選択することができる。前者は、除草剤耐性遺伝子やBtタンパク遺伝子などを全組織で発現させるのに使われ、後者は青色色素の合成遺伝子を花弁だけで作らせるときなどに用いられている。ここまでの操作はすべて小さなプラスチック容器の中で行われる。バクテリア遺伝子の場合もヒト遺伝子の場合も、操作は変わらない。

組換え遺伝子の植物への導入

生物の中には、DNA溶液に浸すだけで簡単にDNAを取り込んで形質転換される細胞も存在する。一方、植物への遺伝子導入は比較的難しい部類に入る。植物の場合、細胞の外側が固い細胞壁で包まれていて、組換え遺伝子は容易に細胞内に入っていかない。ところが、自然界には、この難しい植物細胞の形質転換を易々とやってしまう興味深い生物が存在する。土壌細菌アグロバクテリウムだ。

アグロバクテリウムは、植物にこぶを作らせる病気（根頭癌腫病）を引き起こす。アグロバクテリウムは植物細胞に感染し、自分自身の遺伝子を植物に注入し、形質転換する能力を持つ。オーキシンやサイトカイニンという植物ホルモンの合成遺伝子と、オクトピンという特殊なアミノ酸合成遺伝子が植物体に導入される。その結果、オクトピンを合成する細胞が無制限に増殖を始めこぶを作る。植物細胞はオクトピンを利用できないが、アグ

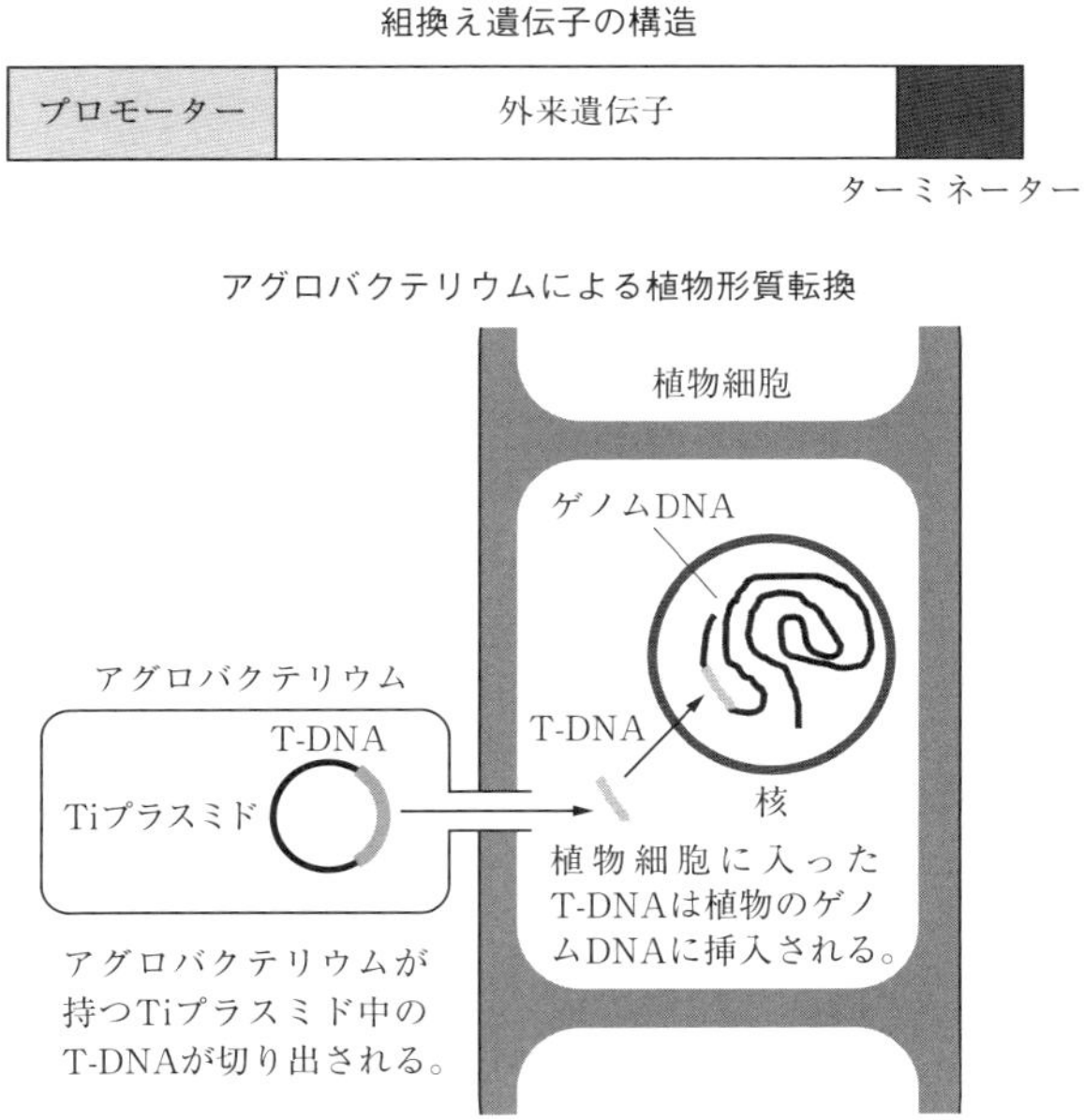

図13　組換え遺伝子の構造とアグロバクテリウムによる植物細胞の形質転換

ロバクテリウムはオクトピンを栄養源として利用できる。アグロバクテリウムは、植物細胞を乗っ取って、光合成産物から自分だけが利用できるオクトピンを合成する工場に変えてしまう。

アグロバクテリウムは、どのように植物を形質転換するのか。多くのバクテリアは、自分自身の染色体DNAの他に、プラスミドと呼ばれる独立して増える小さなDNA断片を持っている。プラスミドには抗生物質耐性遺伝子などが存在する例が知られており、バクテリアの環境適応に重要な働きをしている。アグロバクテリウムはTiプラスミド（腫瘍誘導プラスミド）と呼ばれる比較的大型のプラスミドを持っている（図13）。Tiプラスミドには短い特別な配列に挟まれたT－DNA領域が存在し、ここに上記のホルモン合成遺伝子やオクトピン合成遺伝子が存在する。アグロバクテリウムが植物細胞に感染すると、T－DNA部分がTiプラスミドから切り出され、注射器のような特殊な構造を通って植物細胞に注入される。植物細胞に入ったT－DNAは植物ゲノムに取り込まれ、植物遺伝子として働くようになる。以降、T－DNA領域は植物ゲノムの一部として、他の遺伝子とまったく同様に世代から世代へ遺伝していく。アグロバクテリウムによって植物細胞が形質転換されたのだ。植物ゲノムに導入された組換え遺伝子が働くとホルモンやオクトピンが合成され、細胞が増殖し、こぶが形成される。

このアグロバクテリウムの機構をうまく利用して、植物の形質転換技術が開発された。T－DNAに含まれるホルモン合成遺伝子とオクトピン合成遺伝子を取り除き、代わりに植物に導入したい他生物の外来遺伝子を入れるのだ。そうすることで、簡単に外来遺伝子を植物細胞に導入できるようになった。植物を乗っ取るアグロバクテリウムを、人間がさらに乗っ取ってしまうのだ。現在では多くの植物でアグロバクテリウム法による形質転換が可能になっている。

アグロバクテリウムを使った植物形質転換の流れを見てみよう。基本的には、まず植物組織の一部を切り出し、適当な植物ホルモン濃度の培地上で培養する。すると、葉とか根といった器官になる前の未分化細胞のかたまり、カルスが形成される。カルスは、動物のｉＰＳ細胞やＥＳ細胞と同様、あらゆる組織や器官に分化できる分化全能性を持っている。このカルスに、導入したい遺伝子をTiプラスミドのＴ－ＤＮＡ領域に挿入してあるアグロバクテリウムを感染させる。すると、一部のカルス細胞のＤＮＡにＴ－ＤＮＡが挿入され、形質転換カルスが生じる。

遺伝子が導入された形質転換カルスを選抜し、ホルモン濃度を適切に操作すると、根やシュート（葉や茎）をもった形質転換植物が再生する。このとき、組換え遺伝子が導入されたカルスを選抜するために、Ｔ－ＤＮＡには抗生物質耐性遺伝子を導入しておく。そうすることで、抗生物質を含む培地で、形質転換されたカルスのみが生き残り、選抜を簡単に行うことができる。形質転換植物の完成である。この方法で、ダイズ、イネなどの形質転換が比較的容易に行える。さらに、一部の植物では、蕾をアグロバクテリウム溶液に浸すだけで、種子を直接形質転換することもできる。

一方、アグロバクテリウムがうまく感染しない植物については、別の方法が使われる。たとえば、パーティクルガン法という方法がある。これは、微小の金粒子（〇・六〜一・〇マイクロメータほど）にＤＮＡをまぶし、これをガスの圧力で音速に加速し、植物を撃つ方法だ。金粒子は細胞壁に小さな孔をあけて細胞内に入り、そこでＤＮＡを放出する。ＤＮＡは核に入り植物ゲノムを形質転換する。トウモロコシ、ダイズ、ナタネやパパイヤの形質転換には、この方法が使われた。また、葉緑体ゲノムを形質転換する際にもパーティクルガン法が用いられる。

このように、現在、ほとんどの植物細胞に外来遺伝子を導入できる。一方、遺伝子導入を行ったカルスから植物体を再生することが一部の植物では非常に難しい。とくに、薬用植物などの形質転換を行う際には、植物体の再分化系（培養細胞から植物個体を分化させる方法）の確立が重要な課題になる。

持続的な食料生産システムのために

一万年前、人類は植物を自らの手で育てる農業を始めた。ゆっくりではあるが確実に植物を改変し、さまざまな作物品種を作り出した。新しい品種は、農業生産性を高め、人口を増やし、人類は文明を発展させていった。当初、人口はわずかで、地球は無限に広がっていた。その後、産業革命は農業をも改革し、二〇世紀に入ると化成肥料や農薬によって生産性を飛躍的に高めた現代農業が始まる。現代農業は洗練された技術で、地球のすべての人々に十分な食糧を供給できる高い生産性を実現した。

一方、農業活動の拡大によって、これまでにない非常に大きな負荷が地球環境にかかっている。地球にとって負荷の許容量は限界に近づいている。この状況を永遠に続けることはできない。人類は、地球環境への負荷を減らした新しい持続的な食料生産システムの開発を求められている。これは、自然エネルギーを中心とした新しいエネルギー生産システムの開発と同様に、人類が直面している非常に重要な課題である。遺伝子組換え技術はそのための強力な手段となるはずだ。遺伝子組換え技術で農作業をさらに効率化することは、生産者の負担を減らすことにもつながるはずである。

＊　本章について、貴重なご意見を頂いた小泉望さん（大阪府立大学）、増村威宏さん（京都府立大学）および佐々義子さん（くらしとバイオプラザ21）に厚く感謝申し上げます。

【注】

（1）"GM crops: A story in numbers" (2013) *Nature* 497, 22-23.

（2）N. Jones (2011)「人間活動を指標に、新たな地質年代」*Nature* ダイジェスト、九巻八号、一四～一五頁。

（3）注（1）に同じ。

（4）ISAAA(2013) "Global Status of Commercialized Biotech/GM Crops in 2013," *Pocket K* No.16.

（5）ＮＰＯ法人くらしとバイオプラザ21「知っておきたいこと――遺伝子組換え作物・食品」九頁。

（6）農林水産省（二〇一三）「平成二四年版食料・農業・農村白書」七七～七八頁。

（7）三石誠司（二〇一三）「遺伝子組換え作物をめぐる世界の情況について」『共済総合研究』六七巻、八～四〇頁。

（8）G. Brookes and P. Barfoot (2012) "Key environmental impacts of global genetically modified (GM) crop use 1996-2011," *GM Crops and Food: Biotechnology in Agriculture and the Food Chain* 4, 109-119.

（9）W. D. Hutchison et al. (2010) "Areawide suppression of European corn borer with Bt maize reaps savings to non-Bt maize growers," *Science* 330, 222-225.

（10）J. W. Haegele et al. (2013) "Transgenic corn rootworm protection increases grain yield and nitrogen use of maize," *Crop Sci.* 53, 585-594.

（11）Y. Lu et al. (2012) "Widespread adoption of Bt cotton and insecticide decrease promotes biocontrol services," *Nature* 487, 362-367.

（12）注（8）に同じ。

（13）注（8）に同じ。

（14）G. Brookes and P. Barfoot (2012) "The global income and production effects of genetically modified (GM) crops 1996-2011," *GM Crops and Food: Biotechnology in Agriculture and the Food Chain* 4, 74-83.

（15）注（14）に同じ。

（16）ドナ・R・ファーマー、脇森裕夫（二〇〇〇）「グリホサートの毒性試験の概要」『日本薬学会誌』二五巻三号、三四三〜三四九頁。

（17）注（1）に同じ。

(18) 石渡繁胤（一九〇一）『大日本蚕糸会報』一一四、一～一一頁。

(19) Y. Katsumoto et al. (2007) "Engineering of the Rose Flavonoid Biosynthetic Pathway Successfully Generated Blue-Hued Flowers Accumulating Delphinidin," *Plant Cell Physiol.* 48, 1589-1600.

(20)「食糧問題の真の姿」*Nature* ダイジェスト、七巻一〇号、八～九頁。

(21) G. Tang et al. (2012) "β-Carotene in Golden Rice is as good as β-carotene in oil at providing vitamin A to children," *Am. J. Clin. Nutr.* 96, 658-664.

(22) C. Snell et al. (2012) "Assessment of the health impact of GM plant diets in long-term and multigenerational animal feeding trials: A literature review," *Food and Chemical Toxicology* 50, 1134-1148.

(23) 注（22）に同じ。

(24) K. Steinke et al. (2010) "Effects of long-term feeding of genetically modified corn (event MON810) on the performance of lactating dairy cows," *J. Anim. Physiol. Anim. Nutr.* 94, 185-193.

(25) 注（22）に同じ。

(26) E. Domon et al. (2009) "26-Week oral safety study in macaques for transgenic rice containing major human T-cell epitope peptides from Japanese cedar pollen allergens," *J. Agric. Food Chem.* 57, 5633-5638.

(27) 注（22）に同じ。

(28) G. E. Séralini et al. (2012) "Long term toxicity of a Roundup herbicide and a Roundup-tolerant genetically modified maize," *Food and Chemical Toxicology* 50, 4221-4231（論文取り下げ、参照：*Food and Chemical Toxicology* 63, January 2014, 244）.

(29) Y. H. Li et al. (2010) "Genetic diversity in domesticated soybean (Glycine max) and its wild progenitor (Glycine soja) for simple sequence repeat and single-nucleotide polymorphism loci," *New Phytologist* 188, 242-253.

(30) Y. Nakayama and H. Yamaguchi (2002) "Natural hybridization in wild soybean (Glycine max ssp. soja) by pollen flow from cultivated soybean (Glycine max ssp. max) in a designed population," *Weed Biology and Management* 2, 25-30.

(31) D. Adam (2003) "Transgenic crop trial's gene flow turns weeds into wimps," *Nature* 421, 462.

（32）パメラ・ロナルド、ラウル・アダムシャ著、椎名隆・石崎陽子監訳（二〇一一）『有機農薬と遺伝子組換え食品——明日の食卓』丸善出版。
（33）S. I. Warwick et al. (2008) “Do escaped transgenes persist in nature? The case of an herbicide resistance transgene in a weedy Brassica rapa population,” *Molecular Ecology* 17, 1387-1395.
（34）注（32）に同じ。
（35）独立行政法人国立環境研究所「平成二四年度遺伝子組換え生物による影響監視調査報告書」。
（36）N. Gilbert (2013)「遺伝子組換え作物の真実」*Nature* ダイジェスト、一〇巻八号、二六～三〇頁。
（37）B. E. Tabashnik (2013) “Insect resistance to Bt crops: lessons from the first billion acres,” *Nature Biotech.* 31, 510-521.
（38）J. Meaux (2006) “An adaptive path through jungle DNA,” *Nature Genet* 38, 506-507.
（39）M. L. Imhoff et al. (2004) “Global patterns in human consumption of net primary production,” *Nature* 429, 870-873.

(40) N. Gruber and J. N. Galloway (2008) "An Earth-system perspective of the global nitrogen cycle," *Nature* 451, 293-296.

(41) Y. N. Pokhrel et al. (2012) "Model estimates of sea-level change due to anthropogenic impacts on terrestrial water storage," *Nature Geoscience* 5, 389-392.

(42) 注（2）に同じ。

(43) 宇田川武俊（一九七六）「水稲栽培における投入エネルギーの推定」『環境情報科学』五巻二号、七三〜七九頁。

(44) G. A. Biengini and M. Busto (2009) "The life cycle of rice: LCA of alternative agri-food chain management systems in Vercelli (Italy)," *J. Environ. Manage.* 90, 1512-1522.

(45) J. Huang et al. (2005) "Insect-Resistant GM Rice in Farmers' Fields: Assessing Productivity and Health Effects in China," *Science* 308, 688-690.

(46) J. Chang et al. (2014) "Water Stress Impacts on Transgenic Drought-Tolerant Corn in the Northern Great Plains," *Agronomy J.* 106, 125-130.

(47) H. Takagi et al. (2005) "A rice-based edible vaccine expressing multiple T cell epitopes induces oral tolerance for inhibition of Th2-mediated IgE responses," *Proc. Natl. Acad.*

Sci. USA 102, 17525-17530.

(48) D. L. López-Arredondo and L. Herrera-Estrella (2012) "Engineering phosphorus metabolism in plants to produce a dual fertilization and weed control system," *Nat. Biotechnol.* 30, 89-93.

(49) P. Maliga and R. Bock (2011) "Plastid biotechnology: food, fuel, and medicine for the 21st century," *Plant Physiol.* 155, 1501-1510.

(50) V. Seufert et al. (2012) "Comparing the yields of organic and conventional agriculture," *Nature* 485, 229-232.

(51) 注(32)に同じ。

(52) P. Ronald (2011) "Plant Genetics, Sustainable Agriculture and Global Food Security," *Genetics* 188, 11-20 および注(32)参照。

第2章　遺伝子組換え作物をどう理解するか

——企業からのメッセージ——

内田　健

MONSANTO
imagine™

執筆

内田健（うちだ　たけし）：茨城県出身。東京大学農学部（農業経営学）卒業。穀物輸入商社，農家アルバイト（福島県），研究所アシスタントなどを経て，2009年より日本モンサント株式会社広報部に勤務。

会社概要

日本モンサント株式会社：1957年設立，代表取締役社長山根精一郎。1901年にアメリカミズーリ州で創立された世界的バイオ化学メーカー，モンサント・カンパニーの日本法人として，遺伝子組換え作物の日本における許認可取得業務や，広報活動を主な業務とする。

1　遺伝子組換え作物の普及と利用状況

遺伝子組換え作物への懸念と誤解

遺伝子組換え（以下ＧＭ）作物の大規模商業栽培は一九九六年に始まった。以降、ＧＭ作物の利用は世界的に広がり、二〇一三年時点では世界で一億七五〇〇万ヘクタールで栽培されている[1]。

日本は、穀物の多くを海外から輸入している。ＧＭ作物が商品化されている穀物と油糧作物（トウモロコシ、ダイズ、ナタネ、ワタ）については、日本は年間に合計で約二〇〇〇万トンを輸入しているが、このうちの八〇パーセント、約一六〇〇万トンがＧＭ作物と推定されている[2]。輸入されたＧＭ作物は家畜飼料、食用油、甘味料などの食品原料として利用され、さまざまな形で日本の食卓に提供されている。

しかしながら、日本国内ではＧＭ作物が積極的に受け入れられていないのが現状である。原因として、ＧＭ作物に関する懸念が喧伝される一方、懸念に対する正確でわかりやすい説明が十分でないことが考えられる。ＧＭ作物への懸念の声には、明らかに事実と反するもの、科学的な知識に反するものも多い。誤った情報や認識に基づいてGM作物が議論され、世論が左右されるのは、決して好ましいことではない。本章ではGM作物の開発、普及の現状やそれを取り巻く状況について、なるべく平易に解説していきたい。

モンサント・カンパニーの概要

モンサント・カンパニー（本社：米国ミズーリ州セントルイス）は、一九〇一年に設立され総合化学企業として成長し、農業部門はその一部門であった。一九八〇年代からは植物バイオテクノロジー技術の開発を始め、二〇〇二年からは種子事業、農薬事業を中心とした農業に特化した企業になっている。二〇一二会計年度の売上高は種子関連事業が九八億一〇〇万ドル（一ドル一〇〇円として九八〇一億円）、農業関連製品事業が三七億一五〇〇万ドル（同三七一五億円）、合計で一三五億一六〇〇万ドル（同一兆三五一六億円）となっている。[3] 現在は育種、GM技術のほか、栽培技術や土壌・気象情報などを体系的に活用して、生産者ニーズに合わせた、単位面積当たりの収穫量を最大化する総合的な製品開発を行っている。

種子関連事業では、従来の交配育種、マーカー育種、バイオテクノロジー（GM技術）

を組み合わせて種子を開発し自社販売するほか、他の種子会社と相互にライセンスを提供して製品販売を行っている。これまでにトウモロコシ、ダイズ、ナタネ、ワタ、テンサイ、アルファルファといった作物で、ラウンドアップ除草剤の影響を受けない性質を加えた作物（除草剤耐性、商品名：ラウンドアップ・レディ〈RR〉）や、トウモロコシ、ダイズ、ワタにおいてBtタンパク質を利用して害虫への抵抗性を持たせた作物を商品化している。このほか二〇一三年からは乾燥耐性を持つトウモロコシを米国で商品化している。

モンサント・カンパニーは二〇一三年の段階で従業員約二万一〇〇〇人、世界約四〇〇カ所の拠点を擁する農業に特化した企業として、①生産性の向上、②資源の保全（農業生産に必要な資源投入量の削減）、③農業生産者の生活改善、の三点を柱として「持続可能な農業（Sustainable Agriculture）」の実現を公約としている。

GM作物の世界的な普及状況

GM作物の普及状況については、国際アグリバイオ事業団（The International Service for the Acquisition of Agri-biotech Application：以下ＩＳＡＡＡ）の年次報告書がくわしい。[4] GM作物（除草剤耐性ダイズとナタネ、害虫抵抗性トウモロコシとワタ）の大規模商業栽培は一九九六年に開始したが、初年度の栽培規模は六カ国一七〇万ヘクタールであった。それが二〇一三年には二七カ国、一億七五〇〇万ヘクタールで商業栽培され、一七年間で栽培面積は約一〇〇倍に拡大した。一億七五〇〇万ヘクタールとは、日本の全国土面積（三七万七九五五平方キロメートル）[5]の四・六倍に相当し、世界の全耕地面積の一二パーセントに相当する広さである（図1）。

二〇一三年の普及状況を作物別に見ると、ダイズが八四五〇万ヘクタールと最大で、世界のダイズ栽培総面積の七九パーセントに相当する。次いでトウモロコシが五七四〇万ヘクタール（同三二パーセント）、ワタが二三九〇万ヘクタール（同七〇パーセント）、ナタネが八二〇万ヘクタール（同二四パーセント）と続いている。[6]このほかにテンサイ（サトウダイコン）、アルファルファ、パパイヤ、カーネーション、バラなどでGM作物が商品化されている。

二〇一三年の普及状況を商業栽培国の利用面積順に見ると、アメリカ、ブラジル、アルゼンチン、インド、カナダ、中国、パラグアイ、南アフリカ、パキスタン、ウルグアイの順となっている[7]（表1）。アジアではインド、中国、フィリピン、パキスタンで商業栽培され、欧州ではスペインやポルトガル、チェコなどで商業栽培されている（およそ一三万

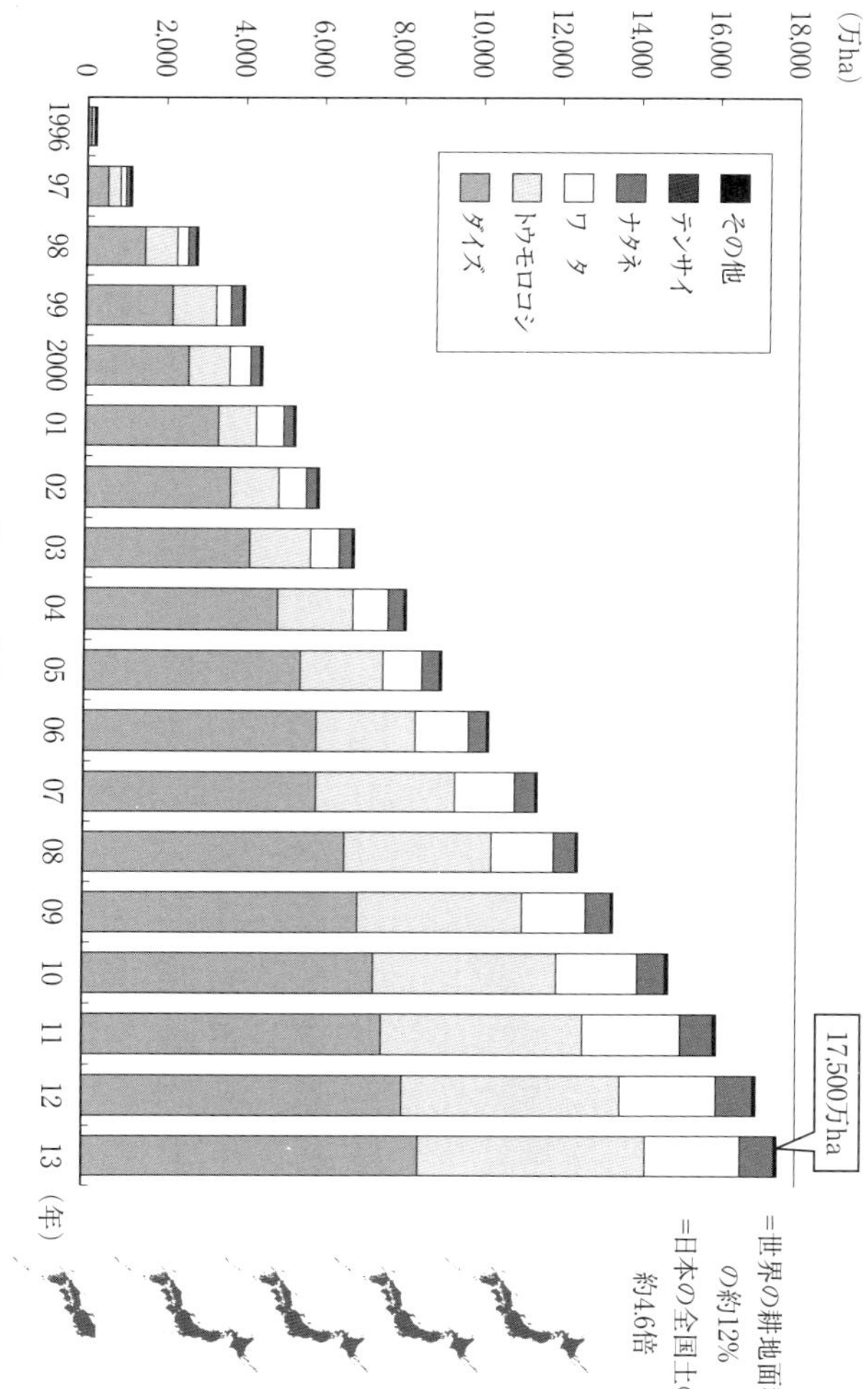

図1　GM作物の世界の普及状況

出典：ISAAA（1999-2013），FAO STAT

表1　GM作物の商業栽培国一覧

順位	国　名	面積（百万ha）	商業栽培されている作物の種類
1	アメリカ	70.2	トウモロコシ，ダイズ，ワタ，ナタネ，テンサイ，アルファルファ，パパイヤ，カボチャ
2	ブラジル	40.3	ダイズ，トウモロコシ，ワタ
3	アルゼンチン	24.4	ダイズ，トウモロコシ，ワタ
4	インド	11.0	ワタ
5	カナダ	10.8	ナタネ，トウモロコシ，ダイズ，テンサイ
6	中　国	4.2	ワタ，パパイヤ，ポプラ，トマト，ピーマン
7	パラグアイ	3.6	ダイズ，トウモロコシ，ワタ
8	南アフリカ	2.9	
9	パキスタン	2.8	ワタ
10	ウルグアイ	1.5	ダイズ，トウモロコシ
11	ボリビア	1	ダイズ
12	フィリピン	0.8	トウモロコシ
13	オーストラリア	0.6	ワタ，ナタネ
14	ブルキナファソ	0.5	ワタ
15	ミャンマー	0.3	ワタ
16	スペイン	0.1	トウモロコシ
17	メキシコ	0.1	ワタ，ダイズ
18	コロンビア	0.1	ワタ
19	スーダン	0.1	ワタ
20	チ　リ	<0.1	トウモロコシ，ダイズ，ナタネ
21	ホンジュラス	<0.1	トウモロコシ
22	ポルトガル	<0.1	トウモロコシ
23	キューバ	<0.1	トウモロコシ
24	チェコ	<0.1	トウモロコシ
25	コスタリカ	<0.1	ワタ，ダイズ
26	ルーマニア	<0.1	トウモロコシ
27	スロバキア	<0.1	トウモロコシ

出典：ISAAA 2013

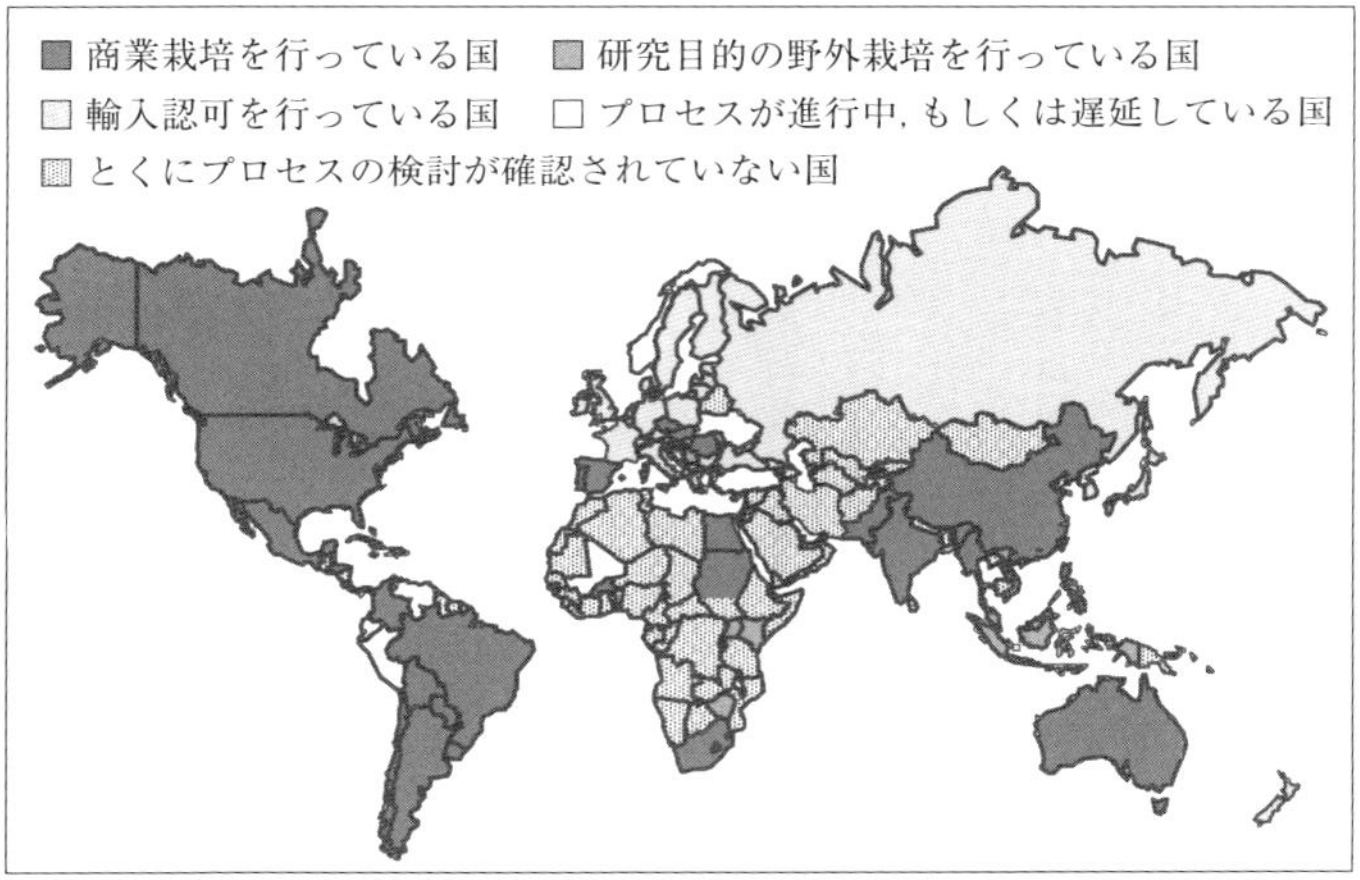

図2　GM作物の世界の利用状況（栽培，輸入，研究目的の野外栽培）
出典：ISAAA およびモンサント・カンパニー資料

ヘクタール）。ＧＭ作物に否定的と考えられがちの欧州も、反対一辺倒というわけではない。

ＧＭ作物の商業栽培面積は、普及当初は先進国が大半を占めたが、次第に開発途上国での栽培が増加した。二〇一二年には開発途上国での利用面積が全体の過半数を占め、総栽培面積一億七〇三〇万ヘクタールのうち五二パーセント（約八八五〇万ヘクタール）が開発途上国での栽培となっている。また二〇一一～一二年の増加率を見ると、先進国の三パーセント（増加面積一六〇万ヘクタール）に対して途上国では一一パーセント（同八七〇万ヘクタール）であり、ＧＭ作物が開発途上国の農業生産に大きく貢献していることがわかる。

また、GM作物の商業栽培が認められているが栽培利用していない国、収穫物としてのGM作物の輸入、利用を認めている国などを含めると世界約五〇カ国に及ぶ（図2）。

日本の場合、鑑賞用の花を除き国内ではGM作物の商業栽培は行われていないため、国際的にはGM作物の商業栽培国とみなされていない。しかし二〇一三年九月一九日時点で、トウモロコシ六三系統、ダイズ七系統、セイヨウナタネ九系統、アルファルファ三系統、テンサイ一系統、パパイヤ一系統、カーネーション八系統、バラ二系統、合計八作物九四系統について、日本国内での商業栽培利用が認められている。(8) また、商業栽培こそ行われていないが、収穫物としてのGM作物（穀物）の輸入と利用については、日本は世界でも有数の利用国である。

日本におけるGM作物の輸入、利用状況

日本のGM作物利用について考えるには、日本の食料生産と輸入の状況、なかでも穀物の生産と輸入の現状に触れる必要がある。

①　日本の食料生産、輸入の現状とその背景

日本の食料自給率は生産額ベースで六八パーセント、カロリーベースで三九パーセントだが、家畜飼料に利用する穀物を含めた「穀物自給率」（米、麦類、トウモロコシなど穀物の自給率を重量ベースで計算した値）は、これをさらに下回る二七パーセントである。[9]穀物は基礎食料としてもっとも重要な品目だが、日本はその需要量の七割以上を海外に依存している。

生産額ベース自給率、カロリーベース自給率、穀物自給率（重量ベース）、どの数値を議論に用いるかはともかく、日本の食料自給率が他国と比べて低い原因は、一、食生活の洋風化により国内自給率の高い米の消費が減少し、二、国内自給率の低い油脂、小麦製品、畜産物（肉、卵、乳製品）の消費が増大したことにある。[10]

二〇〇七年の農林水産省の資料によると、現在の食生活を前提に日本の国民約一億二七〇〇万人を養おうとした場合、日本国内の農地面積（耕作放棄地を含む国内の全農地）の約三・五倍が必要で、「国内生産だけで食料を一〇〇パーセント自給することは困難」と明記されている[11]（図３）。また別の農林水産省の資料では、海外からの食料供給がストップして国内農業生産だけで国民を養おうとした場合、熱量としては一日に二〇二〇キロカ

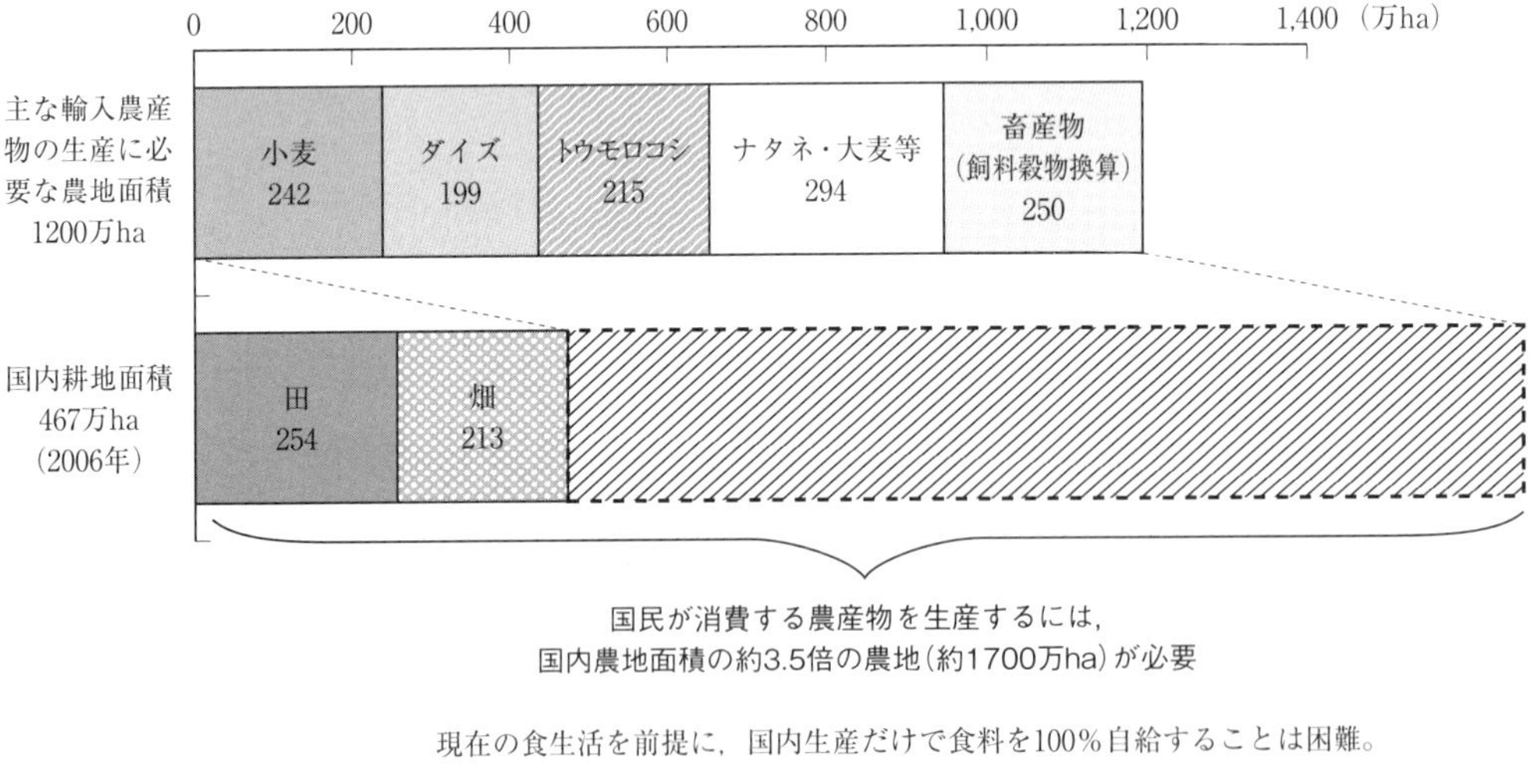

図3　現在の日本の食生活を支えるのには，どれくらいの農地が必要か

注：輸入農産物の生産に必要な農地面積は，小麦，ダイズ，トウモロコシ等の輸入量を輸入先国の単収でそれぞれ割って算出した。

出典：農林水産省，国際食料問題研究会報告書参考資料「今，我が国の食料事情はどうなっているのか」http://www.maff.go.jp/j/study/syoku_mirai/01/pdf/data03.pdf（2014年9月12日閲覧）

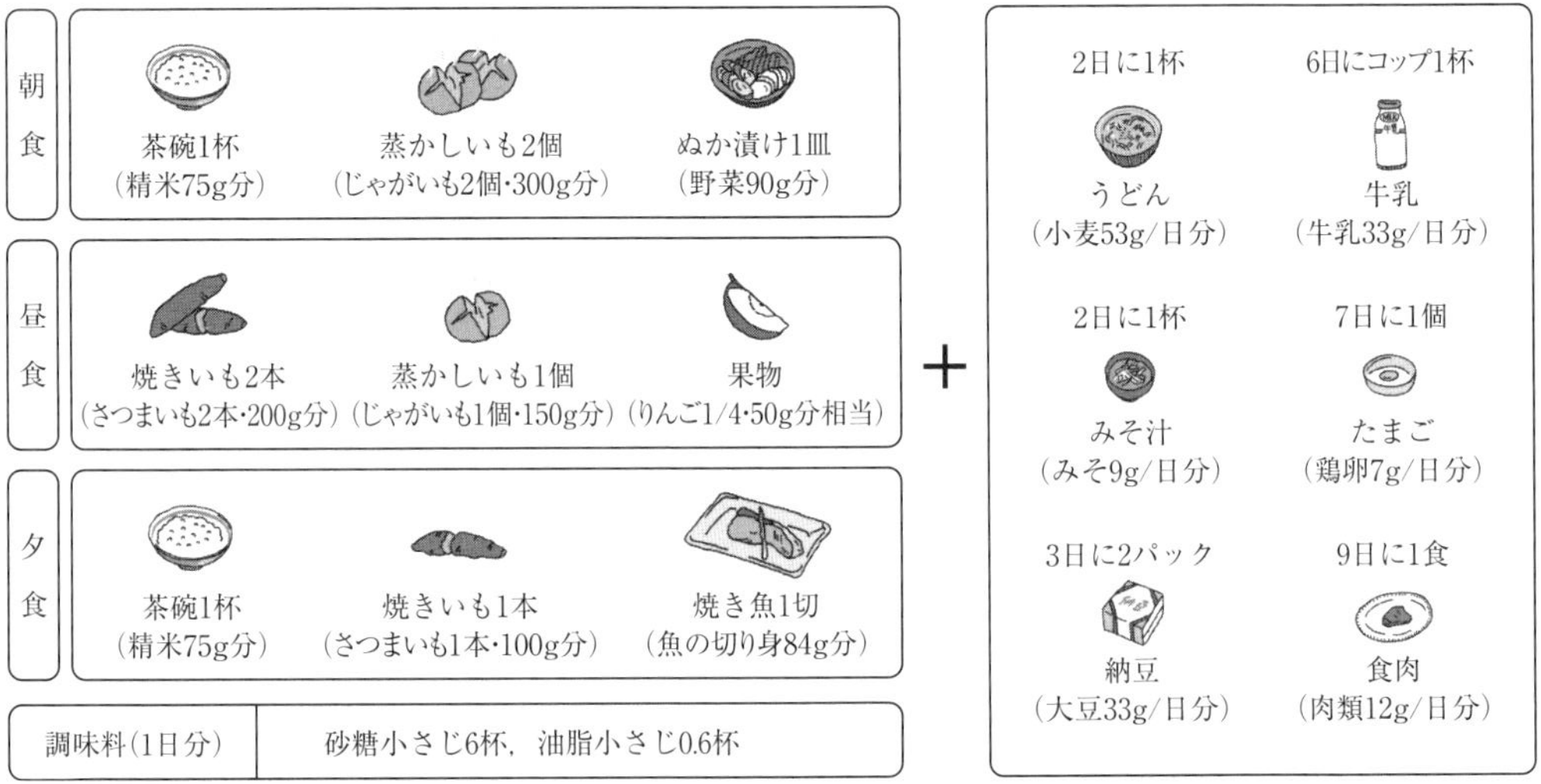

図4　日本国内の全農地をフルに活用して国民を養おうとした場合の食事メニューの一例

注：国内生産のみで1日2020kcal供給する場合。

出典：農林水産省「いざという時のために　不測時の食料安全保障について」http://www.maff.go.jp/j/zyukyu/anpo/pdf/pall.pdf（2014年9月12日閲覧）

ロリーの供給が可能であるものの、食事メニューは図4に示すように、米、じゃがいも、さつまいもが中心の食事となり、決して豊かなものとはいえない[12]（図4）。

② 日本におけるGM作物の輸入、利用状況

日本の穀物自給率（重量ベース）は約二七パーセントで、国内需要量の七割以上を海外に依存している。日本に輸入される穀物と油糧種子の数量（二〇一二年）は、穀物がトウモロコシ一四八九万トン、小麦五九七万トン、大麦、はだか麦一三一万トン、こうりゃん（ソルガム）一三八万トン、油糧種子がダイズ二七二万トン、ナタネ二四一万トン、ワタ一一トンなどで、合計すると約三〇〇〇万トンである。[13]このうちGM作物が広く利用されているトウモロコシ、ダイズ、ナタネ、ワタの日本の輸入量は、合計約二〇〇〇万トンである（表2）。

公式統計がないためGM作物の輸入量を厳密に把握することは難しいが、輸入相手国のGM作物の栽培比率と輸入量から大まかに概算できる。トウモロコシの場合、米国からの輸入量は一一一二万トン、米国のGM栽培比率は八八パーセント（二〇一二年）であることから、その掛け算である九七八万トンがGM作物と推定される。これを各作物、各相手

表2　日本の穀物，油糧種子需要における国内生産量，国別輸入量とGM品種の推定輸入量

			数量（千トン）	日本の自給率（%）	輸入相手国でのGM栽培比率（%）	GM品種の推定輸入量（千トン）
トウモロコシ穀粒	国　産		0	0		
	海外産	米　国	11,123		88	9,788
		ブラジル	1,837		74	1,359
		アルゼンチン	575		85	488
		その他	1,355		−	−
	小　計					11,635
ダイズ	国　産		236	6	−	
	海外産	米　国	1,762		93	1,638
		ブラジル	545		88	480
		カナダ	376		81	304
		その他	44		−	−
	小　計					2,422
ナタネ	国　産		2	0.1		
	海外産	カナダ	2,332		96	2,238
		その他	77		−	−
	小　計					2,238
合　計			20,258			16,295
（参考）主食用コメ	国　産		8,183			−

出典：財務省貿易統計（2012年1月～2012年12月），農林水産省食糧需給表（2012年度概算），2012年産なたねの作付面積及び収穫量（子実用），2013年産水稲の作付面積及び予想収穫量（2013年10月15日現在）

国について計算し合算すると、日本のGM作物の輸入量は、トウモロコシ、ダイズ、ナタネ、ワタの輸入量合計約二〇〇〇万トンのうち、約一六〇〇万トンと推定される[14]（表2）。なおIPハンドリング（分別管理）によって「Non-GM」を担保して輸入されるトウモロコシ、ダイズも一部あるが、これらIPハンドリングによる流通量はトウモロコシ約二〇〇万トン、ダイズ約七〇万トン程度であり[15]、それ以外を「GM不分別」として合算すると、同じく一六〇〇〜一七〇〇万トンとなる。

一六〇〇万トンという数字は、日本で生産される年間のコメ生産量八二〇万トン（主食用米、二〇一二年）の約二倍に相当する[16]。このようにGM作物は日本の食卓で重要な役割を担っていることが示されているが、スーパーでの買い物や日常の食卓で、GM作物を利用した食品を購入して食べているという感覚はなかなか得られないと思われる。

その理由として食品表示上の問題がある。遺伝子組換え食品の表示ルールを定めた食品衛生法およびJAS法（農林物資の規格化及び品質表示の適正化に関する法律）では、油やしょう油など組換えられたDNA、これにより生じたタンパク質が加工工程で除去分解され、最新の検出技術でも検出が不可能とされる加工食品については、表示内容が適正かどうかの事後検証が難しいため、表示義務はないと定められている[17]。同様に家畜飼料とし

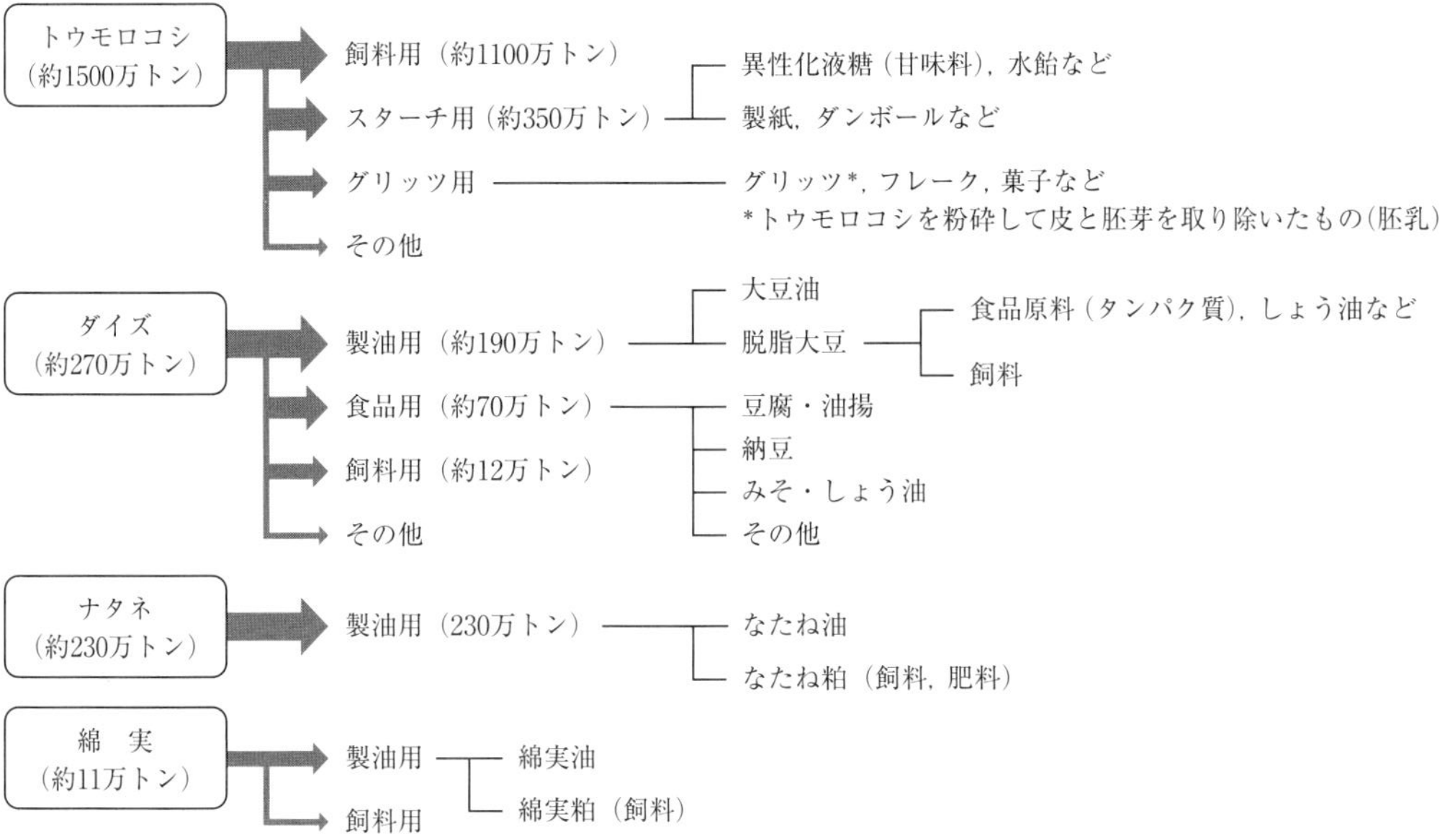

図5　輸入穀物，油糧種子の主な用途とその数量

出典：厚生労働省「遺伝子組換え食品の安全性について」に加筆修正，カッコ内の数字は，財務省貿易統計，農林水産省食糧需給表などから

て用いた場合も、組み換えられたDNA等が家畜体内で消化、分解されて最終製品（牛乳や卵など）に残らないために表示義務がない。また加工品の原材料に使われた場合、全原材料中重量ベースで上位三品目、かつ原材料中に占める重量が五パーセント以上でない（主な原材料でない）場合には表示義務はないと定められている(18)。

先述の通り日本はトウモロコシ約一五〇〇万トン、ダイズ約二七〇万トン、ナタネ約二四〇万トンを毎年輸入している。その用途を見ると、トウモロコシは家畜飼料や甘味料（異性化糖）の原料、ダイズとナタネは食用油の原料としてその大半を利用している（図5）。家畜飼料、甘味料、食用油といった製品やこれらを用いた加工品には表示義務がないため、とくにGMと表示されることもなくスーパーの店頭に最終製品が並んでいる。Non-GM原料で製造された製品は一般的にGMに比べて高値で取引されるため、GM表示義務がないこれらの製品や加工品については、「遺伝子組換えでない」「遺伝子組換え飼料を使っていません」と表示されている一部の商品を除いて、GM作物が利用されていると考えられる。

「GM作物を食べている」という実感こそ持ちにくいが、GM作物は日本の食卓に深く根付いている。また3節でくわしく説明するが、これらのGM作物は国による安全性評価が終了したもので、食品としての安全性、飼料としての安全性、生物多様性への影響が確認されたうえで流通が認められたものである。

2　GM技術とは

GM技術を用いた作物品種改良は、従来の手法と何が異なるのか

「農業は自然（＝人の手が加わっていない）」といったフレーズを、色々な場面で見かける。しかし農業の歴史を振り返ると、「農業は自然」という表現は必ずしも的確ではない。私たちが日常的に食べる作物も、人が長い歴史の中で手を加えて品種改良（育種）したものであり、「自然な作物」というものはほとんど存在しない（図６）。このため、農業や農作物について考えるとき、「自然」か「自然でない」かを中心に議論するのはあまり意味がない。

作物の品種改良（育種）の方法としては交配育種（掛け合わせ）、突然変異育種、マーカー育種などがあり、いずれも遺伝子が組み変わることで新品種ができる。GM技術はこれらの育種を正確、短時間で行う方法であり、従来育種の延長として捉えられる。本節では、従来の育種方法の代表例として交配育種、GM技術育種の代表例としてアグロバクテリウ

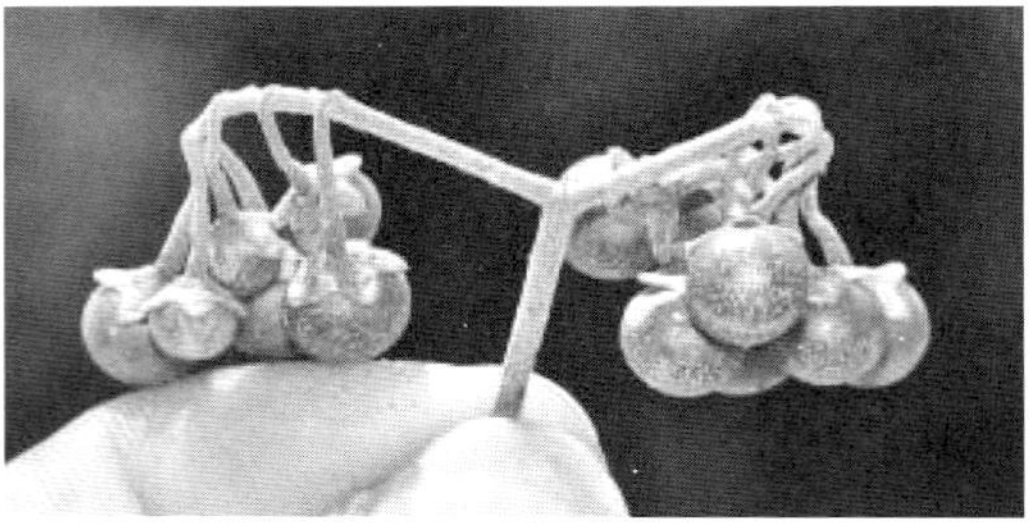

図6　トマトの野生種

果実は緑色で小指の先ほどの大きさ。
出典：ロンドン自然史博物館　http://www.nhm.ac.uk/natureplus/blogs/solanacae-in-south-america/authors/TiinaS?fromGateway=true（2014年9月12日閲覧）

ム法を説明する。

交配育種（マーカー育種を含む）

同種、もしくは近縁種の作物を掛け合わせる（父株の花粉を母株のめしべに受粉させる）ことで、父母双方が有する優れた性質（遺伝子）を子供に持たせる手法である。簡単に聞こえるが、熟練の技、膨大な労力、厳密な管理が必要である。たとえば自殖性が高いイネの場合、開花直前の母株の穂を四〇～四三度の湯に浸して花粉だけを死滅させ、生き残った母株のめしべに対し、父株の穂からピンセットで採取した花粉をまぶして受粉させる、という非常に細かい作業が必要となる（図7）。またイネの開花時期は品種ごとに大きく異なり、イネの花粉寿命は二～三分と短命で保存が効かないことから、母株と父株の開花時期を合わせる作業も必要になる。[19]

図7　イネの交雑育種の様子

開花直前の母株の穂を湯に浸す様子（左），開花中のイネ（中央），父株からピンセット花粉を採取して母株へ受粉させる様子（右）。

出典：独立行政法人農研機構　九州・沖縄農業研究センター　安東氏（写真提供）

掛け合わせに成功した場合も、望む性質だけを持つ子供が得られるわけではない。交配育種では母株と父株の遺伝子がランダムに交ざるため、都合の悪い性質（遺伝子）も引き継がれる。このため後代（子供以降の代）から優良個体を選抜し、さらに交配や戻し交配を繰り返して、都合の良い遺伝子だけを持つ個体にしていく。そのたびに植物体まで育てての性質を評価する必要があるため、交配育種で新品種を作り出すには長い時間と労力を要する（図８）。

交配育種で「奇跡の小麦」と呼ばれる品種を作り、「緑の革命」を主導した故ノーマン・ボーローグ博士は、世界中から数千の小麦品種を集め、数千～数万の交配作業を行い、後代の特性を評価してさらに次の交配を行うという膨大な作業を行っ

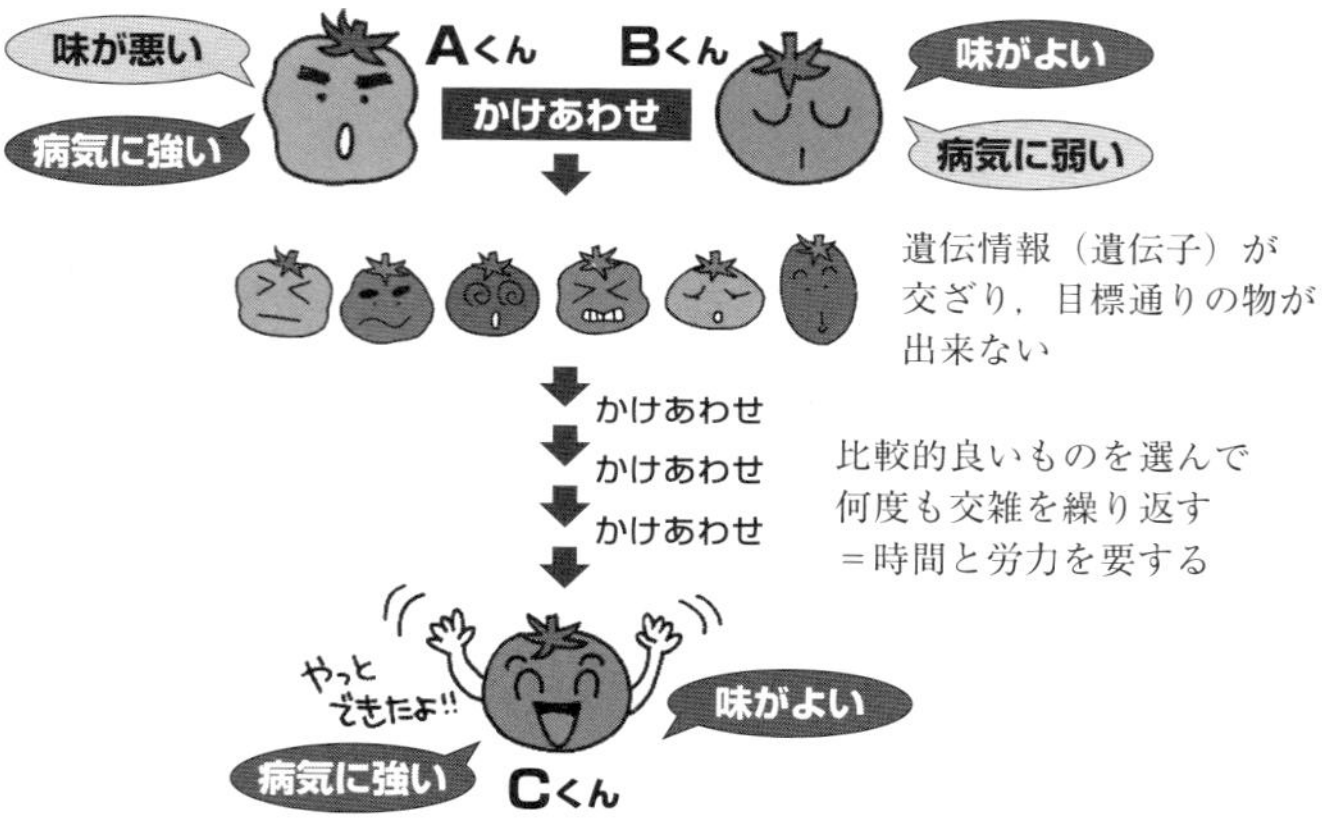

図8　交雑育種を用いた品種改良

出典：社団法人農林水産先端技術産業振興センター「遺伝子組換え食品について（2008）」より

たが、博士はこれについて「交配は行き当たりばったりの作業だ。時間はかかるし、叫びだしたくなるほど退屈だ。希望にかなうものが見つかるのは一〇〇〇回に一回、しかもそれが実を結ぶ保証はまったくない」との言葉を残している。[20]

　交配育種では、目的以外の性質が現れるなど結果予測が難しいこと、膨大な時間、労力、熟練した技術を必要とすること、交配可能な同種、近縁種で目的とする性質を持つ遺伝資源がない場合には新品種を作れないといった弱点がある。*

　なお現在では、交配育種の延長とし

てＤＮＡマーカー育種と呼ばれる手法が利用されている。マーカー育種とは作物がもつ「病気に強い」「収量が多い」などの遺伝子の周辺に、あらかじめ目印となる固有の塩基配列（マーカー）を決めておくことで、交配後の後代に目的遺伝子が取り込まれたかどうかを、栽培試験ではなくＤＮＡ配列の結果（マーカーがあるか無いか）から知ることができる。このためマーカー育種は、交配育種における評価、選抜の時間を短縮する手法として利用されている。

＊　「除草剤の影響を受けない」といった性質でも、交配可能な植物種で遺伝資源が見つかれば、交配の材料に用いられる。たとえば、オーストラリアの西オーストラリア州で商業栽培される「Ｎｏｎ－ＧＭナタネ」の九〇パーセントはトリアジン除草剤の影響を受けないナタネ品種であり（二〇〇九年）、これは突然変異によってトリアジン耐性を得た突然変異種の野生種のアブラナ科植物を親に交配育種で作られた（西オーストラリア州政府ホームページ：Ministerial GMO Industry Reference Group (2009) “INFORMATION PAPER ON GENETICALLY MODIFIED CANOLA”〔http://www.agric.wa.gov.au/objtwr/imported_assets/content/fcp/gmcrops/ministerial_gmo_industry_reference_gm_canola.pdf〕二〇一五年一月一三日閲覧）。

「遺伝子組換え」とは

「遺伝子組換え」という言葉に対し、「おどろおどろしい実験や作業」を想像する方もいるだろう（実は文系出身の筆者も過去はそうであった）。しかし「遺伝子組換え」という現象それ自体は、自然界でも起こっている。たとえば土壌微生物であるアグロバクテリウムは、植物細胞に取り付いて（感染して）植物に遺伝子を導入する（植物の遺伝子を組み換える）能力を持っている。

遺伝子組換え技術について、「人工的な技術」「自然界では有り得ないことを起こす技術」と表現するのは、あまり的確ではない。もう少し丁寧に説明するならば、「遺伝子組換え自体は自然現象だが、その発生条件が限られている」という前提のもとで、「自然現象の発生確率を上げ、結果が目標通りになるように条件を整えること」という説明になる。遺伝子組換え技術は、①生物の性質が遺伝子の働きで決まること、②遺伝子はＤＮＡという高分子化学物質の連なりであること、③遺伝子を分解したり、組み立てる酵素が自然界で見つかったこと、④自然界で生物に遺伝子を取り込ませ働かせるメカニズムが見つかったこと、など多くの自然現象が解明され、それを組み合わせて確立した技術である。

まず、生物の性質を決める「遺伝子」を構成するＤＮＡ（デオキシリボ核酸）について

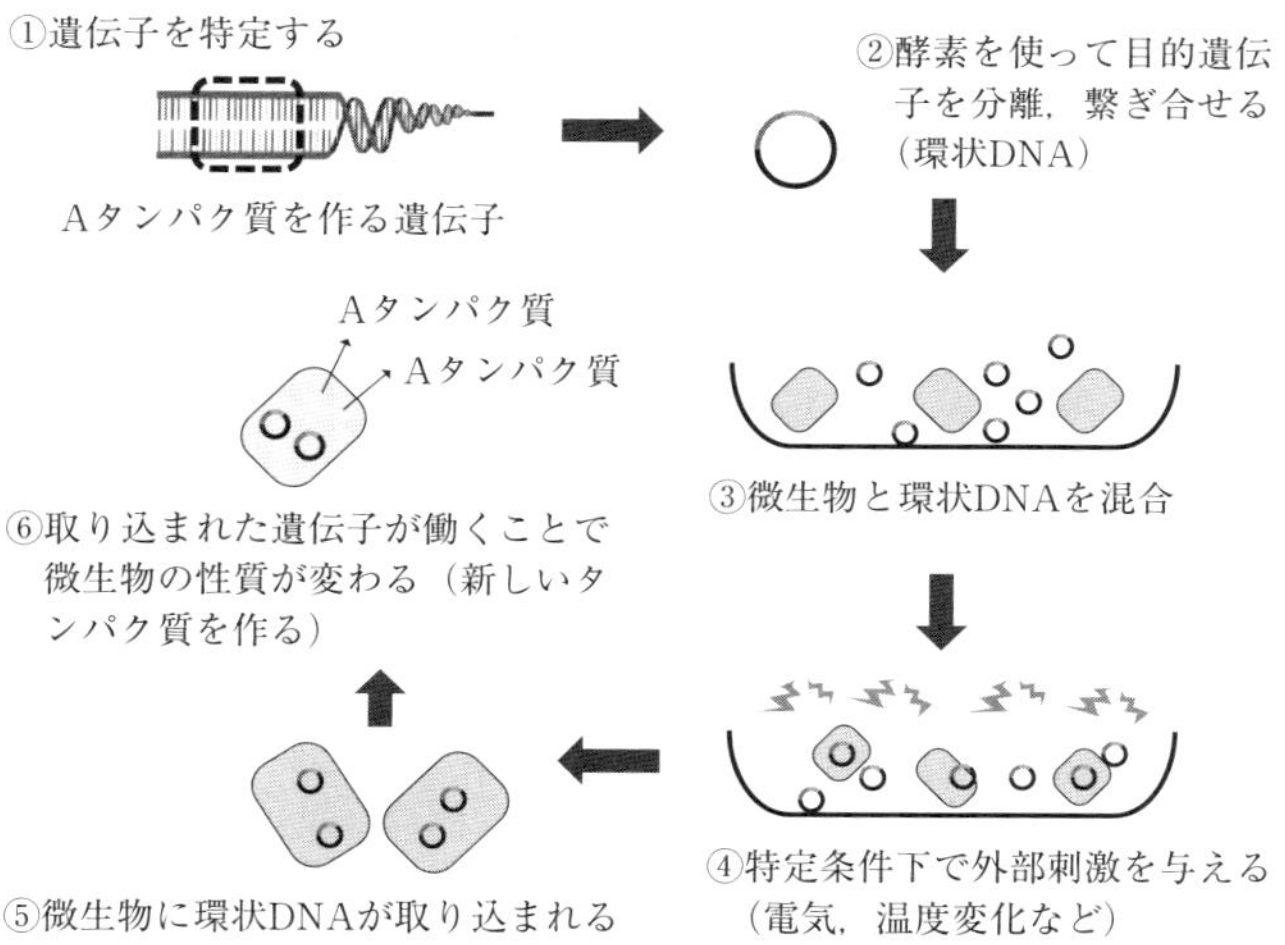

図9　微生物への遺伝子導入と，それによる性質の変化（イメージ）

説明しよう。ＤＮＡとは、生物が遺伝子やゲノムの構成要素として共有する「化学物質」であり、化学物質なので抽出して試験管などに保管したり、自然界で見つかった酵素で切り貼りする（配列を変える）こともできる。「遺伝子」という言葉については神秘的なイメージが抱かれることもあるが、遺伝子やＤＮＡは化学物質であり、どの生物のどの性質も、この化学物質の配列と働きによって決まっている。

遺伝子やこれを構成するＤＮＡは、特定条件下では生物体内に取り込まれ、生物の性質が変わる（遺伝子組換えが起こる）ことがある。たとえば大腸菌

図10　アグロバクテリウムの感染から生じたクラウンゴール（こぶ）

出典：独立行政法人理化学研究所ウェブサイト http://labs.psc.riken.jp/brt/Japanese/research/cytokinins.html（2014年9月12日閲覧）

など微生物の場合、低温やカルシウムイオンが存在する条件下では、外部の遺伝子を体内に取り込みやすい状態になる。その時に外部刺激（温度ショックや電気ショック）を与えると、大腸菌の細胞膜に穴が開いて外部遺伝子を細胞内へ取り込むことがある（図9）。必要な条件が自然界でそろう確率は低いが、原理は非常にシンプルである。たとえば中学や高校の理科でも行われている実験として、蛍光タンパク質を作る遺伝子をクラゲから取り出して大腸菌にまぶし、温度ショックで大腸菌へ導入する実験がある。この実験が成功すると、遺伝子を取り込んだ（遺伝子が組み換わった）大腸菌は、クラゲと同じように蛍光タンパク質を体内に作り、蛍光を発するようになる。

一方、植物など高等生物の場合、条件を変えるだけで遺伝子を導入するのは難しい。しかし以下の手法を用いることで、人が意図的に遺伝子を導入することができる。

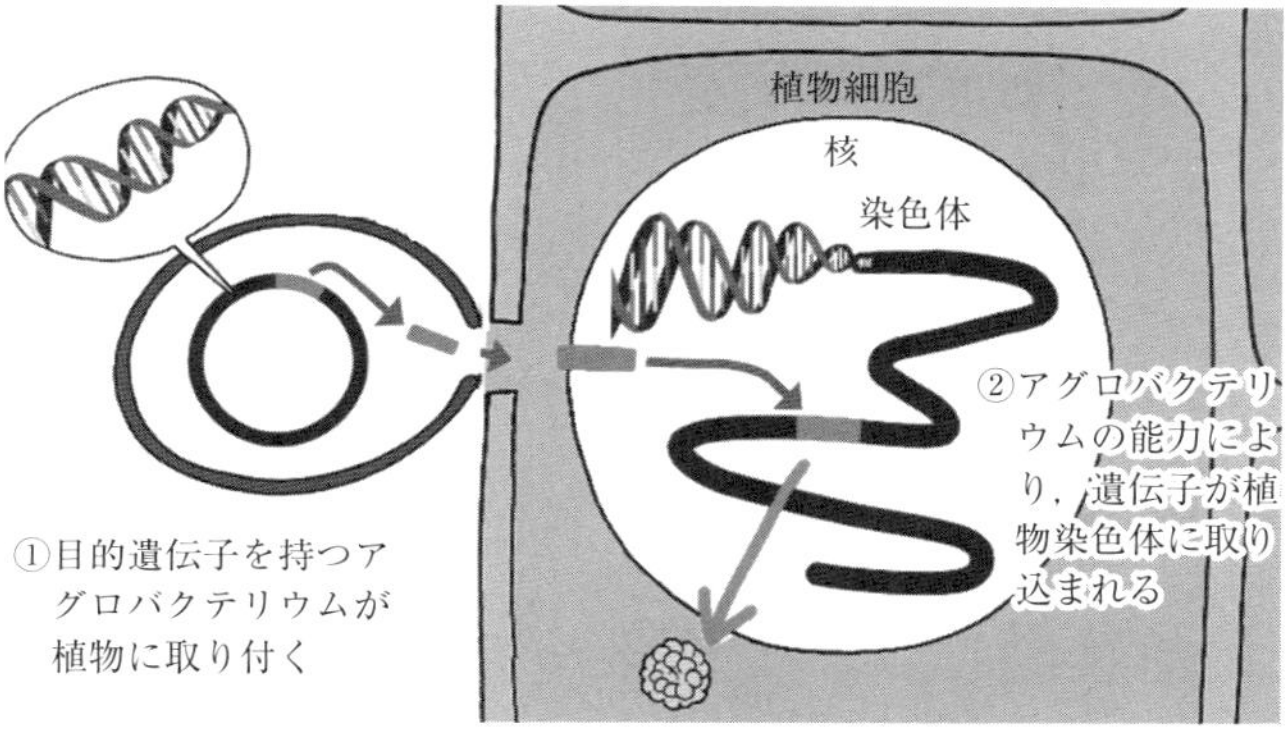
③遺伝子が植物体内で働き，新しくオパイン（アミノ酸）が作られる＝植物の性質が変わる

図11　アグロバクテリウムが持つ，植物の遺伝子を組み換える能力
出典：社団法人農林水産先端技術産業振興センター「遺伝子組換え食品について（2008）」に加筆修正

アグロバクテリウム法

アグロバクテリウムとは土壌に存在する微生物で、「クラウンゴール」と呼ばれる植物の「こぶ」を作る微生物である（図10）。この微生物は植物細胞に取り付いて（感染して）、微生物自身が持つ環状ＤＮＡの一部を植物染色体へと導入し、植物細胞に微生物自身の栄養を作らせる、という不思議な力を持つ（図11）。いわば、「植物の遺伝子を組み換える能力を持つ自然の微生物」である。この微生物の力を借りることで、人も植物へ遺伝子を導入できる。この原理を利用した手法（アグロバクテリウム法）は、もっとも一般

的なＧＭ作物の開発手法となっている。

「遺伝子は化学物質であり、酵素で特定遺伝子を取り出して、組み立て直すことができる」ことは前節で説明した。これを念頭にアグロバクテリウム法によるＧＭ作物の作り方を説明すると、①目的の形質（性質）を持たせる遺伝子を見つける（同定）、②遺伝子を酵素で抽出、精製する（単離）、③アグロバクテリウムが植物へ導入しやすいように、酵素を使ってプラスミド（環状の遺伝子群）の形に合成する、④合成環状プラスミドをアグロバクテリウムと混合して外部刺激（電気ショックなど）を与え、アグロバクテリウムの体内に取り込ませる、⑤プラスミドを取り込んだアグロバクテリウムを、植物細胞と混合して保管する（共存培養）、⑥共存培養の間にアグロバクテリウムがプラスミドの一部（目的遺伝子）を植物細胞の染色体へ導入する、⑦目的通りに遺伝子を取り込んだ植物培養細胞を選び出して植物体へ育てる、といった順序になる。つまり図9と図11に示される、「微生物が外部から遺伝子を取り込む現象」と、「微生物（アグロバクテリウム）が植物細胞の染色体に遺伝子を導入する現象」の二つの自然現象を利用したのが、アグロバクテリウム法である。

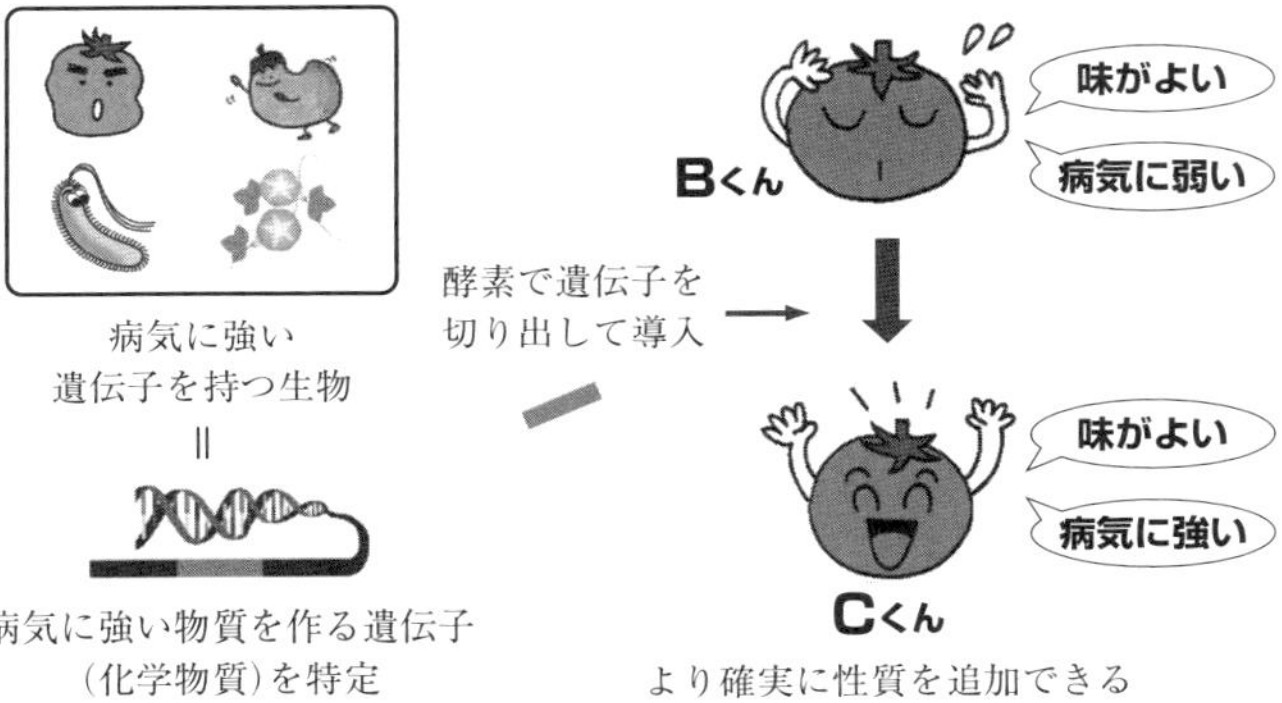

図12　GM技術を用いた品種改良のイメージ

出典：社団法人農林水産先端技術産業振興センター「遺伝子組換え食品について（2008）」に加筆修正

交配育種とＧＭ育種、その共通点と相違点

交配育種とＧＭ育種に共通しているのは、「目的の性質（遺伝子）を作物に持たせるために、人が条件を整えて遺伝子を組み換えている」ことである。遺伝子が変わらなければ作物は改良されないので、これは当然である。

一方で最大の相違点は「目的の遺伝子を確実に、偶然に頼らずに入れられるかどうか」である。交配育種はどうしても偶然に左右されるが、ＧＭ育種の場合は他の性質を変えずに目的の遺伝子だけを入れることができる（図12）。また従来育種の場合、交配可能な同種、近縁種で目的形質を持つ遺伝資源がなければ品種改良できないが（一三七頁注参照）、ＧＭ育種の場合は目的形質の遺伝子が他生物で見つかれば育種材料として利用できるため、品種改良の幅が拡がる。現在の作物品種改良は、モンサント・カンパニーを含め、交配育種、マーカー育種、GM育種を組み合わせて効率化を図る方向にある。

なお、GM技術で新たな品種を作った場合も、農業生産者が実際に利用できるようにするには、このGM品種から各地域のニーズにあった品種を作るプロセスが必要である。つまり新しいGM品種を片親にして、地域ニーズにあった従来品種を片親に交配を行い、各地域のニーズに合ったGM品種が作られて提供される（4節図26、図27参照）。

3　GM作物の安全性評価

遺伝子を組み換えることで、生物の何が変わるのか

GM作物の安全性評価を説明する前に、「遺伝子を組み換えることで、そもそも生物の何が変わるのか」について説明しよう。①生物が共通して持つ遺伝子（DNAの連なり）の正体が化学物質（高分子体）であること、②従来の交配育種にせよGM育種にせよ、「遺伝子を組み換えることで作物を改良している」ことは2節で触れた。これを念頭にして「遺

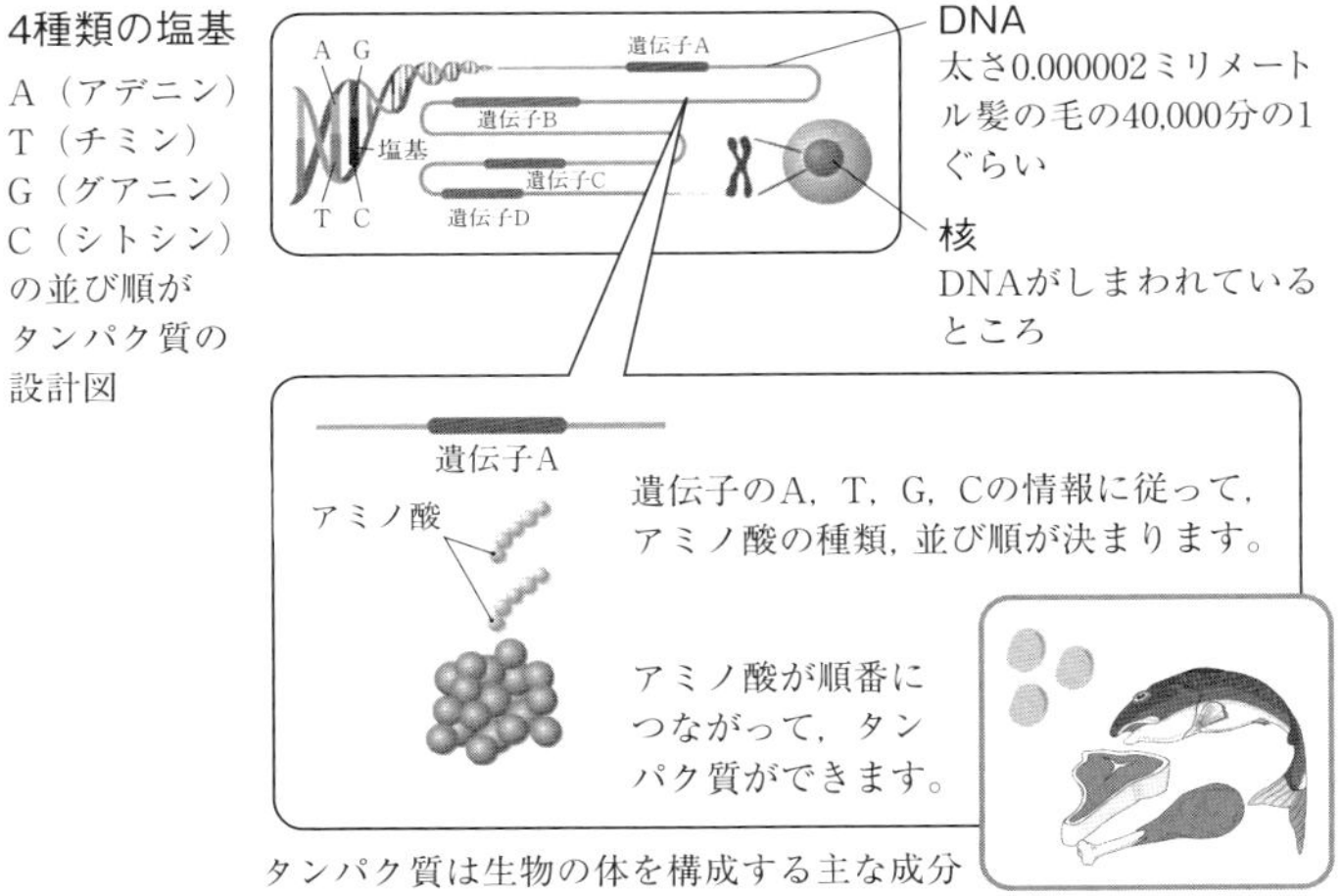

図13　遺伝子とＤＮＡ，タンパク質

出典：バイテク情報普及会　http://cbijapan.com//qa/basic/basic01をもとに作成

伝子を組み換えることで、具体的に何が変わるのか」という質問に一言で答えるならば、「遺伝子が組み変わって働くことで、新しいタンパク質が作られるようになる」という答えになる。

遺伝子とは特定の並び方をしたＤＮＡの連なりだが、この配列からアミノ酸が作られ、アミノ酸からタンパク質が作られる（図13）。タンパク質は生物体を構成したり、酵素として働き生物の代謝を決めるなど、生物の体内でさまざまな働きをしている。生物の性質や個体差（たとえば目や髪の色、お酒に強い／弱い、葉が大きい／小さい）は、生物や個体が持つ遺伝子と、それが作るタンパク質の働きで決まっている。

つまり「生物の性質が変わる」という現象は、遺伝子が変わり、遺伝子の働きで作られるタンパク質が変わった結果として「性質が変わる」のである。これはどんな品種改良でも同じで、交配育種で作られた「コシヒカリより美味しいお米の新品種」であっても、突然変異育種で作られた「病気に強いリンゴの新品種」であっても、必ずその背景には遺伝子が組み換わり、タンパク質が変わった結果として性質が変わっている。

タンパク質に関して補足すると、「人間の三大栄養素である」「消化されるとアミノ酸になり身体を作る材料になる」ことは中学や高校の理科でも習った。ただし一言でタンパク質といっても、生物内の化学反応を制御する酵素タンパク質、生物構造を形成する構造タンパク質、免疫をつかさどる防御タンパク質など、種類や機能も多様で、なかには人に害をなすタンパク質も存在する。卵、牛乳、小麦、ダイズなどに含まれる特定タンパク質は人によってはアレルギーの原因となる。また加熱されていない生ダイズを食べるとお腹を壊すのは、生ダイズの酵素タンパク質が原因だが、このタンパク質は加熱により壊れるので、人はダイズを必ず調理してから食べている。

ＧＭ作物の安全性評価

「遺伝子」や「タンパク質」が変わることで「性質が変わる」という点では、従来育種とＧＭ育種に差はない。しかしＧＭ技術を用いた作物品種改良は、従来のそれに比べて新しい手法であることから、商品化と一般流通にあたっては科学的な安全性評価が義務づけられている。ＧＭ作物の安全性は、国際基準や議定書に基づいて各国が法律を整備し、その法律に則って科学的評価が行われ、安全性の確認されたものだけが流通を認められる。

日本の場合、①食品としての安全性（食品衛生法／食品安全基本法）、②飼料としての安全性（飼料安全法／食品安全基本法）、③生物多様性への影響（通称：カルタヘナ法）の三つの分野において、それぞれの法律のもと規制当局によって安全性評価が行われ認可される（①は食品安全委員会と厚生労働省、②は農林水産省と食品安全委員会、③は農林水産省と環境省）。詳細は各規制当局のホームページ[21]や専門書を参照頂くとして、本節では食品としての安全性、生物多様性への影響評価の概要を説明する。

食品としての安全性

ＧＭ作物の食品安全性は、国連食糧農業機関（ＦＡＯ）と世界保健機関（ＷＨＯ）の合

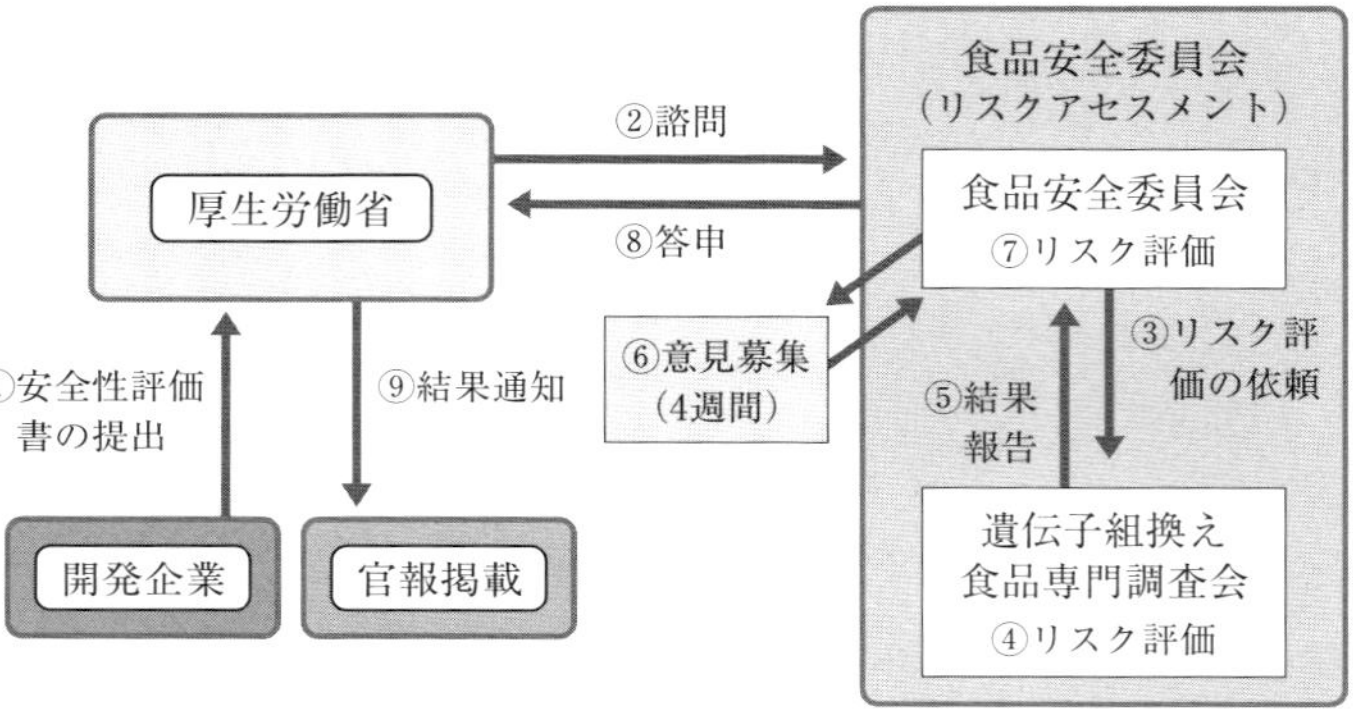

図14　遺伝子組換え作物の食品としての安全性評価の流れ

同部会であるコーデックス委員会が策定した国際基準をもとに、日本では内閣府の食品安全委員会が科学的評価を行い、厚生労働省が認可している（図14）。

食品安全性の確認は、主に「遺伝子を組み換えることにより付加されるすべての性質」と「遺伝子を組み換えることにより発生するその他の影響が生じる可能性」について行われ、具体的には、①遺伝子を組み込む前の作物や微生物は食経験があるか、②組み込む遺伝子やベクター（組み込む遺伝子を運搬するＤＮＡ）などはよく解明されたものか、③組み込まれた遺伝子はどのように働くか、④遺伝子を組み換えることで新しくできたタンパク質は人に有害でないか、アレルギーを起こさないか、⑤遺伝子を

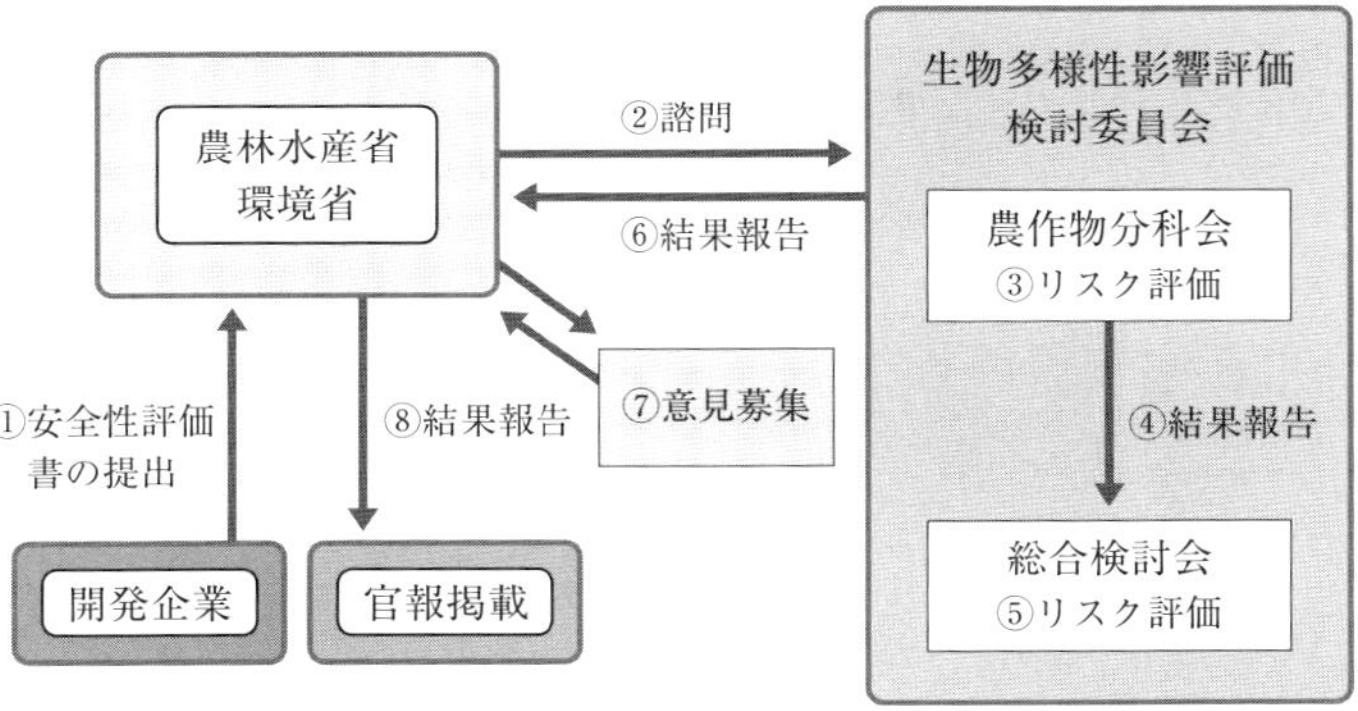

図15　遺伝子組換え作物の環境への安全性評価（第一種使用規程の承認）
第一種使用規程の承認には，隔離圃場試験，輸入，栽培認可が含まれる。

組み換えたことで意図しない影響が生じていないか、⑥食品中の栄養素などが大きく変わらないか、などが評価される[22]。またこれに加えて安全性に関する情報がさらに必要と判断された場合には、必要と考えられる動物を用いた毒性試験（急性毒性、亜急性毒性、慢性毒性、生殖に及ぼす影響、変異原性、がん原性、および腸管毒性などに関する試験）のデータに基づいて食品安全性が確認される[23]。

一例としてアレルギー性評価の概要を説明すると、食品には、卵、小麦、牛乳、ダイズ、そばなどのように、もともと人に対してアレルギーを引き起こす物質（アレルゲン）がある。これは、食品に含まれる特定のタンパク質が人の消化管内でアミノ酸にまで十分に分解されないことが原因の一つである。このためGM食品の安全性評価では、新たに作られるタンパク質について、すでに知られているアレルゲンとアミノ酸配列を比較したり、タンパク質の加熱による変性、人工胃液や腸液での消化性を調べることで、アレルギーの原因になる可能性を確認している。[24] GMで新しく作られたタンパク質がアミノ酸まで速やかに分解されると確認されれば、そのタンパク質は人にとって栄養になることはあっても、アレルギーの原因になることはない。[25]

なおこれら食品安全性の確認は、GM育種の場合は国際基準に基づいて科学的に行われるが、交配育種や突然変異育種（放射線や化学薬品を用いて突然変異を起こさせる育種手法）では実施されない。

生物多様性への影響

GM作物の生物多様性への影響の評価は、「生物の多様性に関する条約のバイオセーフティに関するカルタヘナ議定書」に基づいて、「遺伝子組換え生物等の使用等の規制による生物の多様性の確保に関する法律（通称：カルタヘナ法）」が国内で施行され、これに基づいて農林水産省と環境省が合同で評価を行い、認可している（図15）。カルタヘナ法

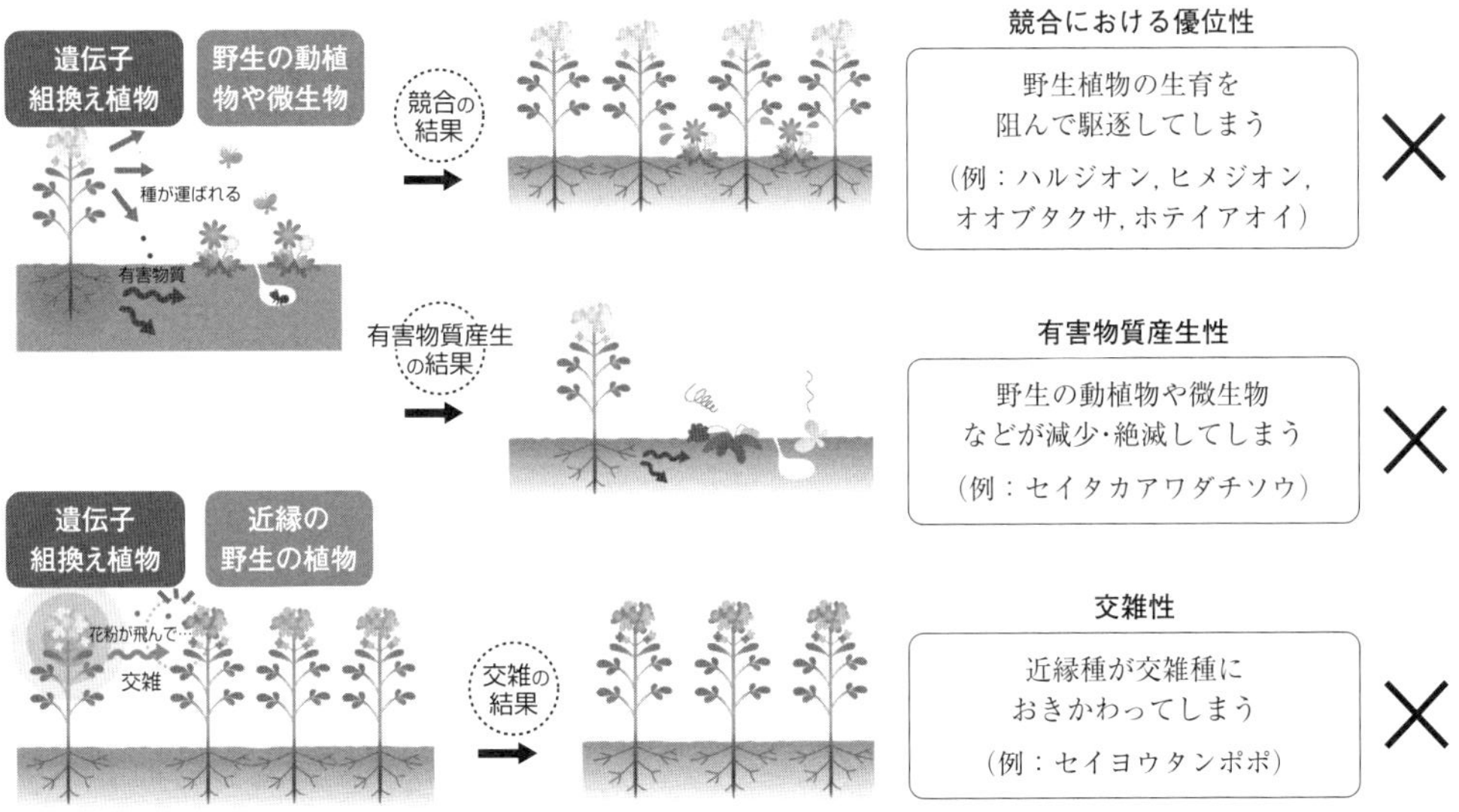

環境への安全性評価が終了し，認可が降りてから，栽培，流通，保管などの利用が認められる。

図16　遺伝子組み換え植物の環境への安全性評価

に基づく評価は、「新しいGM作物を国内で栽培したり日本へ輸入することで、日本の生物多様性にどのような影響を与えるのか」という観点で行われている。

具体的には、①GM作物が生態系へ進入し、在来の野生植物を駆逐してしまう可能性がないか、②GM作物が野生種と交雑し、野生種が交雑したものに置き換わる可能性がないか、③GM作物が有害物質を作り出し、周辺の野生動植物や微生物に影響を与える可能性がないか、の三点について評価される（図16）。

これらは国内で実際にGM作物を試験栽培し、生育特性、有害物質の生産性、土壌微生物への影響、花粉の稔性、種子生産量などについてデータが取得されて評価される。この評価によって日本の生物多様性に影響を与えないと判断されれば、日本での栽培や輸入が認められる。なおこれら生物多様性への影響評価も、交配育種や突然変異育種などGM育種以外の場合には実施されない。

「日本の生物多様性に影響を与える」事象が具体的にどのようなものかというと、「日本の侵略的外来種ワースト一〇〇」に指定されているセイタカアワダチソウや外来種タンポポをイメージするとわかりやすい。セイタカアワダチソウは北米原産のキク科の外来植物で、種子や地下茎による繁殖力が強く、植物体が二〜三メートルに成長して他植物への日光を遮断する、といった競合における優位性から生息域を拡大し、全国各地で確認され、在来植物を駆逐した優先群落を形成している[26]。また外来種タンポポ（セイヨウタンポポ、アカミタンポポ）は在来種のタンポポと異なり、受精しなくても種子を作る能力を持ち、根の切れ端からも再生する、といった競合における優位性から、多くの都市部で在来種の生息域をしのいでいる[27]。ＧＭ作物の生物多様性影響評価では、こうした競合における優位性が、ＧＭ作物に新たに加わっていないことなどが評価される。

現在のところ、ＧＭ作物が日本の生物多様性に影響を与えた例はない。穀物輸入港の近辺では、輸送の際のこぼれ落ちが原因と見られるＧＭセイヨウナタネの生育が確認されているが、こぼれ落ちに由来するセイヨウナタネの生育は、一九六〇年代後半から輸入されてきた従来品種でも確認されてきた。従来品種のこぼれ落ちおよび生育が日本の生物多様性に影響を与えたという報告はなく、またＧＭ品種の競合における優位性は従来品種と比べて大きく変わっていないことが確認されており、これらＧＭセイヨウナタネの生育が日本の生物多様性に影響を与えるとは考えられていない。

さらに補足すると、ＧＭ、Ｎｏｎ‐ＧＭにかかわらず、セイヨウナタネ（学名：*B.napus* n＝19）と交雑し得るアブラナ科の植物としては、在来ナタネ、カブ、小松菜（いずれも

B.rapa n＝10)、カラシナ、高菜(*B.juncea* n＝18) などが日本国内で栽培されたり自生している。いずれも海外から導入された外来種で日本の固有種ではないが、*B.napus*(セイヨウナタネ) との交雑率は*B.rapa*が〇・四～一三パーセント、*B.juncea*が三パーセントと低く[28]、加えて、これら近縁種はセイヨウナタネとは染色体の数や構成が異なり、仮に交雑しても雑種の花粉や種子の稔性が著しく低下する「雑種崩壊**」のメカニズムが働くことが示されているため[29]、交雑により雑種の生息域が拡大する可能性は低いと考えられる。

＊　染色体の数。

＊＊　雑種形成後の後代で形質が劣化し、雑種が死滅すること。

4　商品化されたGM作物とそのメリット

現在商品化され、流通している主なGM作物

一言で「GM作物」といってもさまざまな種類がある。すでに実用化されたGM作物だけでも、除草剤耐性、害虫抵抗性、乾燥耐性、およびこれらを掛け合わせた品種(スタック品種)のほか、ウィルス病抵抗性、色変わり花などがある。本節ではすでに商品化され

ているGM作物について、そのメカニズムとメリットを解説する。将来的に実用化が予定されているGM作物については5節を参照されたい。

①　除草剤耐性（Herbicide Tolerant）作物

農業生産上の大きな問題は雑草防除である。この雑草防除は、機械を用いた鋤き込み（耕起）や除草剤の利用が一般的である。ただし耕起の場合は、一、耕起で柔らかくなった土壌が風雨で流れ出し、豊かな耕地が失われる可能性がある、二、土壌流亡と同時に土壌中の農薬や肥料が流出して、環境汚染の原因になる可能性がある、三、農業機械を動かすのに化石燃料が消費される、四、耕起により土壌中にトラップされた温室効果ガスが空気中に放出される、といった問題があるため、不耕起、減耕起といった、耕起回数を減らした栽培法の導入が望まれている。また除草剤を用いた雑草防除では、栽培作物への薬害などが問題となる。

「除草剤」と一言でいっても種類はさまざまで、光合成を阻害するタイプ、植物の成長ホルモンを撹乱するタイプ、タンパク質を構成するアミノ酸の合成を阻害するタイプなどがあり、植物を枯らす仕組みは多様である。モンサント・カンパニーが開発したラウンド

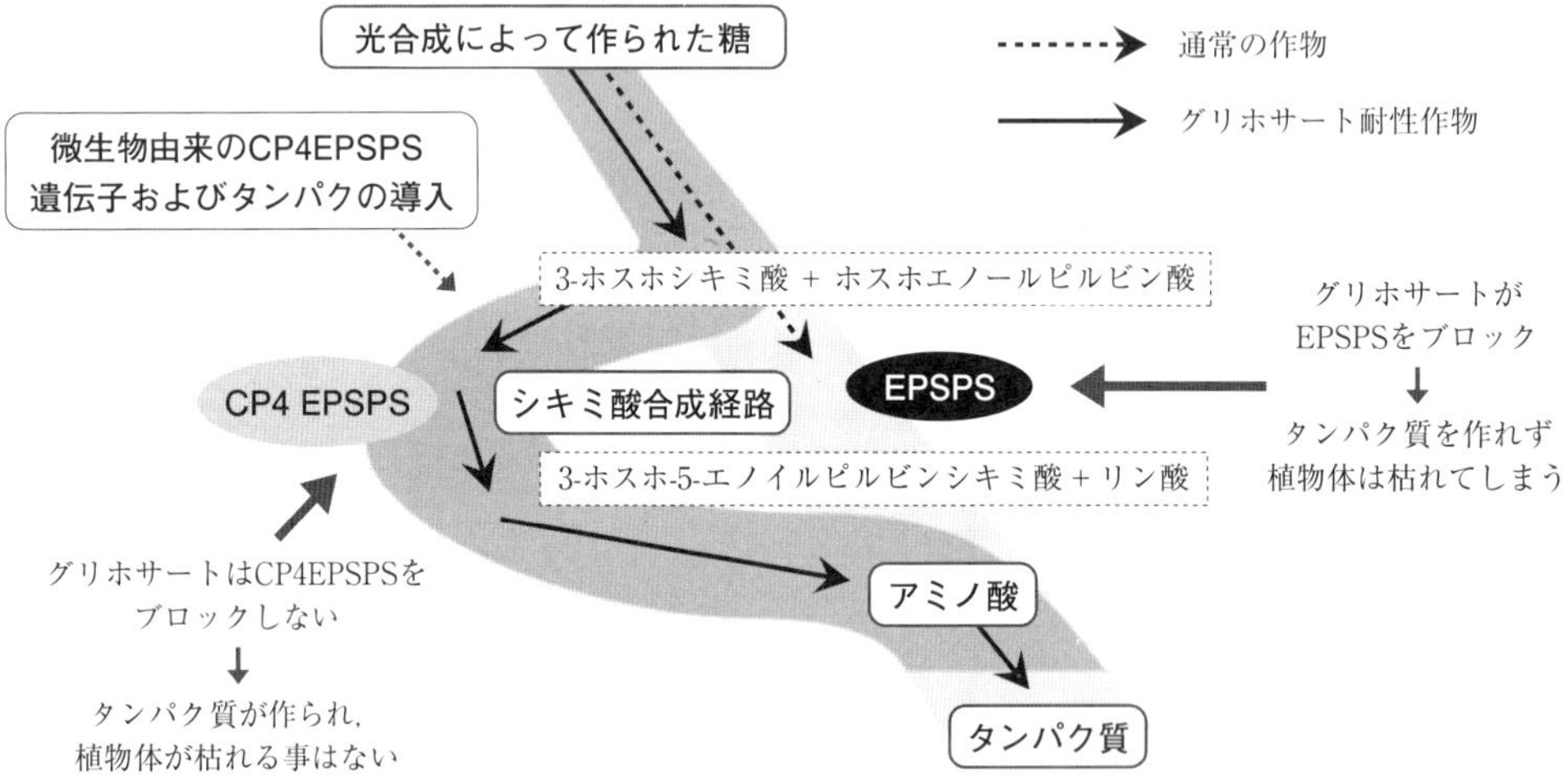

図17　グリホサート除草剤耐性作物のメカニズム

雑草とRRダイズが競合して生育している状況に，ラウンドアップ除草剤を散布する様子

ラウンドアップ除草剤散布後約2週間後，雑草が枯れ，RRダイズのみ順調に生育している

図18　ラウンドアップ・レディー・ダイズとラウンドアップ除草剤を組み合わせた栽培体系の効果

アップ除草剤*の場合、ほぼすべての植物種が有するアミノ酸合成経路を阻害し、アミノ酸の合成が止まるために植物は枯れる。ただし人や哺乳類はこのアミノ酸合成経路を体内に持たないため、ラウンドアップ除草剤は人や家畜に対して安全性が高いと同時に、ほぼすべての雑草を防除できる（非選択性）除草剤として一九七〇年代より広く利用されてきた。しかしラウンドアップ除草剤は雑草だけでなく栽培作物も枯らすため、作物の生育期間において、全面散布の利用が難しいという問題があった。

　土壌中に存在する微生物アグロバクテリウムＣＰ４株は、ラウンドアップ除草剤の影響を受けずにアミノ酸合成を続ける機能を持っている。これに関係する遺伝子（ＣＰ４ＥＰＳＰＳ遺伝子）を取り出して作物に導入し、植物でこの遺伝子が働くようにしたのが、ラウンドアップ除草剤耐性作物（商品名：ラウンドアップ・レディ〈ＲＲ〉作物）である。

ＲＲ作物とラウンドアップ除草剤を用いた栽培体系では、ＲＲ作物と雑草が混在する畑にラウンドアップ除草剤を散布すると、すべての雑草がラウンドアップ除草剤の効果で枯れる一方でＲＲ作物は影響を受けないため（図17）、散布から数週間で雑草だけを効率的に枯らすことができる。図18は国内で行われたＲＲダイズとラウンドアップ除草剤を用いた栽培試験の様子だが、散布前はＲＲ作物と雑草が混在していたものが（左）、散布数週間後には雑草が枯れ、ＲＲダイズだけが順調に生育している様子が見て取れる（右）。

ラウンドアップ除草剤の影響を受けないＲＲ作物としては、ダイズのほかにトウモロコシ、ナタネ、ワタ、テンサイ（サトウダイコン）、アルファルファが商品化されているほか、別の種類の除草剤に耐性を持たせた除草剤耐性作物も実用化されている。

ＲＲ作物の普及によって達成されたメリットは、非選択性であるラウンドアップ除草剤を作物生育期間中に使用できるため、一、従来の雑草防除体系に比べて効果が高く、収量が増加する、二、除草剤の使用量や使用回数が削減される、三、雑草防除を目的とした播種前の耕起を削減、あるいは省略できる（減耕起・不耕起栽培）、四、減耕起・不耕起栽培により、土壌流亡や土壌中の肥料、農薬の河川流出が減少する、五、減耕起・不耕起栽培により、土壌中に閉じこめられた温室効果ガスの空気中への放出を抑制できる、六、減耕起・不耕起栽培により、耕起によって空気中へ蒸発する土中の水分が保全され、水資源を節約できる、七、農業機械の利用が減り、化石燃料の使用が減る、といった点がある。(30)

＊ ラウンドアップ除草剤は日本国内では日産化学工業株式会社の登録商標であり、同社がラウンドアップ除草剤の流通販売を行っている。

②　害虫抵抗性（Bt）作物

現在商品化されている害虫抵抗性作物は、土壌中の微生物である *Bacillus thuringiensis*（バチラス・チューリンゲンシス／Bt菌）が作るタンパク質（Btタンパク質）を植物体内で作るように遺伝子を導入したものである。害虫抵抗性作物はBt作物とも呼ばれ、現在流通しているものにトウモロコシ、ワタ、ダイズがある。

Bt菌は一九〇一年に日本人科学者の石渡繁胤博士（農商務省蚕業試験場：現在の農業生物資源研究所）が病死したカイコから発見したもので、(31)日本にとって縁の深い微生物である。Bt菌は土中に広く生育し、作り出すBtタンパク質にもさまざまな種類がある。Btタン

図19　アワノメイガの食害を受けたNon-GMトウモロコシ（左）と，被害のなかったGMトウモロコシ（右）（いずれもアワノメイガ無防除）

パク質は特定昆虫の消化管内でコアタンパク質となり、昆虫の消化管内にある受容体と結合して昆虫の消化管を壊すために殺虫効果を示す。Btタンパク質は種類によってチョウ目（ガやチョウの仲間）、コウチュウ目（コガネムシやカナブンの仲間）など、効果を示す昆虫種が限られるため、問題となる害虫種に限定して防除することができる。一方、Btタンパク質への受容体を持たない人や家畜に対しては害がなく、またBtタンパク質は酸に弱いため、酸性の消化液を有する人や家畜が食べた場合には、消化管内でアミノ酸へ分解されて活性を失う[32]。このような性質と安全性から、Btタンパク質を精製して作られた薬剤（Bt剤）は一九六〇年代から微生物殺虫剤として利用されており、有機農法でもBt剤の利用が認められている。[33]

このBtタンパク質を植物体内に作らせるようにしたのがBt作物である。Bt作物の普及により、一、作物収量が増加した、二、農薬散布の回数、散布量減少にともなって農薬散布コストと労力が削減された、三、一般的な化学的防除（化学農薬等）に比べて作用する昆虫種が限られるため、標的でない昆虫（益虫や防除対象ではない虫）が増加した、四、害虫が食害したところに発生するカビが作るカビ毒が減少し、収穫物の品質と安全性が向上した、など多くのメリットが報告されている。[34] 図19は茨城県河内町の圃場で試験的に栽培したBt、Non-GMトウモロコシの比較写真だが、Bt、Non-GMトウモロコシの害虫被害の差が見て取れる。

③　乾燥耐性（Drought Tolerant: DT）作物

水は農業生産にとって不可欠な資源であり、干ばつ（降雨不足、高温、乾燥）により作物収量は大きく減少する。穀物輸出国であるオーストラリア（二〇〇六～〇七年）や米国（二〇一二年）を干ばつが襲った際には、穀物の国際価格が急騰して日本でも食料品の値上がりを招いた。[35] またアフリカ東部・南部諸国では、三〇年近くに及ぶ水不足、頻繁に起こる干ばつにより農業生産が不安定であり、貧困や飢餓の一因となっている[36]。

GM技術で乾燥に強い（乾燥耐性）作物を作る研究開発は世界中で進んでいるが、モンサント・カンパニーは二〇一三年、世界で初めてGM技術を用いた乾燥耐性トウモロコシ（商品名：ジェニュイティ・ドラウトガード・トウモロコシ）を米国で商品化した[37]。この乾燥耐性トウモロコシは、土壌中や空気中に存在する枯草菌Bacillus subtilisに由来する改変低温ショック・タンパク質Bを植物に作らせることで、乾燥ストレス環境下における減収を抑制したものである[38]。米国では毎年、トウモロコシ作付け面積の一割強に相当する一〇〇〇万～一三〇〇万エーカー（約四〇〇万～五二〇万ヘクタール）が中程度の干ばつの影響を受ける可能性があるとされ[39]、乾燥耐性品種の普及により米国のトウモロコシ生産が安定すると期待されている。

また、モンサント・カンパニーはこの乾燥耐性トウモロコシに関するGM技術、および従来育種技術を、アフリカの非営利組織アフリカ農業技術基金（AATF）が主導する国際官民共同プロジェクトWater Efficient Maize for Africa（WEMA：アフリカ向け水有効利用トウモロコシ）に対し無償技術提供している[40]。アフリカでは三億人がトウモロコシを主食としているが、頻発する干ばつが飢餓や貧困の原因となっている。FAOは、乾燥

図20　「遺伝子組換え」を示すシールが貼られて販売されるハワイ産GMパパイヤ

耐性品種の開発と普及を最重要課題の一つとした上で、十分な乾燥耐性を達成するためにＧＭ技術の利用を重要な手段と位置づけている[41]。現在、乾燥耐性トウモロコシの開発はＷＥＭＡで進められており、アフリカの数カ国で圃場栽培試験が行われている[42]。

④　その他のＧＭ作物

前述のほかにも、ハワイで開発されたパパイヤ・リングスポット・ウイルス（ＰＲＳＶ）抵抗性パパイヤや、日本で開発された色変わりのバラ、カーネーションなどが実用化され一般流通している。ＰＲＳＶ耐性パパイヤは一九九〇年代にＰＲＳＶの蔓延によって壊滅的被害を受けたハワイのパパイヤ産業を救い、現在ではハワイのパパイヤ栽培の約八五パーセントがＰＲＳＶ抵抗性のＧＭ品種となっている。ハワイへ行った際に現地で食べるパパイヤはＧＭ品種の可能性が高い[43]。このＧＭパパイヤは二〇一一年に日本での食品安全性評価が終了し、日本へも輸出されており、店頭で販売される際には「遺伝子組換え」のシールが貼られている[44]（図20）。また色変わりのバラ（青いバラ）は、日本国内で商業栽培されている唯一のＧＭ植物として、切り花の状態で一般流通している。

ＧＭ作物の普及により達成されたメリット

ＧＭ作物が世界的に普及したことで達成されたメリット（社会、経済、環境）については、英国のコンサルティング会社ＰＧエコノミクス社の報告書がくわしい。

同社の年次報告書によると、一九九六年以降のＧＭ作物の普及により、①農薬使用量（有効成分換算）が四七万トン（重量比率で八・九パーセント）削減されたこと、②農業由来の二酸化炭素排出が二三〇〇万トン（自家用車一〇二〇万台の年間排出量に相当）削減されたこと、③農業生産者の所得が二〇一一年単年で一九八億ドル（一ドル一〇〇円計算で一兆九八〇〇億円）、一九九六～二〇一一年の累計で九八二億ドル（九兆八二〇〇億円）

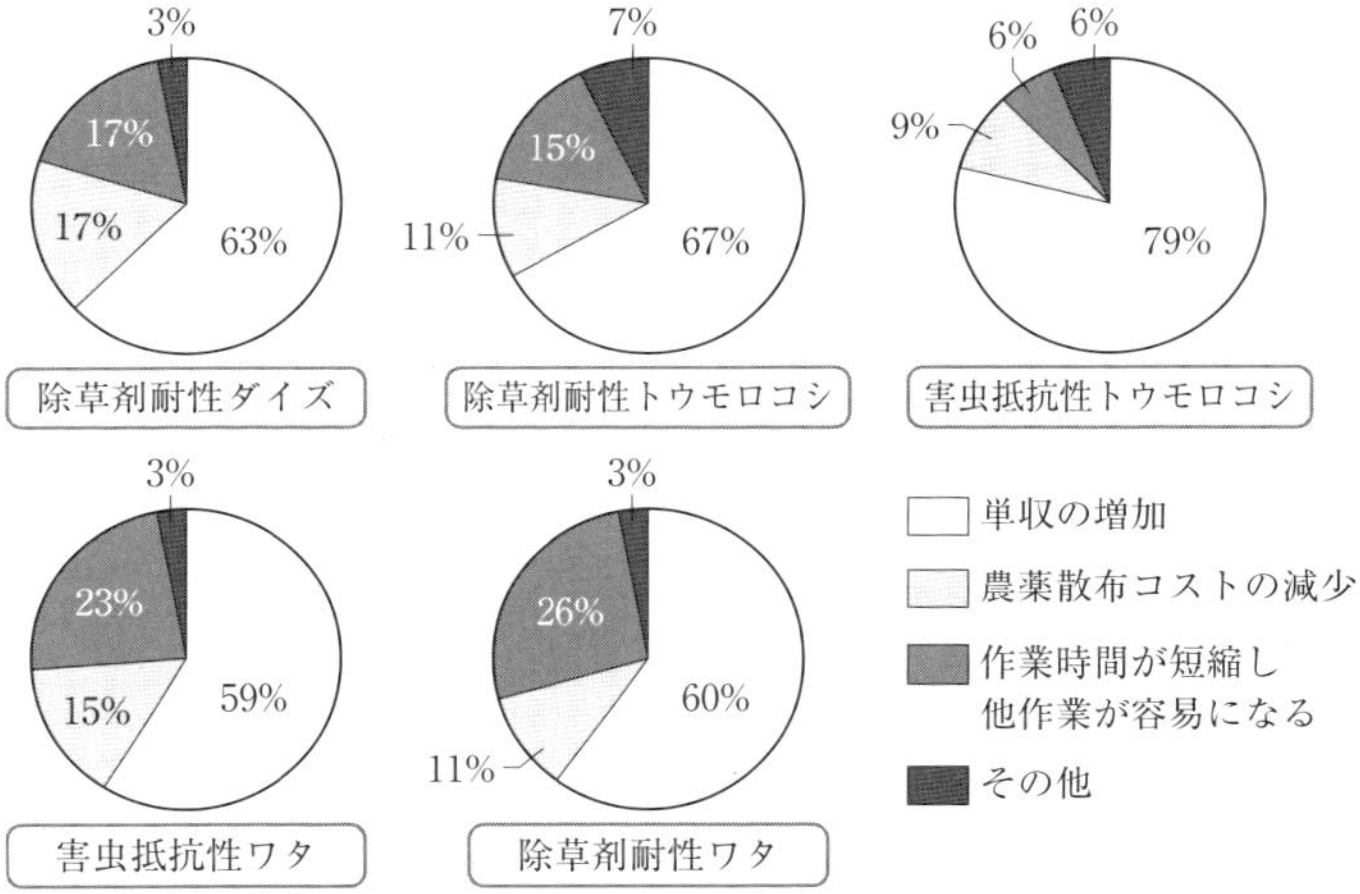

図21　米国農家がGM品種を選択する理由

出典：米国農務省経済統計局（USDA-ERS）http://www.ers.usda.gov/publications/eib-economic-information-bulletin/eib11.aspx（2014年9月24日閲覧）

増加し、その五一・二パーセントが開発途上国で達成されたこと、④単位面積あたりの収量が増加したこと、⑤世界の穀物生産量が増加したこと、⑥カビ毒の発生リスクが低減して食品、飼料として安全性が向上したこと、⑦農作業（雑草や害虫防除作業）が省力化されたこと、などさまざまなメリットが報告されている。[45] また米国農務省経済調査局（USDA－ERS）の報告書では、農業生産者がGM作物栽培を選択する理由として、収量の増加（五九～七九パーセント）、作物管理時間の短縮と作業の平準化（六～二六パーセント）、農薬散布量の削減（九〜一七パーセント）などが報告されており、農業生産者がＧＭ作物の栽培にメリットを感じて選択していることが示されている[46]（図21）。

次節でも述べるが、農業は土地、水、肥料、化石燃料など、多くの資源を利用する産業である。モンサント・カンパニーは、ＧＭ技術を含めたさまざまな手法を組み合わせ、作物収量を向上し、農業生産に必要な資源量を低減することで「持続可能な農業」の実現を公約としている。今後、農地や水資源の不足など多くの課題が世界の農業を取り巻くと思われるが、この状況下でも作物収量を維持、増加させるためにＧＭ技術の役割は今後も大きくなると思われる。

ＧＭ作物を栽培する際のリスクとその管理

ＧＭ作物を栽培する場合のリスクとして考えられるのは、除草剤耐性作物では除草剤が効かなくなる雑草（抵抗性雑草）が出現すること、害虫抵抗性作物ではBtタンパク質が効かなくなる害虫（抵抗性害虫）が発生することである。これらのリスクは従来の化学農薬にも存在し、ＧＭ作物特有の問題ではない。しかしＧＭ作物のメリットを長く利用するためには、これらの発生と拡大を防ぐ取り組み（リスク管理）が重要である。

世界で初めて確認された抵抗性雑草は2,4-Dという除草剤に対する抵抗性を持った*Daucus carota*（ノラニンジン）で、一九五〇年代のことである。日本の場合、一九八〇年代からアセト乳酸合成酵素阻害剤系除草剤への抵抗性雑草が水田で報告され[47]、その中でもスルホニルウレア系除草剤抵抗性雑草については一九九〇年半ばから北海道、東北を中心に確認され、稲作における問題となっている[48]。世界中では二〇一三年時点、各種の除草剤に対し合計二二〇の除草剤抵抗性雑草が確認され、ラウンドアップ除草剤についても二四種の抵抗性雑草が確認されている[49]。抵抗性雑草は特定の一種類の除草剤を長い間、継続的に使用することで発生すると考えられており、抵抗性雑草の発生を未然に防ぎ、発生が確認された場合には、その拡大を防ぐため、以下の対策とその組み合わせが推奨されている。

①　輪作の実施（栽培作物を変えることでの防除）

②　抵抗性雑草が確認された畑で播種前、もしくは収穫後の鋤き込み・耕起を行い、抵抗性雑草を一度根絶する（機械的防除）

③　単一の除草剤の使用ではなく、作用機作が異なる（雑草を枯らすメカニズムが違う）除草剤の使用や、その混合利用（化学的防除）

なかでも輪作は、イネ科作物と広葉作物を輪作する場合に異なる除草剤を使用できるため、とくに有効であると報告されており[50]、米国ではダイズ、トウモロコシ、小麦などの輪作体系を通じて実践されている。同時に、作用機作の異なる複数除草剤に耐性を持つGM作物の開発が進められており、これにより抵抗性雑草の発生や拡大が防ぐことができると考えられている。

Btタンパク質抵抗性害虫の発生と拡大を防ぐリスク管理

除草剤抵抗性雑草の問題と同様に、同一作用機作の殺虫剤に過度に依存すると抵抗性害虫の発生リスクは高まる[51]。これはBt作物も同じであり、生物農薬としてのBtタンパク質への抵抗性害虫は一九八五年にアメリカ、一九八八年に日本で確認されている[52]。Bt作物に関しては二〇一三年時点では抵抗性害虫は公式に確認されていないが、今後発生する可能性が十分に考えられる。

抵抗性害虫に対するリスク管理手法は、抵抗性雑草への対処と同様、作用機作の異なる何種類かの殺虫剤のローテーション使用、輪作の実施が挙げられる。しかしBt作物の場合、これに加えて二つのリスク管理手法が存在する。一つは畑にBtタンパク質を持たない作物

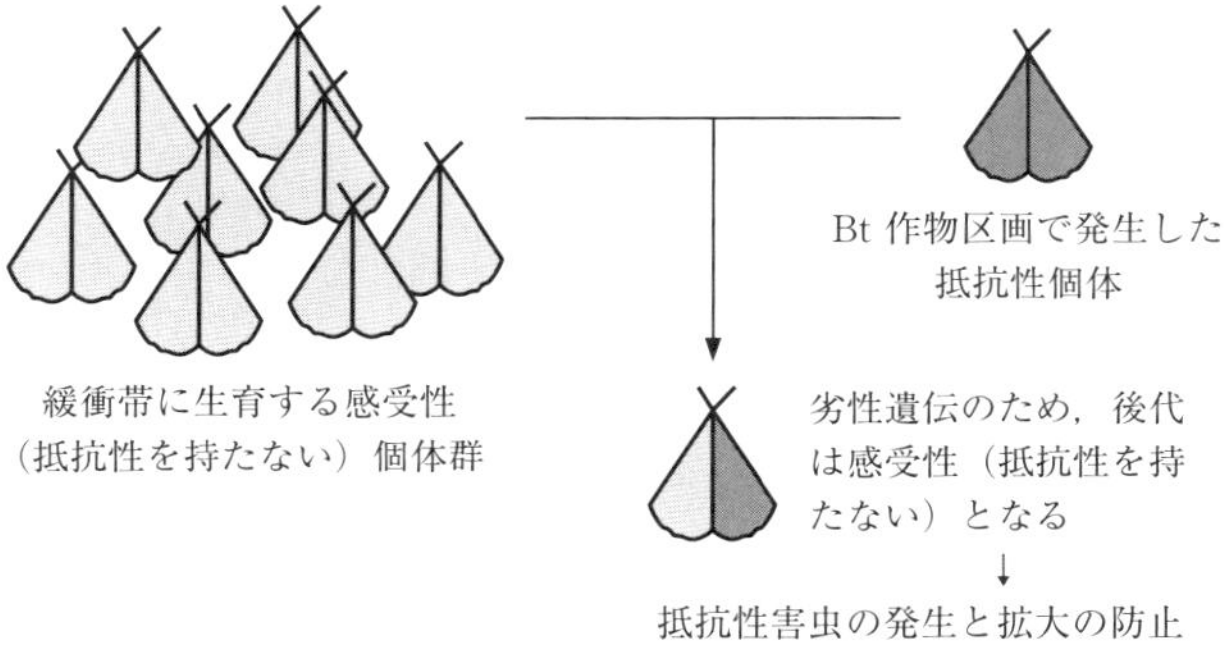

図22　緩衝帯の設置による抵抗性害虫の発生／拡大防止メカニズム

を栽培する緩衝帯（Refuge）を設置すること、もう一つは作用機作の異なる複数Btタンパク質を作物に持たせる手法である。

緩衝帯の設置とは、Bt作物を栽培する畑の一部に、Btタンパク質のない品種（Ｎｏｎ－ＧＭ品種や除草剤耐性だけの品種）を作付けすることである。これは害虫においてBtタンパク質抵抗性が劣性遺伝するというメカニズムを利用したもので、緩衝帯に抵抗性のない害虫（感受性害虫）を一定数確保することで、仮に抵抗性害虫が発生した場合にも、抵抗性を持たない感受性害虫と交尾することで、後代（子孫）は再び感受性となる（抵抗性が失われる）ため、抵抗性害虫の拡大防止に効果がある（図22）。米国の場合、Bt作物を栽培する際には畑の周辺や内部に緩衝帯を設置することが環境保護庁（ＥＰＡ）によって義務づけられており、緩衝帯の割合は作物種（トウモロコシ、ワタ）、栽培地域、種子の商品特性（Btタンパク質が一種類か複数種類か）などに応じて、五〜五〇パーセントの範囲で定められている[53]。最近では、あらかじめ緩衝帯用の種子が袋内で混合された種子製品も商品化されており、複数種類の種子を購入・栽培する煩雑さを軽減し、同時に確実に緩衝帯が設置される商品開発がなされている。

他方で、同一の作物に複数の異なる作用機作のBtタンパク質を持たせることで抵抗性害虫の発生リスクを低減した種子も商品化されている。これは、複数Btタンパク質すべてに対して同時に抵抗性を獲得する確率が、一つのBtタンパク質に抵抗性を獲得する確率の掛け算（例：〇・〇一×〇・〇一パーセント＝〇・〇〇〇一パーセント）になることを利用したものである。モンサント・カンパニーでは、トウモロコシの茎など地上部を食べる害虫に効果を持つ三種類のBtタンパク質、根など地下部を食べる害虫に効果を持つ三種類のBtタンパク質をあわせ持つトウモロコシ（ジェニュイティ・スマートスタックス・トウモロコシ）を商品化しており、さらにこれを緩衝帯用の種子と混合して提供することで、抵抗性害虫の発生を予防しつつ農業生産現場の作業性を向上する、付加価値の高い商品として提供している。

有効な技術を持続的に利用するために

除草剤抵抗性雑草、Btタンパク質抵抗性害虫に関するリスク管理について説明したが、農薬やGM技術に限らず、有用な技術を持続的に利用するためには、一定の管理やルールが必要である。

たとえば医薬品の場合も、抗生物質耐性菌の発生への対処として、①同じ抗生物質を使い続けることを避ける、②低用量投与を避ける（定められた服用量を守る）、③効果の高い薬剤を短期間に十分量使用する、といった事項が推奨されている。[54]

他方、先述した日本のスルホニルウレア系除草剤抵抗性雑草の発生、拡大の原因として、①減農薬ブームや農作業の省力化を背景に一発処理剤（複数回散布せずに除草できるタイプの除草剤）の利用が増加したこと（結果、一発処理剤で多用されるスルホニルウレア系除草剤への依存が高まった）、②農業生産者の高齢化が進み、除草剤散布後に草取りを行わない農家が増加したこと、などが報告されている。[55]

5　ＧＭ技術への期待とその可能性

拡大する食料増産ニーズへの対応と、持続可能な農業に向けて

食料は人間の生存に必須であり、世界中の人々が健康的に生活するためには、需要に応じた食料生産が必要である。国連の資料によれば、一九五〇年に約二五億人だった世界人口は一九七五年に約四〇億人、二〇一一年には七〇億人を突破した。将来的には二〇五〇年に九一億人を超えると予測されている（図23）。またＦＡＯでは「人口増加に加えて所得増大（による食生活の変化）から、二〇五〇年までに世界の食料生産を、二〇〇五年から二〇〇七年の平均を基準に六〇パーセント増大させる必要がある」と報告している[56]。

食料生産を増やすには二つの手法がある。一つは農地面積を拡大することと、もう一つは単位面積から収穫できる作物の量（単収）を増やすことである。

農地面積の拡大については、世界の農地面積がここ数十年間ほぼ横ばいであり（図24）、今後もこれを急激に増加できるとは考えにくい。仮に新しく開墾可能な土地があったとしても、森林や原野である土地を新たに開墾することは、森林の二酸化炭素吸収を削減した

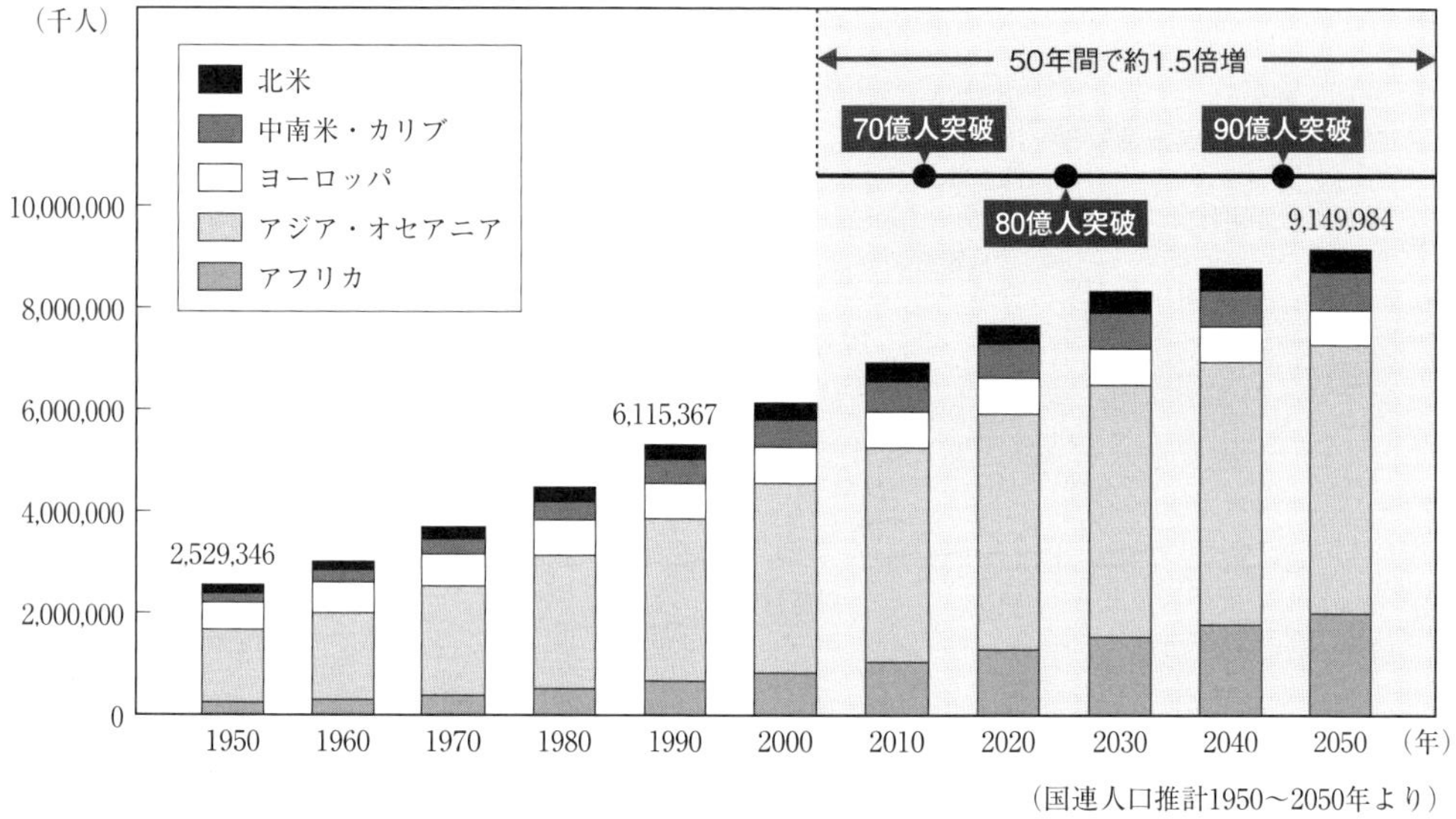

図23　世界の人口の推移と今後の見通し

出典：外務省「わかる！　国際情勢　農地争奪と食糧安全保障」http://www.mofa.go.jp/mofaj/press/pr/wakaru/topics/vol44/（2014年9月12日閲覧）

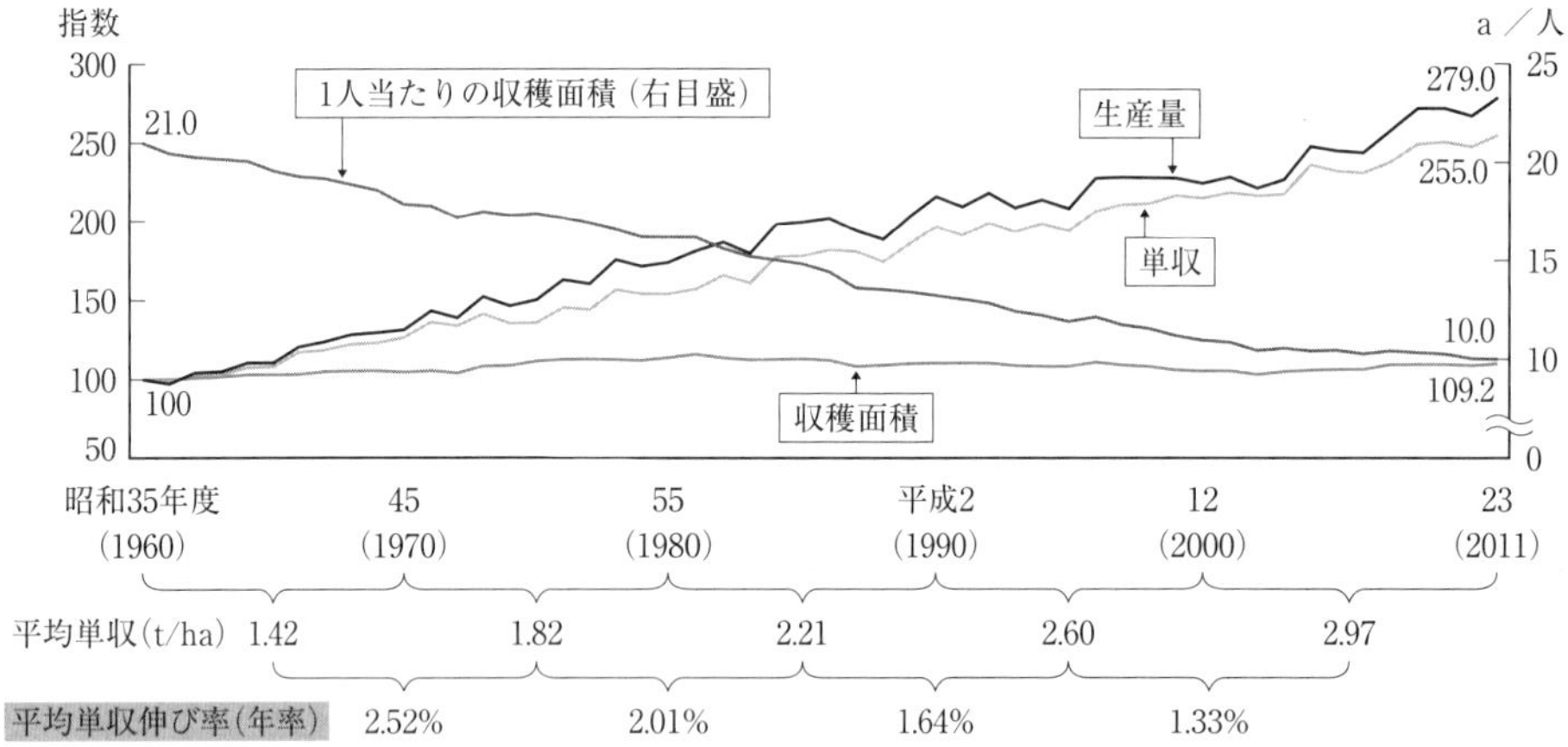

図24　世界の穀物収穫面積，単収等の推移

資料：米国農務省「PS&D」，国連「World Population Prospects : The 2010 Revision」を基に農林水産省で作成。

注：生産量，単収，収穫面積は，昭和35（1960）年度＝100とした指数。平均単収は10カ年における単収の平均。この数十年間，世界の農地面積はほとんど増えていない。このため，人口１人当たりの穀物収穫面積は減少傾向にある。これまでは灌漑，栽培技術の改善，化学肥料，農薬などを用いて単収（単位面積あたりの収量）を高めて食料を増産してきたが，伸び率は近年低下傾向。

出典：農林水産省　http://www.maff.go.jp/j/wpaper/w_maff/h23_h/trend/part1/chap2/c2_4_02.html（2014年9月12日閲覧）

り既存の生態系を破壊するなど、環境保全や生物多様性の観点からも好ましくない。

一方、単収は過去五〇年において劇的な改善が図られてきた（図24）。耐病性や（半）矮性*を持ち窒素肥料への反応が良い小麦やイネ品種の開発、化学肥料の投入、灌漑（雨水への依存ではなく人為的に水をひくこと）などの技術革新がこの単収の増加を牽引した。これら一連の技術革新は「緑の革命」と評されるが、過去の数十年間、世界人口が急速に増加しながらも世界的飢餓が発生しなかったのは、この「緑の革命」による単収増加によるところが大きい。

このため、矮性小麦品種の開発を通じて「緑の革命の父」と評される故ノーマン・ボーローグ博士は、「世界中で数億人の命を救った」とその功績を称えられ、一九七〇年に農学者として初めてノーベル平和賞を受賞している。[57] しかしその後、世界の穀物単収の伸び率は次第に低下しており（図24）、従来の農業技術（従来育種、化学肥料、灌漑）の改善に頼った単収向上の余地は小さくなっていると示されている。ＦＡＯもこれを大きな課題とし、単収をさらに改善する取り組みと同時に、既存農地や資源（とくに水資源）を損なうことなく持続的に利用できる生産体系構築が必要であるとして、インフラや技術開発への投資の重要性を強く主張している。[58]

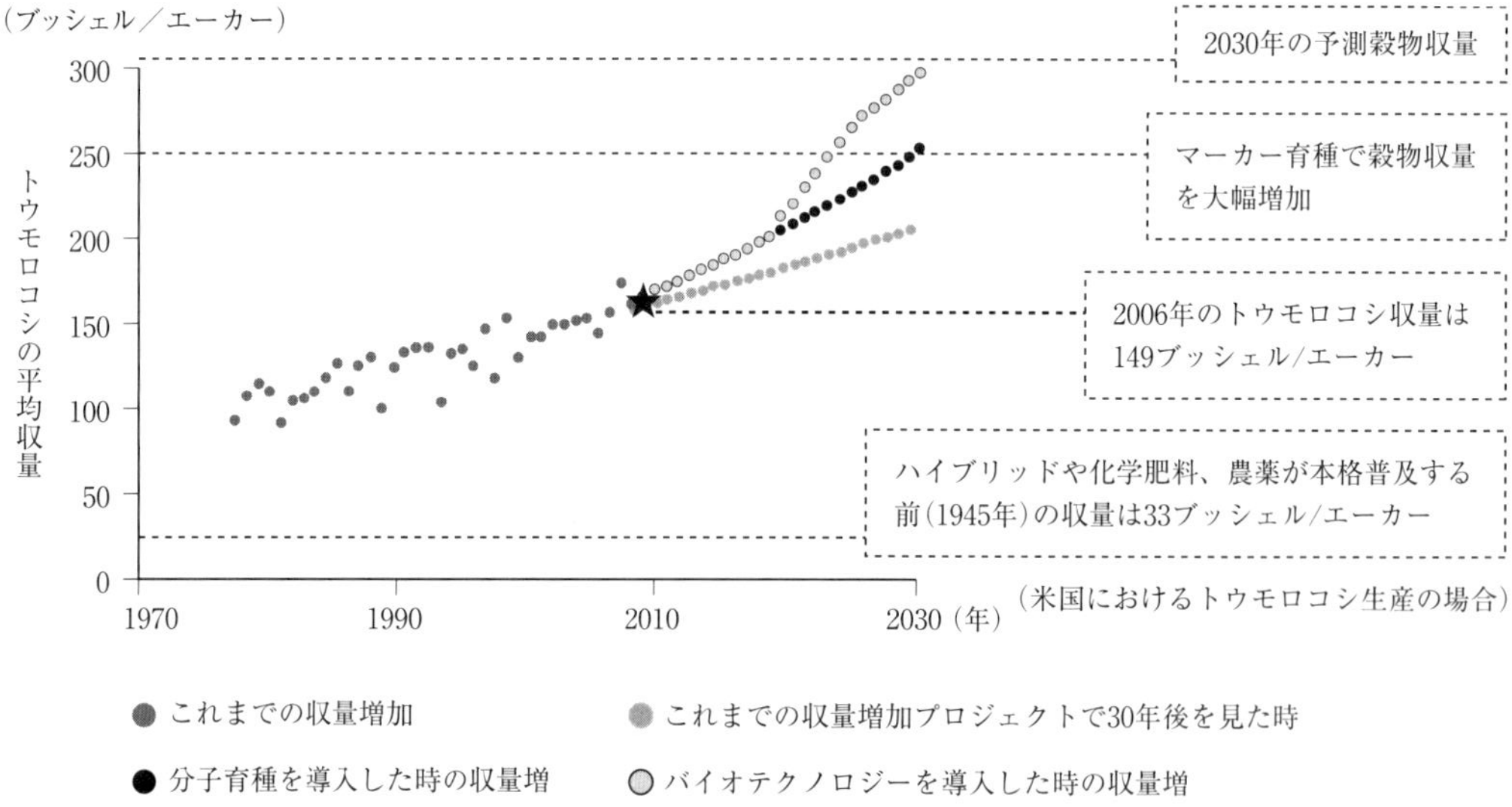

図25　持続可能な収量増加をめざすモンサント・カンパニーの公約
主要穀物において単収を2000－30年の間に倍増する。

表3　作物１単位を収穫するために必要な資源量の推移（1980年と2011年の比較）

	土地利用	土壌浸食	水資源	化石燃料使用	温室効果ガス排出
トウモロコシ	－30%	－67%	－53%	－44%	－36%
ワ　タ	－30%	－68%	－75%	－31%	－22%
ダイズ	－35%	－66%	－42%	－48%	－49%
コムギ	－33%	－47%	－12%	－12%	－2%

主要作物のうち，GMが実用化された作物（トウモロコシ，ワタ，ダイズ）における削減実績が他作物（コムギ）に比べて顕著に高い。

出典：フィールド・トゥー・マーケット（Field to Market）http://www.fieldtomarket.org/report/national-2/PNT_NatReport_CropResultsOverview.pdf（2014年9月12日閲覧）

＊（半）矮性とは植物の背の高さ（草丈）が低いまま成熟（収穫）まで至る性質のことである。（半）矮性を持たない作物品種の場合、収穫量を増やそうとして肥料を入れると作物の背丈が高くなり、子実の重さに耐えられず倒伏して収穫できないことがあるため、肥料の利用方法が難しかった。（半）矮性を持つ品種の場合、背丈が低く肥料を用いても倒伏する可能性が低いため、肥料を用いて多収を目指すことが容易になった。

単位面積あたりの収量増加

単収増加のためには、従来技術の改善とともに新しい技術の利用も重要である。１節でも述べたが、モンサント・カンパニーは農業に特化した企業として、①単収の増加、②水などの資源の保全、③農業生産者の生活改善、の三つを基本目標に掲げ「持続可能な農業」の確立を目指している。

モンサント・カンパニーでは交配育種、マーカー育種、GM技術を組み合わせて種子開発を行っており、これによりトウモロコシ、ダイズ、ナタネ、ワタといった主要作物の単収を、二〇三〇年までに二〇〇〇年の倍にすることを公約にしている。

単収が改善すれば農地不足の解決に貢献し、森林伐採などの乱開発を防ぎ、ひいては生物多様性や環境の保全にも貢献する。またモンサント・カンパニーは、作物種子の改良に加え、農地を調査して土壌に適した種子、施肥量（肥料の投入量）を農業生産者へ提案したり、気象条件を加味した栽培体系を確立するなど、各農業生産者が収量を最大化できる栽培法、栽培体系の提供を目指している。

資源の保全と、農業の環境負荷低減

前述に加え、モンサント・カンパニーでは同じ量の作物生産に必要な資源（土地、水、肥料、エネルギーなど）を三分の一削減するという公約を掲げており、すでに一部が達成されている（表3）。

とくに水資源については問題の大きさ、緊急性からGM技術への期待が高い。「青い惑星」

といわれる地球には約一四億立方キロの水が存在するが、人間が持続的に利用可能な状態にある水資源はうちわずか〇・〇一パーセント、約一〇万立方キロと非常に限られている。[59]また人間が利用している淡水の七五パーセントが農業生産（灌漑）に利用されており、[60]農業における水利用効率の改善は、世界の水資源の節約に大きく貢献する。前節で紹介した乾燥耐性トウモロコシはＧＭ技術で乾燥耐性を持たせた初の作物だが、この商品化は米国コーンベルト地帯の西部など乾燥地帯、半乾燥地帯を中心に干ばつ時の被害を軽減すると期待されており、ＷＥＭＡプロジェクトを通じたアフリカ諸国での貢献も期待されている。

ＧＭ技術への期待と役割

「緑の革命の父」と評され、その功績からノーベル平和賞を受賞した故ノーマン・ボーローグ博士が一九八七年に設立した「世界食糧賞」は、毎年、世界の食料の質、量、供給を改善することで人類の発展に貢献した個人を表彰している。この二〇一三年の受賞者として、モンサント・カンパニー最高技術責任者（ＣＴＯ）であるロブ・フレーリー博士のほか、マーク・ヴァン・モンターギュ博士とメアリーデル・チルトン博士が選出された。いずれもバイオテクノロジー分野の先駆者としてＧＭ技術、ＧＭ作物の開発と実用化に貢献した人物であり、[61] 世界食糧賞の選考委員長であるインドの科学者スワミナタン博士は、この選定理由について「分子遺伝学は農業、工業、医薬品、環境保護の未来を形づくる素晴らしい可能性を切り開いた。世界人口に見合った食料を生産できる可能性を切り開いたパイオニアたちの受賞はまことにふさわしい」と述べている。[62]

ＧＭ技術は、世界農業の課題解決に貢献する大きな可能性を有しており、すでにその一部が実現している。今後、限りある資源の中で農業生産を維持、拡大するにあたり、ＧＭ技術への期待と役割はさらに大きくなると考えられる。

今後商品化が期待されるＧＭ作物

ＧＭ作物の研究は、世界中の公的機関、大学、民間企業などで行われている。ここではＩＳＡＡＡの年次報告書[63]などを基に、実用化に向けた具体的な進捗状況が報告されているＧＭ作物について、紹介する。

①　栄養改変作物

ＧＭ技術によって作物の栄養価を高め、栄養成分を変えた作物として、フィリピン国際イネ研究所（ＩＲＲＩ）が中心に開発を進めているプロビタミンＡ強化米（ゴールデンライス）が代表例に挙げられる。コメは多くの国々で主食だが、東南アジア、アフリカなどの発展途上国では、主食であると同時にほとんど唯一の食料であるケースがある。しかしコメは穀粒にビタミンＡやその前駆体であるベータカロチンを含まないため、コメを中心とする食生活ではビタミンＡ欠乏症が問題となり、子供を中心に視力を失う、免疫力が低下して死に至る、といった問題が生じている。ＷＨＯの試算では世界で一億九〇〇〇万人の子供と一九〇〇万人の妊婦がビタミンＡ欠乏症の影響を受け、毎年三五万人が失明、六七万人がビタミンＡ欠乏により死亡している。[64]

このビタミンＡ欠乏症の解決のため、ドイツやスイスの研究グループは、コメにラッパスイセンの遺伝子（後にトウモロコシの遺伝子に変更）を導入して、穀粒にビタミンＡの前駆体であるベータカロチンが含まれるようにしたＧＭコメを開発した（モンサント・カンパニーもこの開発に協力している）。このＧＭコメは見た目が黄金色をしているためゴールデンライスと呼ばれ、現在、フィリピンとバングラデシュで実用化に向けた試験と安全性評価が行われている。[65]ゴールデンライスは実用化の後には農家へ種子が無償配布される予定で、[66]この普及によってビタミンＡ欠乏症の影響を受けた人々の健康改善につながると期待されている。しかし二〇一三年八月、IRRIがで実施していたゴールデンライスの試験圃場がGM作物に反対する人達により破壊されるという事件が生じ[67]、得られるはずだった科学的データも失われ、これらの破壊、妨害、反対活動がゴールデンライスの実用化をさらに遅らせる可能性が懸念されている。なおIRRIの二〇一三年九月の時点のウェブサイトでは、ゴールデンライスが一般流通するのは二年後と記載されている[68]。

モンサント・カンパニーも、栄養改変GM作物として低飽和脂肪酸・高オレイン酸ダイズ（ビスティブ・ゴールド）、ステアリドン酸産生ダイズ（SDAオメガ3ダイズ）を開発している。前者はダイズ中のオレイン酸の含有量を増加させたもので、同時に心血管疾患の原因になると言われる飽和脂肪酸やトランス脂肪酸の発生が低減されている。後者は魚油に豊富に含まれ、心血管疾患などに良いとされるオメガ3脂肪酸であるエイコサペンタエン酸（EPA）とドコサヘキサエン酸（DHA）の前駆体であるステアリドン酸（SDA）を、ダイズ内に作らせたものである。このダイズ油に含まれるSDAはEPA、DHAに比べて安定性が高く、魚油特有の臭いがないため、パンやシリアル、乳飲料、ドレッシングなど色々な加工食品に利用でき、日常生活の幅広い食品からオメガ3脂肪酸が摂取できるようになると期待されている。またオメガ3脂肪酸の供給源を、枯渇が懸念される水産資源（魚）ではなく、畑（作物）に求めることが可能になるため、水産資源の保全に役立つと期待されている。

②　乾燥耐性作物

前節ではモンサント・カンパニーが開発した乾燥耐性トウモロコシを紹介したが、それ以外にも世界中の研究所、民間企業が乾燥耐性のＧＭ作物の開発を進めている。二〇〇六〜〇七年に大干ばつに襲われたオーストラリアでは、オーストラリア連邦科学産業研究機構（ＣＳＩＲＯ）、アデレード大学、ビクトリア州第一次産業省といった公的機関、および民間企業が協力して乾燥耐性のＧＭ小麦開発が進められており、二〇一二年時点の発表では「市場流通までに少なくとも七年が必要」とされている。[69]

③　窒素有効利用作物

窒素は植物の三大栄養素の一つとして農業生産に欠かせない元素であり、通常は肥料として毎年畑に補給される。ただし投入された窒素肥料の半分以上は農作物に吸収されず、二酸化炭素の二九六倍の温室効果を持つと言われる一酸化二窒素（N_2O：亜酸化窒素）の発生要因となったり、河川、地下水汚染など環境問題の原因になることがある。[70] モンサント・カンパニーでは、GM技術を用いて窒素成分の吸収率を向上させたトウモロコシを開発中で、この実用化は窒素肥料の利用低減や環境保全型農業への貢献が期待される。[71]

④ その他の作物

前述のほか、近い将来に実用化される可能性のあるGM作物として、南米諸国の主食作物の一つであるマメにウイルス病抵抗性を持たせたブラジルのウイルス病抵抗性GMマメ（ブラジル農牧研究公社開発：二〇一四～一五年度から商業栽培予定）[72]、インドネシアの乾燥耐性サトウキビ（インドネシア国営農場、サトウキビプランテーション研究センター：P3GI、ジェンバー〔Jember〕大学の共同開発、二〇一四年度から商業栽培予定）[73]が挙げられる。また中国では害虫抵抗性イネ（華中農業大学）およびフィターゼトウモロコシ（中国農業科学院生物技術研究所）が同国における安全性評価を終了しているほか[74]、アフリカ諸国では官民共同プロジェクトとしてGMキャッサバ（栄養強化、ウイルス病抵抗性、デンプン量の増加）、GMバナナ（栄養強化、病害抵抗性）などの試験栽培が進んでいる。[75] これらの作物は栽培国では主食作物、主要作物であり、実用化によって農業生産者の生活向上、食料事情の改善に大きく貢献すると考えられる。

6　日本におけるGM作物の可能性

GM作物は日本の農業に役立つか

この問いに対し、除草剤耐性作物、害虫抵抗性作物に限って考察する。

日本の農業には、農業生産者の減少と高齢化、価格競争力の低さなどの多くの課題が山積している。この対処には、生産コストの削減、一経営単位の生産規模拡大などが急務であり、これら可能にする新技術（たとえばイネの乾田直播技術）の普及や、社会制度（農地利用の流動化など）の改善が必要である。

GM技術については、日本にはGM作物を受け入れる社会的な条件が十分に整っていないこと、日本のニーズにあった品種や作物におけるGM作物開発が十分進んでいないことから、すぐに農業生産現場で利用されて役に立つとは考えにくい。しかしGM作物が日本の農業に貢献する潜在的な可能性とその有用性については、真剣に考え、議論する必要があるだろう。

今から一二年前、二〇〇一年から〇二年にかけ、バイオ作物懇話会という農業生産者のグループが、国内数カ所で除草剤耐性（ＲＲ）ダイズの試験栽培を実施した。この試験に参加された方々からは、除草剤耐性というＧＭ形質に対して、「日本農業に大きく役立つ」との声が寄せられている。

農業をするものにとって雑草は一番のやっかい者で、ラウンドアップ除草剤一回の散布で雑草がとろけてしまう技術は農家には希望を与える。

雑草が枯れて大豆の生育が一段と大きくなり色も濃くなった気がする、あまりにも見事でこわいくらい。

経費が安い、ほとんどの雑草を枯らすことができる、作物に害が無い。

町内の人がたびたび見られて大変感心していた。

中耕・除草がいらないので省力栽培できる。この結果大面積の栽培が可能になる。

（バイオ作物懇話会ニュースより引用）

日本のダイズ栽培の場合、大規模化に重要なことは農作業、なかでも除草作業の効率の改善にあるとされている。[76] ダイズに限らず、除草が十分でないと作物は雑草に負けて収量や品質が低下するため、必要に応じて除草剤や除草機械が用いられる。北海道では一ヘクタールのダイズ栽培に要する全労働時間三二・七時間のうちの七〇パーセントが除草関連の作業（中耕除草含む）に費やされている。[77] たとえばここにRRダイズとラウンドアップ除草剤を利用した栽培体系が利用されれば、前節でも説明した通り、作物には害を与えずに雑草だけを効率的に防除できるため（図17）、作業効率の改善、除草剤散布の低減、生産コスト低減に大きく貢献するだろう。

同様にBt作物についても、たとえばキャベツやブロッコリーなどは害虫の防除に農薬が必要であり、その散布に多くの労力を要する。ここにBt形質が利用できれば、農業の省力化、農薬の使用量、回数の削減、害虫被害の減少など、農業生産者の経営改善や環境保全型農業に大きく貢献すると考えられる。

7　よくある質問・疑問

ＧＭ技術とＧＭ作物については、科学的事実に反した情報や誤解に基づいた主張も多く、これらをセンセーショナルに取り上げた新聞、書籍、テレビ、映画、ソーシャルメディアも散見される。科学技術振興により発展してきた日本においては、この状況は非常に残念なものであり、事実に基づいたわかりやすい情報提供や理解の醸成が望まれる。本節ではGM技術やGM作物、モンサント・カンパニーについて寄せられる質問のうち、いくつかを取り上げて事実関係や背景を説明する（さらに詳細を知りたい方は、日本モンサント株式会社ウェブサイト「よくある質問Q／A」をご覧頂くか(78)、bio.info@monsanto.com まで直接、ご質問、ご意見をお寄せ頂きたい）。

GM作物の安全性に関する質問

Q　GM作物（トウモロコシ）を長期にわたって動物（ラット）に食べさせたら、発ガン性が認められたと聞いたが本当か？

二〇一二年九月にフランスのセラリーニ教授が、「GMトウモロコシを長期間（二年）与えた動物試験において、腫瘍が発生したり死亡率が上昇するなどの異常が見られた」と発表した。このセラリーニ教授の研究結果は、発表から数カ月の間に世界各国の政府機関（日本、EU連合、ドイツ、フランス、オーストラリア、ニュージーランド、カナダの食品安全性評価機関）により科学的に否定され[79]、セラリーニ教授の発表を掲載した学術誌もこの論文を削除した[80]。

セラリーニ教授の発表は科学的視点からは否定されたものの、これを題材にした映画「世界が食べられなくなる日」（セラリーニ教授自身も出演）が制作され日本でも上映されたため、「ＧＭ作物でガンが発生した」という誤った情報が書籍、メディア、ソーシャルメディア上で拡がった。しかしセラリーニ教授の導いた結論は、科学的に否定されており、ＧＭ作物が発ガン性を示したという事実はない。

Ｑ　ＧＭ作物の食品安全性を確認する際、長期の動物試験は行われないのか？

ＧＭ作物の食品安全性評価は国際基準に基づいて行われる。その評価の中では、ＧＭで新しく作られる物質（タンパク質）が明確な安全性を示す根拠がない場合には、必要に応じて動物を用いた毒性試験（急性毒性、亜急性毒性、慢性毒性、生殖に及ぼす影響、変異原性、ガン原性、および腸管毒性などに関する試験）のデータが求められることとなる[81]。

ＧＭ作物を動物に長期給餌した際の安全性データについては、世界中の公的機関、民間が任意で実施した結果を多く公表している。日本では社団法人日本科学飼料協会、東京都

健康安全研究センターが試験結果を公表しているが、いずれも悪影響などは報告されていない。(82)

Q　虫が食べて死んでしまう作物（Bt作物）を、人や家畜が食べても安全か？

摂取した食品や物質が生物へ与える影響は、生物種により大きく異なる。たとえば人にとってタマネギは美味しく栄養価の高い野菜だが、犬や猫がタマネギを食べた場合には、アリルプロピルジスルファイドという物質が犬や猫の赤血球を壊し、ひどい場合には死に至る。これは同じ哺乳類でも人と犬猫で生理機能が違うためである。

害虫抵抗性GM作物が持つBtタンパク質の場合、昆虫はBtタンパク質が作用する受容体を持つために影響を受けるが、人はこの受容体を体内に持たないため影響がなく、安全である。またアルカリ性の消化液を持つ昆虫類ではBtタンパク質が十分に消化されずに、コアタンパクとして残るため殺虫活性を示すが、Btタンパク質は酸に弱く、人や哺乳類など酸性の消化液を持つ生物ではアミノ酸などに速やかに分解されるため、安全である。(83)

Q　GMナタネが日本で生育し、汚染が広がっていると聞いたが本当か？

穀物輸入港の近辺では、輸送の際のこぼれ落ちが原因と見られるＧＭセイヨウナタネの生育が確認されている[84]。こぼれ落ちに由来するセイヨウナタネの生育は一九六〇年代後半以降、日本に輸入されてきた従来ナタネ品種でも確認されてきたが、これら従来品種のこぼれ落ちと生育が日本の生物多様性に影響を与えたという報告はない。またＧＭナタネ品種の競合における優位性は従来品種と比べて大きく変わっていないことが確認されているため、これらのＧＭナタネの生育が日本の生物多様性に影響を与えるとは考えられていない[85]。

なおＧＭ、Ｎｏｎ-ＧＭにかかわらず、セイヨウナタネ（*B.napus*）と交雑し得るアブラナ科植物としては、在来ナタネ、カブ、小松菜（いずれも*B.rapa*）、カラシナ、高菜（*B.juncea*）などが日本国内で栽培されたり自生しているが、いずれも海外から導入された外来種であり日本の固有種ではない。また*B.napus*との交雑率は*B.rapa*が〇・四〜一三パーセント、*B.juncea*が三パーセントと低く[86]、加えて、これら近縁種はセイヨウナタネとは染色体の数や構成が異なり、仮に交雑しても雑種の花粉や種子の稔性が著しく低下する「雑種崩壊」のメカニズムが働くことが示されている[87]。このため、交雑による雑種の生息域が拡大する可能性は低いと考えられている。

Q　ＧＭ作物は、種子を播いても発芽しない「ターミネーター種子」「自殺する種子」であると聞いたが、本当か？

「ＧＭ作物には、種子が発芽しない、あるいは種ができないようにする技術（ターミネーター技術）が使われている」との主張があるが、ターミネーター技術（不稔種子技術などのＧＵＲＴ技術）が利用されたＧＭ作物は存在しない[88]。ＧＭ作物の種子は従来品種と同様に発芽、生育するため、ＧＭ作物種子を指して「ターミネーター種子」「自殺する種子」とした主張は完全に誤っている。

Q　種の壁を越えた遺伝子の導入は自然界では起こりえないので、問題ではないか？

種の壁を越えて遺伝子が他の生物に移ることは自然界でも起こっている（２節参照）。土壌中に生息するアグロバクテリウムという微生物は植物細胞に自身の遺伝子を導入する能力を持っている。現在の主なＧＭ作物はこの微生物の能力を利用したもので、ＧＭ育種は自然現象を応用した作物品種改良ととらえられる。また「種の概念」とは人が作った概念だが、遺伝子を構成するＤＮＡはすべての生物に共通した化学物質であり、ＤＮＡや遺伝子には種の壁というものはない[89]。

Q　農薬の効かない虫や雑草が，遺伝子組換え作物のせいで発生していると聞いたが，問題ではないか？

３節で述べたように，除草剤抵抗性雑草，殺虫剤抵抗性害虫はいずれもＧＭ作物が実用化される以前からの問題であり，ＧＭ作物に特有の新たな問題ではない。これら抵抗性雑草，害虫については，輪作や作用機作の異なる薬剤のローテーション利用などを通じて対処され，農業生産上の大きな課題とはなっていない[90]。

Q　ＧＭ作物の普及により，栽培品種や遺伝資源，生物多様性が損なわれないか？

ＧＭ作物を商品化する際には，ＧＭによる形質（害虫抵抗性，除草剤耐性など）を持つ親品種を作り，それを各国，各地域の環境条件などに適した多種多様な品種に掛け合わせた後に農業生産者へ提供される。このためＧＭ作物の普及が栽培品種の多様性を失わせることはない。またＧＭ作物による単収改善は，農地不足の解消，森林伐採など乱開発の抑制に貢献すること（３節，４節参照），Btタンパク質を用いた害虫抵抗性ＧＭ作物は，従来の化学農薬に比べて標的昆虫（害虫）に限って防除できることなどから，ＧＭ作物の利用はむしろ遺伝資源や生物多様性の保全に貢献すると考えられている。

種子の権利（育成者権、特許権）に関する質問

Q　GM作物種子は特許で保護されているため、農業生産者が自分で増やして利用すると開発者に訴えられる、と聞いたが本当か？

「種子を勝手に増やすとトラブルに発展する可能性がある」という点は、GM作物に限らず種子全般に共通して言える。日本の場合、新しい品種を育成、登録した開発者の権利は種苗法により「育成者権」として一定期間（果樹などの永年性作物が三〇年、その他作物は二五年）保護される。このため日本でも、山形県が独自に開発した「つや姫」という水稲品種の種子が不正増殖されて刑事訴訟に至ったケースや、きのこ種菌の不正増殖による民事訴訟などが報告されている。[91] 農林水産省所管の独立行政法人、種苗管理センターでは品種保護Gメンを設置するなど、育成者権の侵害を防ぐ対策を取っているが、[92] これら品種育成者権の保護は、育成者が品種開発にかかった費用を回収し、さらに新しい品種開発を行えるようにするために必要である。

GM作物種子の場合、「品種」と「GMによる形質」が組み合わさって提供されるため、「育成者権」「GM技術で加えた形質（性質）に対する特許権」の二つの視点から保護される（図26）。この関係は、スマートフォン本体と有料アプリケーションにたとえるとわか

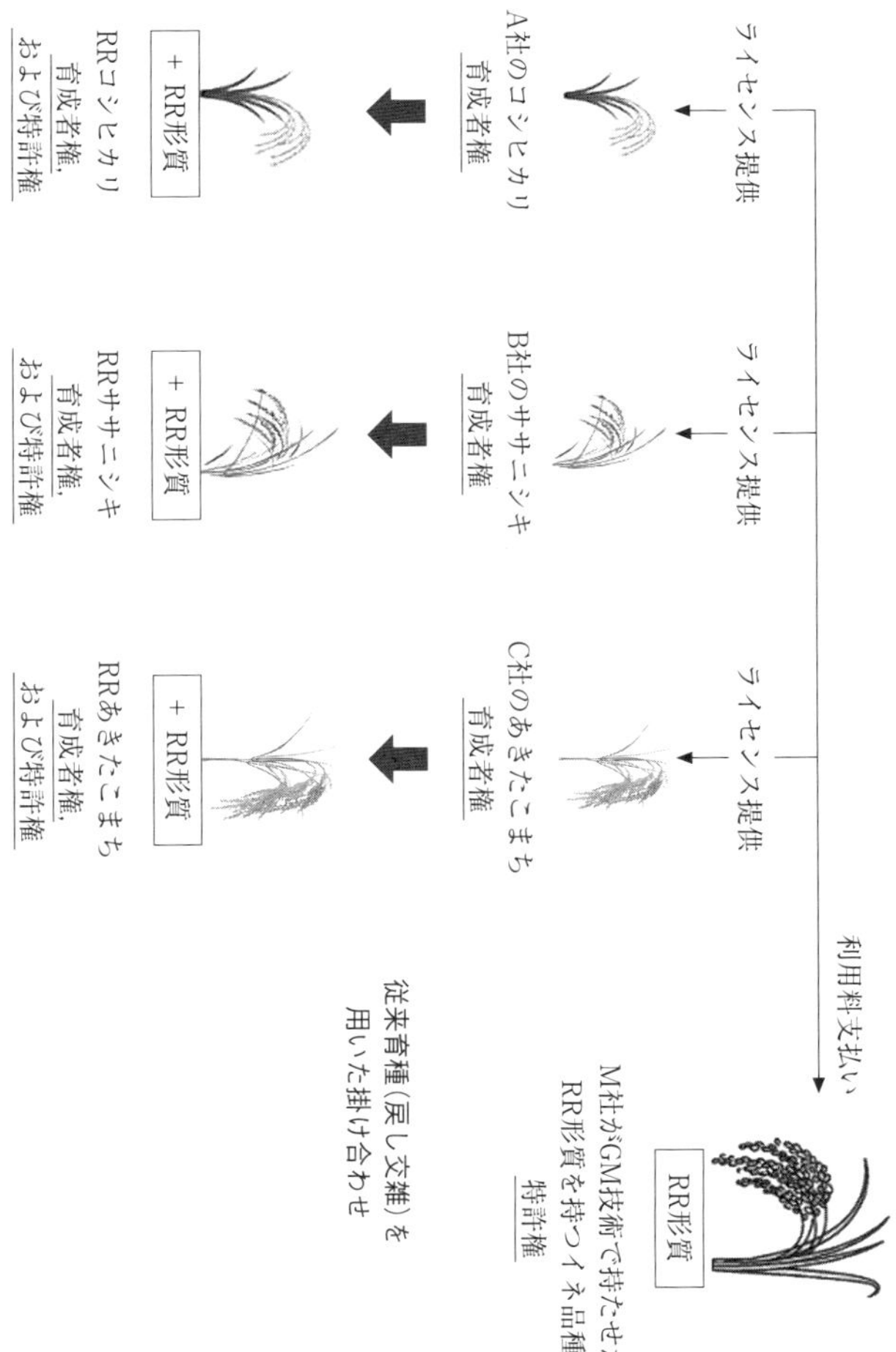

図26　GM作物種子における育成者権と特許権の関係（イメージ）

りやすい。スマートフォン本体（品種）の権利を保護するのが育成者権であり、スマートフォンに搭載されるアプリ（ＧＭ形質）の権利を保護するのが特許権である。なお育成者権、特許権ともに保護されるのは一定期間で、この期間を過ぎれば誰もが自由に利用できるようになる。

Ｑ　ＧＭ作物の普及により少数企業に種子が独占されることはないか？

ＧＭ作物種子は、品種とＧＭ形質が組み合わさって提供されるが、ＲＲなど特定のＧＭ形質のシェアが伸びた場合も、ダイズの品種としての権利は品種育成者に属する。米国のダイズ種子市場の場合、一五〇以上の民間企業、大学等が二〇〇〇以上のダイズ品種を開発しているが[93]、各社のダイズ品種にＧＭ形質が利用されるかどうかは、まず品種育成者のマーケティング上の判断があり、次いでＧＭ形質開発者との合意があって進められ、一方的な従属関係にはない（図27）。

モンサント・カンパニーが開発したＲＲダイズ形質の場合、競合他社を含めて広くライセンス提供が行われたため、米国のダイズ品種の大半でこの形質が利用されるに至った。前問の例を用いるなら、「スマートフォンの大半に特定アプリが搭載されている」状況に

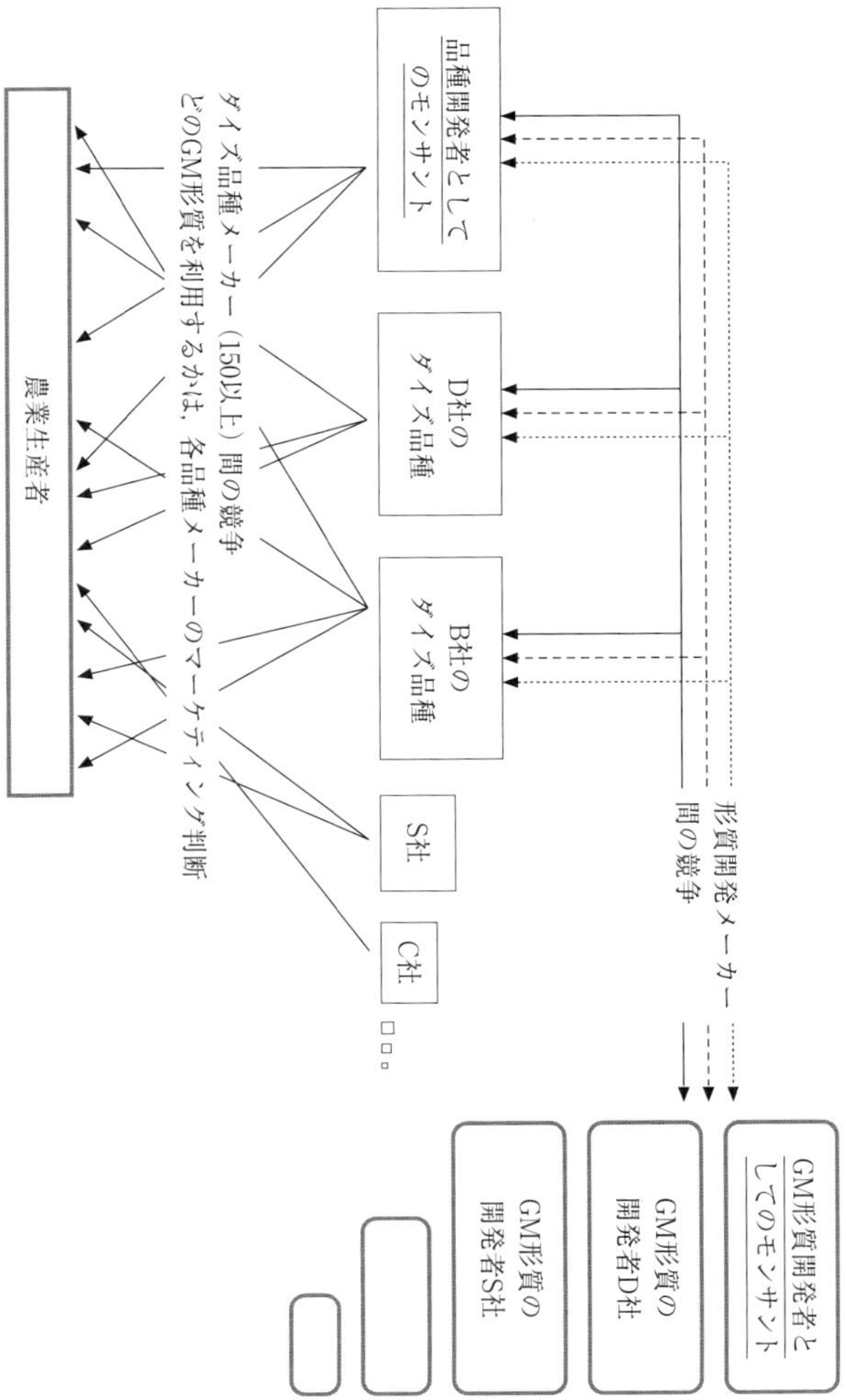

図27　米国のダイズ種子マーケットの構造（イメージ図）

似ているが、これを指して「特定アプリ（GM形質）によってスマートフォン市場（種子市場）が独占された」とするのは的確な表現ではない。実際には品種開発メーカーとGM形質開発メーカー双方が市場に複数存在し、それぞれが農業生産者のニーズに合わせた開発競争を行い、品種、GM形質の相互提供を行っている。

Q　モンサント・カンパニーは、農業生産者における種子増殖（自家採種）を禁じて、これに違反する生産者を裁判で訴えると聞いたが、本当か？

モンサント・カンパニーが農業生産者へ種子を販売する際には、不正利用を行わないことを文書で約束（契約）しているが、非常に少数ながらこれが破られ、意図的に種子が不正増殖されるケースがある。これら不正増殖について、悪質で和解が成立しない場合には訴訟に至ることがある。米国の場合、年間に約三〇万戸の農業生産者がモンサント・カンパニーが開発したGM形質を持つ種子を利用しているが、不正利用を発端とした訴訟が年間一〇件程度生じている。(94)

Q　モンサント・カンパニーは、GM作物の種子が混入したり、GM作物の花粉が飛散

して交雑した場合など、意図せずにＧＭ作物を栽培した農業生産者を訴えると聞いたが本当か？

意図せずに栽培されたＧＭ作物に対してモンサント・カンパニーが権利を主張したケースは、これまでに一例もない。かつてカナダのナタネ生産者が、「自分の農場内で知らないうちにＧＭナタネが生育し、それに対してモンサント・カンパニーが特許侵害を主張してきた」と主張して世界各地で講演活動も行われたが、これらの主張、講演内容は完全に事実と異なっている。

カナダの裁判所記録でも公開されているように、実際にはこのナタネ生産者が自分の畑に生育したＧＭナタネ（ＲＲナタネ）について、特許権によって保護されたナタネ品種と認識しながらも「意図的」に選抜して増殖したため訴訟へ至ったもので、カナダ連邦裁判所、連邦控訴裁判所、最高裁判所のいずれにおいても、このナタネ生産者による権利侵害が認められている。[95]しかしこのナタネ生産者の主張は講演活動や書籍を通じ広く紹介されたため、「ＧＭ作物の花粉飛散、種子混入から裁判で訴えられる」という誤った情報が拡がっている。実際には花粉飛散、種子混入など非意図的なＧＭ作物の栽培に対して特許権が主張されて裁判に至ったケースは一例もない。[96]

Q　GM作物の種子は、Non-GM種子に比べて値段が高いと聞いたが本当か？　農業生産者は高い種子を買わざるを得ず、搾取されているのではないか？

GM種子の価格は、技術使用料（特許権に基づくGM形質の利用料）が上乗せされるため、一般的にNon-GM品種の種子と比べて高価となる。しかしGM種子の利用によって収量が高くなる、作業効率が改善する（省力化）、生産コストが低減される（農薬の削減、農業機械使用の減少による燃料費削減）といったメリットが発生し、農業生産者はGM種子を利用するコスト（高い種子代金）と得られるメリットを比較した上で種子を選択している。このため、「高い種子を買わされている」「搾取されている」ということはない。このことは、USDA-ERSの報告書でも示されている[97]（3節、図21参照）。

社会学的観点からの質問

Q　インドでは、GM作物の普及によって農業生産者の自殺が増加したと聞いたが、本当か？

インドの農業生産者における自殺は、GMワタ導入（二〇〇二年）のかなり以前からの社会問題だったが、GMワタの導入、普及にともなってこれが増加したということはない。

農業生産者の自殺という痛ましい問題の主な要因は負債（借金）であると報告されており、第三者機関の調査においても、ＧＭワタの普及がこの原因ではないと結論づけられている。(98)

Ｑ　**ＧＭ作物は日本でも役立っているのか？**

ＧＭ作物は国内で商業栽培は行われていないため、国内の農業生産上は貢献していない。しかし日本は年間約一六〇〇万トンのＧＭ作物を輸入し、家畜飼料、甘味料、食用油などの原料として利用している。一六〇〇万トンとは日本で生産される年間のコメ生産量八二〇万トン（主食用米、二〇一二年）の二倍に相当する数字で、日本の食卓の安定に欠かせない存在となっている（1節参照）。

Ｑ　**なぜ日本ではＧＭ作物が栽培されていないのか？**

日本では、二〇一三年九月一九日時点、トウモロコシ六三系統、ダイズ七系統、セイヨウナタネ九系統、アルファルファ三系統、テンサイ一系統、パパイヤ一系統、カーネーション八系統、バラ二系統、合計八作物九四系統について国内での商業栽培が認められているが、観賞用の花を除いて商業栽培は行われていない。

その理由として、風評被害などを懸念する自治体が独自に条例を定め、国が栽培を認めたGM作物であっても栽培に厳しい条件を課すケースがあり(99)、栽培利用が難しい状況がある。これは国内での栽培利用について、国民の議論や合意形成が進んでいないことが最大の原因ではないかと考えられる。

経営の大規模化、省力化、収益性改善などを望む日本国内の農業生産者から、「GM種子を販売して欲しい」「なぜ日本モンサントはGM種子を販売しないのか」「すでに穀物として輸入されているGM作物を、なぜ日本で栽培してはいけないのか」といった要請や批判を、日本モンサント株式会社に頂くこともしばしばある。これら農業生産者の声に示されるように、GM作物は日本での農業生産にも貢献すると考えられ、こうした点を踏まえた議論が必要である。

時事的な質問

Q　TPPへの加入により、日本におけるGM食品の表示制度が変わると聞いたが、本当か？

新聞、テレビ、書籍で、「TPP加入でGM食品の表示がなくなり、食品の安全性が脅かされる」という報道、主張がなされているが、ＴＰＰの日米二国間協議ではすでに、「日本は遺伝子組換え食品の表示や食品の安全基準を変えなくて良い」ことが確認されている[100]。また食品基準全般においても、ＴＰＰはＷＴＯのルールを踏襲することが合意されているため、すでにＷＴＯルールに沿う日本の食品安全基準がＴＰＰへの加入により影響を受けることはない[101]。

外務省発表文書（二〇一三年米国通商代表外国貿易障壁報告書）でもＧＭ食品の表示ルールに関する記載はなく[102]、内閣官房ＴＰＰ対策本部の発表でも「ＧＭ食品の表示義務など個別の食品安全基準の緩和は議論されていない」と明記されている[103]（二〇一三年一二月二六日現在）。

なおＧＭ食品表示ルールが設立された趣旨について補足すると、「国がその安全性を確認したうえで、これを前提に消費者の商品選択のために情報を提供する」ことが目的であり[104]、ＧＭの使用、不使用、またその表示は、食品の安全性とは関連がなく、その商品の安全性を示すものではない。

Ｑ　ＴＰＰへの加入によってＧＭ作物の日本への輸入が増加すると聞いたが本当か？

ＧＭ作物が実用化されているトウモロコシ、ダイズ、ナタネ、ワタについては、日本では従来から輸入関税がほぼゼロであるため、[105] ＴＰＰへの加入でＧＭ作物の輸入量が増えるとは考えられない。また１節（表２）でも説明した通り、日本が輸入しているトウモロコシ、ダイズ、ナタネ、ワタのうち、Ｎｏｎ-ＧＭ品種はごく少量であり、すでにほとんどがＧＭ（不分別）である。このためＴＰＰに参加する、しないにかかわらず、ＧＭ作物の輸入量が大きく増加するとは考えられない。

８　ＧＭ作物への正しい認識を

食糧安全保障に関して

農業は、人間の生存に欠かせない食料を作り出す重要な産業である。しかし日本の場合、「国民が食料に困らないようにするため、日本の農業には中長期的に何が必要か」という議論が十分だったとは言えない。日本の農業を論ずるにあたり、「生産性を向上する」という視点ですら長く黙殺されてきた。

現在、中国、インド、東南アジア諸国など新興国の穀物需要が急増しており、日本の穀物購買力は相対的に低下しつつある。世界人口が増加し、この傾向が今後も続くと見られる中で、日本の食料確保は岐路に立たされていると言ってよいだろう。食料の確保とは、「国民が生きてゆくための食料や、食料生産手段の確保」が目的であるが、これには国内、海外を問わず、「限られた農地や資源の中でどうやって農業の生産性を高め、増加する世界人口に対処し、かつ持続的なものにするか」という、非常に大きな課題に向き合う必要がある。

本章で説明してきたように、ＧＭ技術やＧＭ作物は、農業の生産性向上や資源保全に貢献し、今後も大きな可能性を秘めている。他方、一人歩きしたイメージや科学的に誤った主張、これを取り上げた書籍やメディアの影響から、冷静な事実認識や議論が、日本の社会全般で進んでいないのが現状だろう。一人歩きしたイメージや誤った情報に基づいたままでは、有用な議論はとても難しいと思われる。まずは、色々な情報を読んだり、体験することで、何が事実であり、何が誤っているのかを、自分なりに整理することが大切と思う。

固定観念払拭の困難さ

実は筆者自身、文系学部から農業経済学へと進み、自然科学教育を受けた経験がないた

図28　日本の代表的な畑作地帯（左：北海道）と酪農地帯（右：本州）

め、「GM作物は自然ではない」「GM作物は怖いもの、危険なもの」というイメージに左右された時期がある。穀物輸入商社に就職し、トウモロコシ輸入の担当となり、米国のトウモロコシ農家の話を聞いた時ですら、このイメージはなかなか払拭されなかった。その後、穀物の輸入と販売に取り組む間にGM作物を巡るさまざまな事実（安全上の問題が何も生じていないこと、農薬使用量が削減されていること、カビ毒の発生リスクが低減していることなど）に触れる機会が多くあったため、次第にこのイメージは薄れていった。私事で恐縮だが、とても幸運だったと考えている。

GM技術に限らず、将来の日本農業や食料生産を議論するときに大切なのは、イメージに左右されることなく、まず事実に向き合うことではないかと思う。「農業は自然」というイメージもその一つかもしれない。図28は日本の代表的な畑作、酪農地帯である。その牧歌的な風景から「自然」とイメージされがちだが、いずれも明治以降に豊かな原生林を伐採して作られた単一農業地帯であり、必ずしも「自然」というわけではない。同様にＧＭ作物についても、「自然でないから怖い、危険、だから反対」とイメージに基づいて主張する方もおられるが、４節でも説明した通り、遺伝子組換えは実際には自然界で起きている現象である。これらを「自然」か「自然でない」かで議論しても、あまり意味がないように思う。

ＧＭ作物と冷静に向き合う

それでは、イメージに左右されずに事実に向き合うにはどうしたら良いだろうか。一つには「百聞は一見にしかず」ということわざにある通り、実際にＧＭ作物を見て、現場を体験することではないかと思う。日本では商業栽培されていないために難しい側面もあるが、日本モンサント株式会社を含めＧＭ作物を展示栽培して公開している企業や研究所がある。[106]もしくは実際に見学した人の声を聞くのも有用だろう。日本モンサント株式会社の場合、見学会の様子や参加者から寄せられた意見をウェブサイトで公開しているほか、[107]見学会の参加者がその体験や内容をブログで紹介して下さったケースもある[108]（本章の内容についてのご意見・ご質問は、bio.info@monsanto.comまで）。

【注】（URLは二〇一四年八月一九～二二日閲覧）

（1）ISAAA(2012) "Global Status of Commercialized Biotech/GM Crops: 2012," *ISAAA Brief* 44 (http://www.isaaa.org/resources/publications/briefs/44/default.asp).

（2）三石誠司（二〇一〇）「科学技術と社会　遺伝子組換え作物を素材とした検討」日本学術会議シンポジウム「遺伝子組換え作物とその利用に向けて」(http://www.scj.go.jp/ja/event/pdf/mituisi.pdf)（http://www.scj.go.jp/ja/event/2010.html）。

（3）日本モンサント株式会社プレスリリース（http://www.monsanto.co.jp/news/release/121016.html）。

（4）注（1）に同じ。

（5）総務省統計局「日本の統計二〇一三」（http://www.stat.go.jp/data/nihon/index1.htm）。

（6）日本モンサント株式会社「資料室：遺伝子組み換え作物の作物別・形質別作付け面積」（http://www.monsanto.co.jp/data/plantarea.html）。

（7）日本モンサント株式会社「資料室：遺伝子組み換え作物の国別栽培状況」（http://www.monsanto.co.jp/data/countries.html）。

（8）農林水産省「カルタヘナ法に基づき承認・確認された遺伝子組換え生物のリスト」（http://

www.maff.go.jp/j/syouan/nouan/carta/c_list/)。

(9) 農林水産省「食料自給率の部屋　食料自給率とは」(http://www.maff.go.jp/j/zyukyu/zikyu_ritu/011.html)。

(10) 注(9)に同じ。

(11) 農林水産省「今、我が国の食料事情はどうなっているのか」(http://www.maff.go.jp/j/study/syoku_mirai/01/pdf/data03.pdf)。

(12) 農林水産省「いざという時のために　不測時の食料安全保障について」(http://www.maff.go.jp/j/zyukyu/anpo/pamphlet.html)(http://www.maff.go.jp/j/zyukyu/anpo/pdf/pall.pdf)。

(13) 財務省貿易統計「概況品別国別表」(http://www.customs.go.jp/toukei/info/)。

(14) 注(2)に同じ。

(15)『日本経済新聞』二〇一一年一月二一日朝刊二四面「全農　米種子大手と提携、穀物、危うい安定調達」、二〇一三年七月一〇日朝刊二一面「輸入大豆に品薄感」。

(16) 農林水産省「農林水産基本データ集」(http://www.maff.go.jp/j/tokei/sihyo/)。

(17) 消費者庁「食品表示に関する共通Q＆A(第三集：遺伝子組換え食品に関する表示につ

いて）」（http://www.caa.go.jp/foods/qa/kyoutsuu03_qa.html）、農林水産省食品表示問題懇談会食品部会（一九九九年八月一〇日）（http://www.maff.go.jp/j/study/other/idensi_kumikae/pdf/gaiyou_110810.pdf）。

(18) 前掲・消費者庁「食品表示に関する共通Ｑ＆Ａ（第三集：遺伝子組換え食品に関する表示について）」参照。

(19) 日向康吉・西尾剛（二〇〇一）『植物育種学』第三版、文永堂出版。

(20) レオン・ヘッサー著、岩永勝監訳（二〇〇九）『ノーマン・ボーローグ――〝緑の革命〟を起した不屈の農学者』悠書館。

(21) 厚生労働省医薬食品局食品安全部「遺伝子組換え食品Ｑ＆Ａ」第九版（http://www.mhlw.go.jp/topics/idenshi/dl/qa.pdf）、食品安全委員会「遺伝子組換え食品などの安全性評価基準」（http://www.fsc.go.jp/senmon/idensi/index.html）、農林水産省「飼料の安全関係」（http://www.maff.go.jp/j/syouan/tikusui/siryo/）、環境省「日本版バイオセーフティクリアリングハウス（Ｊ－ＢＣＨ）」（http://www.bch.biodic.go.jp/）。

(22) 前掲・厚生労働省医薬食品局食品安全部「遺伝子組換え食品Ｑ＆Ａ」第九版、食品安全委員会「遺伝子組換え食品などの安全性評価基準」参照。

（23）前掲・厚生労働省医薬食品局食品安全部「遺伝子組換え食品Ｑ＆Ａ」第九版参照。
（24）特定非営利活動法人国際生命科学研究機構（ILSI-Japan）「遺伝子組換え食品を理解するⅡ」（http://www.ilsijapan.org/ILSIJapan/COM/Rcom-bi.php）、川口啓明・菊池昌子（二〇〇一）『遺伝子組換え食品』文春新書。
（25）川口・菊池前掲書。
（26）日本生態学会（二〇〇二）「日本の侵略的外来種ワースト一〇〇」『外来種ハンドブック』地人書館。
（27）注（26）に同じ。
（28）生物多様性影響評価検討会総合検討会議事録（二〇〇五年九月二九日）（http://www.s.affrc.go.jp/docs/commitee/diversity/050929/pdf/gijiroku_050929.pdf）。
（29）注（28）に同じ。
（30）注（1）および前掲・食品安全委員会「遺伝子組換え食品などの安全性評価基準」参照。
（31）農薬工業会「防除の分明史一一　微生物殺虫剤　Bt今昔物語り」（http://www.jcpa.or.jp/labo/column/control/11/）。
（32）厚生労働省医薬食品局食品安全部「遺伝子組換え食品の安全性について」（http://www.

mhlw.go.jp/topics/idenshi/dl/h22-00.pdf)。

（33）日本学術振興会・植物バイオ第一六〇委員会監修（二〇〇九）『救え！　世界の食糧危機　ここまできた遺伝子組換え作物』化学同人。

（34）日本モンサント株式会社「一九九六年から二〇一一年における世界の社会経済及び環境に対する影響」（原著論文：G. Brookes and P. Barfoot (2012) "Key environmental impacts of global genetically modified (GM) crop use 1996-2011," *GM Crops and Food: Biotechnology In Agriculture and the Food Chain* 4, 109-119)（http://www.monsanto.co.jp/data/benefit/130510.html)、F. Wu (2008) "Field Evidence: Bt Corn and Mycotoxin Reduction," *ISB News Report* February 2008（http://www.isb.vt.edu/news/2008/news08.Feb.htm)、大澤貫寿（二〇〇五）「生物農薬の現状と未来について」『野菜情報』一七巻（http://vegetable.alic.go.jp/yasaijoho/wadai/0508/wadai1.html)。

（35）農林水産省「穀物等の国際価格の動向」（http://www.maff.go.jp/j/zyukyu/jki/j_zyukyu_kakaku/)。

（36）外務省「わかる！　国際情勢　干ばつに苦しむ『アフリカの角』を救え！」（http://www.mofa.go.jp/mofaj/press/pr/wakaru/topics/vol78/)、日本ユニセフ協会「深刻な干ばつで数百万人の人々が危険な状態に――アンゴラとナミビアからの報告」（http://www.unicef.or.jp/kinkyu/africa_drought/2013_0819.htm）。

（37）モンサント・カンパニーホームページ「ジェニュイティ・ドラウトガード・ハイブリッド（乾燥耐性トウモロコシ）米国で二〇一三年に商品化」（http://www.monsanto.com/products/Pages/droughtgard-hybrids.aspx）。

（38）食品安全委員会食品安全総合情報システム（ya20091006001）添付資料（http://www.fsc.go.jp/fsciis/evaluationDocument/show/kya20091006001）。

（39）日本モンサント株式会社プレスリリース「世界初の乾燥耐性トウモロコシの米国とカナダにおける認可申請を完了――ＵＳＤＡに認可を申請、引き続き主要輸出相手国に提出」（http://www.monsanto.co.jp/news/release/090318.html）。

（40）日本モンサント株式会社プレスリリース「乾燥耐性トウモロコシ等でアフリカ農業技術基金とパートナーシップ――小規模農業生産者に無償で技術を提供」（http://www.monsanto.co.jp/news/release/080402.shtml）。

（41）アフリカ農業技術基金（ＡＡＴＦ）「ＷＥＭＡプロジェクト概要」（http://wema.aatf-africa.org/project-brief）。

（42）アフリカ農業技術基金（ＡＡＴＦ）「試験栽培に関するＦＡＱ」（http://wema.aatf-africa.org/about-us/confined-field-trial-faq）。

（43）くらしとバイオプラザ21「ウイルス抵抗性バイテクパパイヤ『レインボー』の開発物語と日本における表示について」（http://www.life-bio.or.jp/topics/topics479.html）。

（44）くらしとバイオプラザ21「ハワイのパパイヤ産業をウイルスから救った遺伝子組換えパパイヤ」（http://www.life-bio.or.jp/topics/topics506.html）。

（45）注（1）および注（34）に同じ。

（46）J. Fernandez-Cornejo and M. Caswell (2006) "The First Decade of Genetically Engineered Crops in the United States," *Economic Information Bulletin* 11, USDA-ERS.

（47）International Survey of Herbicide Resistant Weeds "Weeds Resistant to EPSP synthase inhibitors（G/9）"（http://www.weedscience.org/summary/MOA.aspx?MOAID=12）.

（48）東北農業研究センター「雑草制御研究室日本の水田雑草におけるＳＵ剤抵抗性の研究」（http://jhrwg.ac.affrc.go.jp/summary.pdf）、グリーンジャパン「水稲除草剤抵抗性雑草とその対策Ｑ／Ａ」（http://www.greenjapan.co.jp/noyak_tekozasso.htm）。

（49）注（47）に同じ。

（50）前掲・特定非営利活動法人国際生命科学研究機構（ILSI-Japan）「遺伝子組換え食品を理解するⅡ」参照。
（51）農薬工業会「教えて！　農薬Ｑ＆Ａ」（http://www.jcpa.or.jp/qa/a3_09.html）。
（52）グリーンジャパン「ＢＴ剤とは？　Ｑ＆Ａ」（http://www.greenjapan.co.jp/qa_bt.htm）。
（53）EPA "Plant Incorporated Protectants" (http://www.epa.gov/oppbppd1/biopesticides/pips/bt_corn_refuge_2006.htm), University of California San Diego "Bt Crop Refuge" (http://www.bt.ucsd.edu/crop_refuge.html).
（54）一般社団法人日本感染症学会「院内感染対策講習会Ｑ＆Ａ」Ｑ七二（http://www.kansensho.or.jp/sisetunai/kosyu/pdf/q072.pdf）、一般社団法人日本呼吸器学会「成人市中肺炎診療ガイドライン」（http://www.jrs.or.jp/home/modules/glsm/index.php?content_id=16）。
（55）横山昌雄（二〇〇三）「ＳＵ抵抗性雑草の出現とその対処方法」『農業経営者』四月号（http://agri-biz.jp/item/content/pdf/2252）。
（56）N. Alexandratos and J. Bruinsma (2012) "World agriculture towards 2030/2050: the 2012 revision," *ESA Working Paper* 12-03, Agricultural Development Economics Division,

FAO（http://www.fao.org/docrep/016/ap106e/ap106e.pdf）.

（57）注（20）に同じ。

（58）注（56）に同じ。

（59）環境省「環境・循環型社会・生物多様性白書」平成二二年版（http://www.env.go.jp/policy/hakusyo/h22/html/hj10010401.html）。

（60）農林水産省「世界の水資源と農業用水を巡る課題の解決に向けて」（http://www.maff.go.jp/j/nousin/keityo/mizu_sigen/pdf/panf02_j.pdf）。

（61）世界食糧賞（The World Food Prize: 2013 Laureates）（http://www.worldfoodprize.org/Index.cfm?nodeID=66969&audienceID=1）。

（62）日本モンサント株式会社プレスリリース「モンサント・カンパニーのRobert T. Fraley（フレーリー）博士が二〇一三年世界食糧賞を受賞」（http://www.monsanto.co.jp/news/release/130722.html）。

（63）注（1）に同じ。

（64）国際イネ研究所（ＩＲＲＩ）資料（http://www.irri.org/images/stories/Golden_Rice/Golden%20Rice%20Project%20Brief.pdf）。

(65) 国際イネ研究所（ＩＲＲＩ）ホームページ（http://www.irri.org/index.php?option=com_k2&view=item&layout=item&id=10219&Itemid=100572&lang=en#safety）。

(66) ゴールデンライスおよび人道主義委員会ホームページ（http://www.goldenrice.org/Content3-Why/why3_FAQ.php）。

(67) 国際イネ研究所（ＩＲＲＩ）ホームページ（http://www.irri.org/index.php?option=com_k2&view=item&id=12657&lang=en）。

(68) 国際イネ研究所（ＩＲＲＩ）ホームページ（http://www.irri.org/index.php?option=com_k2&view=item&id=10245&Itemid=100574&lang=en）。

(69) 注（1）に同じ。

(70) 秋山博子（二〇一一）「農耕地土壌から発生する亜酸化窒素と削減技術の評価」『農業と環境』一三三号（http://www.niaes.affrc.go.jp/magazine/pdf/mgzn13302(1).pdf）。

(71) モンサント・カンパニーホームページ「二〇一三年　研究開発パイプライン」（http://www.monsanto.com/products/Pages/corn-pipeline.aspx）。

(72) 注（1）に同じ。

(73) 『ジャカルタポスト誌』二〇一三年五月二〇日「遺伝子組換えサトウキビプランテーショ

ンの開発が継続」(http://www.thejakartapost.com/news/2013/05/20/development-underway-first-transgenic-sugarcane-plantation.html)。

(74) 注(1)に同じ。

(75) 注(1)に同じ。

(76) 農業協同組合新聞「現場に役立つ農業の基礎知識第一一回」(http://www.jacom.or.jp/series/cat166/2012/cat166120727-17474.php)。

(77) 農業・食品産業技術総合研究機構北海道農業研究センター「大豆を作ろう」北海道暫定版(http://www.naro.affrc.go.jp/org/harc/bean/cultil.htm)。

(78) 日本モンサント株式会社ホームページ「よくある質問Q&A」(http://www.monsanto.co.jp/question/)。

(79) 食品安全委員会「食品安全委員会が収集したハザードに関する主な情報」(二〇一二年一一月一九日)(http://www.fsc.go.jp/fsciis/attachedFile/download?retrievalId=kai20121119sfc&fileId=320)。

(80) エルゼビア社ホームページ「*Food and Chemical Toxicology* に掲載した論文を撤回」(http://www.elsevier.com/about/press-releases/research-and-journals/elsevier-

announces-article-retraction-from-journal-food-and-chemical-toxicology）。

（81）厚生労働省医薬食品局食品安全部「遺伝子組換え食品Ｑ＆Ａ」第九版（http://www.mhlw.go.jp/topics/idenshi/dl/qa.pdf）。

（82）社団法人日本科学飼料協会（二〇〇六）「家畜・家禽に対する遺伝子組換え飼料の給与試験」（http://kashikyo.lin.gr.jp/network/sonota/GMO/GMO.pdf）、坂本義光ほか（二〇〇八）「遺伝子組換え大豆のＦ３４４ラットによる一〇四週間摂取試験」『食品衛生学雑誌』四九巻四号。

（83）日本モンサント株式会社ホームページ「よくある質問Ｑ＆Ａ」（http://www.monsanto.co.jp/question/02/04/）。

（84）環境省バイオセーフティクリアリングハウス「遺伝子組換え生物による影響監視調査」（http://www.bch.biodic.go.jp/natane_1.html）。

（85）日本モンサント株式会社ホームページ「よくある質問Ｑ＆Ａ」（http://www.monsanto.co.jp/question/02/03/）。

（86）注（28）に同じ。

（87）注（28）に同じ。

(88) 日本モンサント株式会社ホームページ「モンサント・カンパニーは『ターミネーター』種子を開発・販売しようとしているのか?」(http://www.monsanto.co.jp/data/for_the_record/terminator_seeds.html)。

(89) 日本モンサント株式会社ホームページ「よくある質問Q&A」(http://www.monsanto.co.jp/question/01/03/)。

(90) 前掲・特定非営利活動法人国際生命科学研究機構(ILSI-Japan)「遺伝子組換え食品を理解するII」、農薬工業会「農薬Q&A」(http://www.jcpa.or.jp/qa/a3_09.html)。

(91) 農林水産省食料産業局「第一回植物新品種の保護・活用に関する懇談会会議資料　平成一九年改正法における改正事項について」(http://www.maff.go.jp/j/study/shokbutu_hogo/01/pdf/data3.pdf)。

(92) 独立行政法人種苗管理センター「品種保護活用対策」(http://www.ncss.go.jp/main/gyomu/hinsyuhogo/hinsyuhogo.html)。

(93) モンサント・カンパニーホームページ「米国種子産業の競争に関する観察」(http://www.monsanto.com/newsviews/pages/monsanto-submission-doj.aspx#ib)。

(94) 日本モンサント株式会社ホームページ「よくある質問Q&A」(http://www.monsanto.

co.jp/question/04/02/）、「モンサント・カンパニーはなぜ、自家採種する農業生産者を訴えるのか」（http://www.monsanto.co.jp/data/for_the_record/why_does_monsanto_sue.html）、「モンサント・カンパニーと農業生産者の訴訟に関する情報」（http://www.monsanto.co.jp/data/for_the_record/follow-up_to_monsanto_farmer_lawsuits.html）。

（95）日本モンサント株式会社ホームページ「よくある質問Ｑ＆Ａ」（http://www.monsanto.co.jp/question/04/04/）。

（96）注（95）に同じ。

（97）注（46）に同じ。

（98）日本モンサント株式会社ホームページ「よくある質問Ｑ＆Ａ」（http://www.monsanto.co.jp/question/04/06/）。

（99）佐々義子（二〇〇七）「自治体などの遺伝子組換え農作物栽培に対する規制の動向」『農林水産技術研究ジャーナル』三〇巻九号（http://www.jataff.jp/books/order/journal/yousi/3009.htm#6）。

（100）『朝日新聞』二〇一三年一一月二三日「食品の安全基準変えず　ＴＰＰ並行協議で日米合意」（http://www.asahi.com/articles/TKY201311220572.html）。

(101) 注(100)に同じ。

(102) 外務省「二〇一三年米国通商代表(USTR)外国貿易障壁報告書」(www.mofa.go.jp/mofaj/gaiko/tpp/pdfs/tpp20130404.pdf)。

(103) 内閣官房TPP対策本部(http://www.cas.go.jp/jp/tpp/q&a.html)。

(104) 前掲・農林水産省食品表示問題懇談会食品部会(一九九九年八月一〇日)参照。

(105) 財務省貿易統計『実行関税率表』二〇一二年一月版「第二部　植物性生産品:第一〇類　穀物」(http://www.customs.go.jp/tariff/2012_1/data/i201201j_10.htm)、「第二部　植物性生産品:第一二類　採油用の種及び果実、各種の種及び果実、工業用又は医薬用の植物並びにわら及び飼料用植物」(http://www.customs.go.jp/tariff/2012_1/data/i201201j_12.htm)。

(106) 佐々義子(二〇一三)「遺伝子組み換え作物を巡る国内の最近の動き」『日経バイオ年鑑二〇一三』日経BP社。

(107) 日本モンサント株式会社「夏の遺伝子組み換え作物見学会」のブログ(http://monsanto-hojo.blogspot.jp/2013/06/blog-post_3.html)。

(108) cloud9science「モンサント試験ほ場一般公開に行ってきた」(http://d.hatena.ne.jp/

yu-kubo/20130831/p1)、Before C/Anno D「モンサント社の遺伝子組み換え作物デモ試験圃場を見学してきた」(http://ashes.way-nifty.com/bcad/2013/08/post-28ee.html)、食の安全情報blog「おとなの社会科見学　のぎ茶会・野点　報告編」(http://d.hatena.ne.jp/ohira-y/20130817/1376722852)、ほんものの食べもの日記ｐａｒｔⅡ(http://hontabe.blog6.fc2.com/blog-entry-281.html)。

第3章　流通とマーケティングを支える穀物メジャー

——国際流通からのメッセージ——

茅野信行

茅野信行

（ちの　のぶゆき）

1949年，長野県生まれ。
コンチネンタルライス代表。
國學院大學経済学部教授（経営戦略，
ビジネス・リスク・マネジメント担当）。

1972年，中央大学商学部卒業。76年，中央大学大学院商学研究科修士課程修了。穀物メジャーのコンチネンタル・グレイン・カンパニー入社。78～81年，香港・タイ・シンガポール駐在。82年，東京支社勤務。84年，ニューヨーク本社，特別研修。88年，コモディー・トレーディング・マネジャー就任。2007年より國學院大學，現職。著書に『東西冷戦終結後の世界穀物市場』（中央大学出版部，2013年）他論文多数。

---

1 「穀物メジャー」とはなにか

穀物メジャー誕生の歴史

穀物メジャーの歴史は古い。その誕生のきっかけになったのはパン食の普及だった。パン食がヨーロッパですべての階層の人々にまで普及したのは、時まさに「革命の時代」であった。一七八九年のフランスの暴動（フランス革命）は連年の凶作でパンが不足し、値上がりした土地で始まり、その結果、パンの値段が引き下げられた。つまり小麦の供給が十分であることが社会秩序と政治の安定にとって必要条件になった。大きな都市や都市近郊の町には余剰穀物に頼るしかすべのない民衆が大勢いた。しかし余剰穀物ははるか遠方の生産地にしかないのが普通であった。一九世紀に入って国際的な穀物取引が急増した背景には、こうした社会的、政治的な要請があったのである。

一八四六年にイギリスの穀物法が廃止されたことで、世界は大きく変化した。穀物法は一八一五年に制定され、その目的は穀物輸入を関税によって制限する地主保護の重要立法であった。そのため割高な穀物に苦しむ労働者や、労働者に高賃金を払うため製品輸出に不利になる中流ブルジョワジーの攻撃の的となった。リチャード・コブデンやジョン・ブライトなどの反穀物法同盟の努力の結果、一八四六年に穀物法は廃止された。これによってイギリスは保護貿易制度を改め、世界の小麦に対しその門戸を開放した。そして海を越えて広大な領土（アメリカ）に植民するきっかけが生まれた。新たな海上ルートで、近代的な通商帝国として、国際貿易を行うための条件が整えられたのである。

この貿易の新しい支配者の多くがライン川に沿ってスイスやマルセイユへと延びる西ヨーロッパの細長い帯状の地域に育ったのには理由があった。ライン川はヨーロッパの商業の大動脈である。北にはアントワープやロッテルダムという大西洋へ通じる良港があった。この川沿いの商人、仲買人、穀物倉庫業者、海運業者たちがデュイスブルク、マンハイム、バーゼル、その他の商業中心地で活躍した。小麦粉や小麦を積んだハシケが川を上ったり、下ったりしていた。その支流のマイン川はヨーロッパの南東部に、ドナウ川の都市ウィーンやブダペストを経て、南東ヨーロッパの小麦畑へと達していた。ライン川とその周辺地域に、多数の商人が誕生したのは当然であった。

通商の要衝地で

世界の穀物市場を支配している五大企業のうち三つが一九世紀の後半に、この通商の要衝地域で成長した。フランス領ロレーヌ地方のフリボーグ家、アルザス地方のドレファス家、アントワープのバンゲ家はみな穀物取引に手を染めていた。四番目の王朝もその後まもなく誕生した。ジョルジュ・アンドレは一八七七年スイスの小さな山村を出て、ニヨンで穀物業を始めた。バンゲは一八一八年に創業したが、一八五〇年チャールズ・バンゲがアムステルダムからアントワープへ本社を移した頃には、彼の会社はオランダの海外植民地からのゴムや皮や香料を扱っていた。その息子のエドゥワルドとエルネスト兄弟は、一八七六年に弟のエルネストがブエノスアイレスへ移住して事業を広げ、またたく間に大西洋を股にかけた大商業帝国を作り上げた。

一方、アメリカではフランス人技師エドマン・ラクロアの助けを得て新しい製粉技術が開発され、小麦粉製粉が盛んになっていた。ラクロアのシステムは軽く空気を吹き付けた上に篩いを移動させ、きれいな軽い粉を舞いあがらせ、より重い不純物を底部へ払い落とすシステムだった。この空気分離システムはその後さらに改良を加えられ、いまなおアメリカの製粉会社で使われている。

たとえばアメリカのミネアポリスで製粉業がいかに急成長したかは、次の数字を見れば明らかである。この地での粉の生産量は一八七五年の八五万バレルから、一八八五年には五〇〇〇万バレルへ増加した。このころまでに製粉技術の改良と、小麦栽培の急速な拡大と、鉄道の普及とのおかげで、製粉業が中西部でもっとも利潤の大きいビジネスになっていた。

アメリカでは一八六九年に大陸横断鉄道が完成し、一八八〇年頃には現在の全国路線網がほぼ出来上がった。一八六一年には、鉄道に先駆けて電信回線がカリフォルニアに到達していた。電信は鉄道の運行管理にさっそく利用されたほか、商業取引に活用されて、広大な国内の遠隔地取引を瞬時に可能ならしめた。鉄道と並んで電信の建設が進んだことも国土の広いアメリカにとって重要な経済基盤（インフラストラクチャー）の建設だったといえる。

一八六五年ウィル・カーギルがアイオワ州コノーバーで小さな穀物倉庫の株を買って、穀物商売を始めた。世界の穀物倉庫王と呼ばれたフランク・ピービィは一八六五年にミネアポリスに本社を設立した。こうして伝統的な穀物メジャーのすべてが一九世紀後半までに出揃った。

しかし、穀物メジャーはその後一九七二年にソ連が大量のアメリカ産穀物を購入するまで表舞台には登場しなかった。彼らはひっそりと、目立たぬように、しかし着実に事業を拡大していったのである。

穀物メジャーと戦後日本

穀物輸出事業は激しい競争に明け暮れる「薄利多売」のビジネスである。その事業の本質は、アメリカの対ソ穀物大量輸出が一九七二年七月に開始されて以来四〇年を経た今日も、少しも変わっていない。

多国籍穀物商社である穀物メジャーが将来の市場として期待を寄せる日本（東京）に支店を開いたのは、第二次世界大戦後の一九四七〜四八年（昭和二二〜二三年）のことだ。コンチネンタル・グレイン・カンパニー、カーギル（九九年、コンチネンタルを買収）、バンゲ、ガーナック（スイス、アンドレのアメリカ子会社）、ドレファスなどが日本へ進出してきた。七〇年代にはクック・インダストリーズがこれに加わったが、八〇年に撤退。その後を継いでＡＤＭ（アーチャー・ダニエルズ・ミッドランド）が東京に進出した。さらに八〇年代の終わり、アメリカの名門ピービィ・グレインが参入した（ピービィは八三年、小麦製粉大手コナグラに吸収され、その後二〇〇八年、ガビロンに改組。さらに一三年、日本の丸紅に買収された）。これを見ただけでも、穀物メジャーの顔ぶれが目まぐるしく変わっていることがわかる。

周知のように、日本経済は一九五〇年代半ばから七〇年代初めにかけて、平均して一〇パーセントもの成長を経験した。この目覚ましい高度成長は明らかに戦後の所産である。六一年、日本の人口は九〇〇〇万人を突破した。同年、経済白書は「もはや戦後ではない」と宣言するまでになった。六四年一〇月一日、東海道新幹線が開業し、一〇日には東京オリンピックが開催された。六七年、人口は一億人を突破した。六九年五月には、東名高速道路が全線開通した。

こうした中、六七年（昭和四二年）に日本のコメ生産は一四四五万トンと史上最高を記録し、六九年まで一四〇〇万トンの大台を維持した。ここへきてコメの生産過剰が深刻になり、七〇年（昭和四五年）からコメの減反政策が開始された。この七〇年代の終わりに日本経済では「三つの一〇〇〇万トン」が達成されている。その三つとは、コメの生産高、魚獲量、トウモロコシ輸入である。七八年（昭和五三年）にはコメの生産は一二五九万トン、漁獲量は一〇八三万トン、トウモロコシ輸入は一〇五三万トンになっていた。

食習慣の変化

その後、コメ離れが加速した。コメ需要が落ち込んだきり、元へ戻らなくなったのだ。コメ生産高は二〇一〇年、とうとう八四八万トンへ落ち込んだ。また漁獲量も一〇年に五三四万トンへ減少した。これに対し、七〇年のトウモロコシ輸入はわずか六〇二万トンに過ぎなかった。このトウモロコシが加工され、一五〇八万トンの配・混合飼料が生産された。それから九年後の七八年、トウモロコシ輸入は一〇〇〇万トンを突破し、配合・混合飼料の生産は二一〇七万トンへ増加した。さらに八八年、トウモロコシ輸入は一六五五万トンへ伸び、配・混合飼料生産は二六四四万トンへ拡大した。

この変化は日本の食習慣の欧風化を反映していた。日本人が以前に比べ、ずっと多くの油脂類を摂取し、鶏肉や豚肉や牛肉を食べ、乳製品を摂るようになったのだ。この食様式の変化は、海外、とくにアメリカから安い飼料穀物を輸入し、大規模経営の畜産を行うことによって可能になった。そして「アメリカ＝作る人、日本＝買う人」という役割分担ができあがった。

巨大穀物商社の機能

穀物メジャーには巨大穀物商社という別名がある。その名前から想像されるように、穀物メジャーは世界中の輸入国や企業へ穀物を販売している。その主要な機能は以下のようである。

① 穀物メジャーとは圧倒的な生産力を持つアメリカの産地から、食糧を求める世界中の国々へ、合理的な価格で大量にしかも迅速に送り届ける能力を競い合っている流通業者である。

② 穀物メジャーとは垂直的（購入から販売まで）に、また水平的（多様な事業分野へ進出）に広がっている装置産業である。

③ 穀物メジャーは自分たちの利益が非イデオロギー的、非国家主義的世界——規則に縛られず、自由に取引ができる世界——にあることを心得ている。この無国籍性こそ穀物メジャーの特徴である。

穀物メジャーについて論ずるには、時計の針を逆回転させ、時間を一九六〇年代初めに戻さなければならない。当時、東西両陣営の軍事的対立は、北大西洋条約機構（ＮＡＴＯ）対ワルシャワ条約機構軍という形で顕在化した。東側の盟主ソ連の衛星国になった東ヨーロッパ諸国が、モスクワの号令によって団結して行動する姿を見せつけられた西側諸国は恐怖心を抱かざるを得なかった。

六二年一〇月、キューバ危機が起こり、米ソは核戦争一歩手前まで突き進んだ。キューバ危機は最終的に「アメリカがキューバを攻撃しないと約束するなら、ソ連はキューバからミサイルを撤去する」という形で決着がつけられた。この決着はあくまで表向きのことで、アメリカ大統領ケネディはソ連首相フルシチョフと談判し、密かに、アメリカがトルコから核ミサイルを撤去することを約束していた。交渉が決裂しなかったのは、ケネディとフルシチョフが互いの人格を認めていたからである。一触即発の危機をはらみながらも、東西融和（デタント）は着実に進んでいった。

七二年七月、穀物メジャーは隠密裏に対ソ穀物大量輸出を行った。その先陣を切ったのはコンチネンタル・グレインであった。コンチネンタル・グレインはキューバ危機直後の六三年と六五年にソ連へ小麦を輸出した。六三年に結ばれた輸出契約は、同年一一月二二日にケネディが暗殺されたため、六四年になってから船積みされた。この契約が締結されてから、コンチネンタルとソ連の穀物輸出入公団との関係がさらに親密になった。七二年の対ソ穀物大量輸出は一回の輸出契約としては史上最大であった。当時、穀物メジャーは「穀物価格を吊り上げている」との理由で、市民運動からのいわれなき非難を受けた。このような非難は穀物メジャーを悔しがらせたが、その最大の理由は穀物事業の実態が部外者に理解されていないことにあった。その後、穀物事業の実態が明らかになるにつれて、いわれなき誤解は姿を消していった。

一九七二年の米ソ穀物取引の真相を克明に、しかも興味深く記述したのは、ジェームズ・トレイジャー著の『穀物戦争』(坂下昇訳、東洋経済新報社)である。もう一つ、ダン・モーガン著『巨大穀物商社』(喜多迅鷹・元子訳、日本放送出版協会)も日時や買付数量など細部ではやや違うが、この事件の内幕を明らかにしている。その他、事件後のデータを加えて当時の事件の全貌を再現してみると、次のようなストーリーが展開されたとみてよい。

一九七二年六月二八日、水曜日、ワシントンの豪華なマジソン・ホテルに三名のソ連要人がひそかにチェック・インした。それはソ連穀物公団総裁ニコライ・ベルオーゾフ

(Nikolai Belousov) の一行であった。ベルオーゾフは五〇歳前後の長身やせ型、髪は半ば白く、なまりが少しあるだけで英語が達者であった。同行者の一人はレオニード・カリテンコで穀物公団の幹部、もう一人はソ連貿易省の役人のポール・サクンであった。

ベルオーゾフは、アメリカの大手穀物商社コンチネンタル・グレイン社のマイケル・フライバーグ社長とは親しい仲であった。コンチネンタル社は、一九六三年のソ連不作のときに対ソ穀物契約を結び、それ以来フライバーグはしばしばモスクワを訪れており、一九七一年夏にも地中海のヨット上でベルオーゾフと商談を行ない、大量の穀物商談をまとめたばかりであった。

（石川博友『穀物メジャー――食糧戦略の「陰の支配者」』岩波新書、一九八一年）

穀物メジャーと穀物市場

『週刊ダイヤモンド』の主幹を務めた石川博友は、一九八一年、岩波書店から『穀物メジャー』を上梓した。石川氏はその中で「多くの点で穀物メジャーは石油メジャーに似ている」という。七〇～八〇年代、穀物の「ビッグ五」は、アメリカ国籍のカーギル、コンチネンタル・グレイン、オランダ国籍のバンゲ、フランス国籍のルイ・ドレファス、スイ

図1　カントリー・エレベーター

ス国籍のアンドレから成り立っていた（アメリカ国籍のクック・インダストリーズを加えて、六大穀物メジャーともいわれたが、クックは七八年六月に事実上倒産し、穀物事業から撤退した）。

取り扱う商品は石油と穀物で、ともに現代の有力な戦略物資である。しかも事業形態まで酷似している。石油メジャーはアップストリーム（上流）の産油部門から、ダウンストリーム（下流）の輸送、精製、販売部門まで一貫して支配しているが、穀物メジャーも内陸の産地穀物倉庫（カントリー・エレベーター）、集散地倉庫（ターミナル・エレベーター）、トラック、鉄道貨車、ハシケ、輸出エレベーター（エクスポート・エレベーター）、大型穀物運搬船を所有し、農家から海外の輸入国の消費者へ通じる穀物の〝パイプライン〟を握っている。それだけではない。国内の肉牛飼育、養豚、養鶏業者や穀物加工業者へも大量の穀物を販売している。

　また加工部門にも進出し、小麦を製粉して小麦粉を作り、ダイズからダイズ油やダイズミール（重要なタンパク飼料）を作り、配合飼料を生産している。トウモロコシからは異性化糖（砂糖の代替甘味料）を作っている。これらの加工工場は、穀物の〝精製工場〟といえる。

　石油メジャーと穀物メジャーの違いは、石油メジャーが産油を手掛けているのに対して、穀物メジャーは穀物生産を行わないことである。これは穀物メジャーの弱点ではない。それどころか逆に強みになっている。穀物メジャーは穀物価格の変動、悪天候、政府の農業政策の変更というリスク（損失の発生する可能性）を農家に委ね、穀物の流通と加工に専念して利益を上げる体制を作り上げてきた。

　経営の多角化（一つの企業が多くの事業を行うこと）や多国籍化の点でも、穀物メジャーと石油メジャーは瓜二つである。石油メジャーは石油化学、石炭、ウランから非鉄工業へ事業を広げ、さらに事務機や小売など広く多角化に乗り出している。また海外にも手を伸ばし、数百社の海外子会社を擁して、典型的な多国籍企業へと成長している。他方、五大穀物商社も七二年夏の対ソ穀物大量輸出で脚光を浴びたときには、すでに多角経営企業になっており、また世界の穀倉であるアメリカに強固な地盤を築き、世界中の国々へ穀物配給を行う多国籍企業に発展していた。

石油メジャーのトップ企業エクソンは、世界最大、アメリカ最大の民間企業であり、一九八〇年には一〇三一億ドルの利益をあげ、史上初の一〇〇〇億ドル企業になった。売上高では石油メジャーの足元にも及ばないが、穀物メジャーのトップ企業カーギル、第二位のコンチネンタル・グレインは、七七年には売上高がそれぞれ一一八億七九〇〇万ドル、七二億六一〇〇万ドルと推定され、米誌『ダンズ・レビュー』（一九七八年九月号）に掲載された「アメリカの四〇大個人企業（株式非公開会社）ランキング」で、それぞれ一位、二位を占めていた。

このころのアメリカの穀物輸出は、世界穀物輸出の六〇パーセントを占めていたが、このアメリカの穀物輸出量の半分は、カーギルとコンチネンタルの二社が扱っていた。またバンゲ、ドレファス、アンドレ（ガーナック）を加えた五大穀物商社が、アメリカの穀物輸出全体の約八五パーセントを占めていた。

またアメリカでは穀物メジャーのほか、農家の出資する穀物農協があり、穀物流通を行っている。代表的な穀物農協はセネックス・ハーベスト・ステーツである。その売上高は四〇五億九九三〇万ドル、純利益は一二億六〇六〇万ドルで、アメリカ上位五〇〇社ランキング（二〇一二年）の六九位に位置している。その規模は「穀物メジャー級」といってもよい。

穀物メジャーの強み

前に述べたように、穀物メジャーは穀物の生産を手掛けていない。生産と流通が分離されていること、つまり生産を手掛けていないことは、かえって、メジャーの強みになっている。穀物価格の下落、天候不順、農業政策の変更にともなうリスクは、すべて農家が負う。穀物メジャーは直接の生産過程から一歩退いているため、価格が上がろうが下がろうが、利益を得られる仕組みになっている。

では、いったい誰が価格リスクを負っているのだろうか。それは穀物のパイプラインの両端に位置する「農家」と「加工業者」である。穀物が値上がりすれば、農家の所得は増える。しかし、加工業者の原料調達コストは上昇する。すなわち、穀物の値上がりは農家に利益をもたらすが、他方で、加工業者の不利益になる。また穀物が値下がりすれば、農家の所得は減るが、加工業者の調達コストは安上がりになる。このように、農家の利益と

メジャーの概要

丸紅（ガビロン）	バンゲ	ルイ・ドレファス
ネブラスカ州 オマハ	ニューヨーク市 ホワイトプレーンズ	コネチカット州 ウィルトン
N.A.	N.A.	N.A.
1260億ドル (3)	609億9100万ドル (4)	571億4000万ドル (5)
1900人 (3)	3万5000人 (4)	1万5000人 (5)
N.A.	3600万ドル (4)	10億9600万ドル (5)
1874年，F.H. Peavy & Company として設立される。 1983年，ConAgra Foods に買収される。 2000年，ConAgra Foods, Inc. に社名変更。 2008年，ロジスティック部門を分離・独立させ，Gavilon, LLC へ社名変更。 2013年，日本の商社の丸紅が穀物部門を買収する。	1818年，ヨハン・バンゲがオランダのアムステルダムに設立。 1859年，アントワープへ本社を移転してから急成長を遂げる。 1905年，アルゼンチン，ブエノスアイレスへ再移転する。 1923年，Bunge North American Corp. として法人化。 1943年，現在の社名に変更。 2001年，ニューヨーク証券取引所へ上場。	1865年，ルイ・ドレファス家の経営する企業として発足。 1916年，仏企業 Louis Dreyfus & Cie のニューヨーク支店として発足。 1957年，現在の社名に変更。 ヨーロッパならびにロシアの穀物取引の巨人。
アメリカ製粉大手。 冷凍食品，食肉事業にも進出。	南米最大の大豆搾油会社。 アメリカでも第三位の大豆搾油会社。 南米では肥料，種子なども販売。	船舶部門に強み。ブラジルで大豆搾油会社アンダーソン・クレイトン社を買収。 ブラジルで柑橘ジュース事業を拡大。 現在，柑橘ジュースの世界シェア15%を占める。 綿花取引の雄。
食品，食肉事業の国際化を進めている。	40カ国で事業展開している。	海外穀物販売拠点を整理縮小。
1983年，穀物取引の名門ピービィ・グレイン社を買収。 2003年以降，採算難に陥った穀物事業を縮小している。 2005年，ニューオリンズの輸出エレベーターをADMに売却。 ガビロンは少数の株主が株式を所有する非公開会社。	1996年以降，小麦事業を縮小。 大豆事業に特化している。 1997年，ブラジル大豆搾油最大手セバール社買収。	2004年，本社穀物部門のダウンサイジングに着手。

表１　５大穀物

	ADM	カーギル
本　社	イリノイ州 ディケーター	ミネソタ州 ミネアポリス
資　産	185億9810万ドル [1]	N.A.
売上高	890億3800万ドル [1]	1367億ドル [2]
従業員	3万人 [1]	14万人 [2]
純利益	12億2300万ドル [1]	23億1000万ドル [2]
設立の経緯	1902年，The Daniels Linseed Company 設立。 1905年，商号を Archar Daniels Midland Company に変更。 1924年，ニューヨーク証券取引所に上場。	1865年，W. W. Cargill アイオワ州コノーバーに穀物倉庫を建設し，開業。 1936年，傘下７社を統合，Cargill, Inc. として発足。
特　色	アメリカでエタノール最大手，大豆搾油最大手，小麦製粉。	穀物メジャーの中でもっとも多角化が進んでいる。 穀物エレベーター建設でも先発。
企業群	ドイツのハンブルグで大型大豆搾油工場を操業。 中国で大豆搾油事業展開。	65カ国で事業を展開。
その他	1986年，グローマーク，1987年，ファームランドの地域穀物農協を買収，合併。 1981年，ＦＥＣのエイマ輸出エレベーターを取得。 ドイツの穀物商 A.C.Toefer に80%を出資。 パームオイルのウィルマーの株式16%を所有。	1999年7月，コンチネンタル・グレイン・カンパニーの穀物事業を買収。 2005年，アルゼンチン，ブラジル，中国，ウクライナで搾油事業開始。 同年，ブラジルの代表的な養鶏・養豚企業セアラ社買収。

出典：(1) Fortune, May 20, 2013, Volume 167, Number 7
(2) Cargill 2013 Annual Report, Aug 20, 2013
(3) Gavilon Homepage, 2011年
(4) Bunge 2012 Annual Report
(5) Louis Dreyfus Commodity Group, 2012 Financial Highlights. 茅野信行(2006)『〔改訂版〕アメリカの穀物輸出と穀物メジャーの発展』中央大学出版部，270頁

加工業者の不利益、あるいは農家の不利益との加工業者の利益は、正反対になる。
穀物メジャーはアメリカに本拠地を置いている。アメリカは世界最大の穀物輸出国だからである。現在、メジャーの中には、アメリカの穀物輸出の三五パーセントを取り扱う巨人カーギルをはじめ、エタノール製造最大手のADM、製油最大手のバンゲ、日本の丸紅が買収したガビロン、フランス系のルイ・ドレファスがある。穀物メジャーの取扱量は世界の穀物輸出の四分の三を占めると推定されている。

アメリカは八一年、八二年と、第二次世界大戦後最悪の農業不況に突入した。しかし穀物メジャーは不況で経営が苦しくなった企業を買収し、集荷網と販売網を拡大していった。彼らは他方で経営の多角化を推し進めた。経営多角化とは一つの企業が多数の事業を行うことである。穀物メジャー各社は価格変動の影響を受けやすく、マージンの薄い穀物事業の弱点を補うため、製油、エタノール製造、飼料、畜産、ジュース、綿花、工業塩、肥料などの分野へ積極的に進出した。穀物相場の思いがけぬ変動によって企業業績が影響を受けることがないよう、経営安定を図ったのである。こうしておけば穀物事業から得られる利益が減少しても、他の事業の生み出す利益で埋め合わせがつけられるからである。

穀物メジャーを取り巻く企業環境は、代替燃料のエタノールを増産するために大量のトウモロコシが使用されるようになって、劇的に変化した。これまで彼らの中核事業であった「飼料と食糧と輸出（feed, food, and export ＝ 二つのFと一つのE）」が「飼料と食糧と燃料と輸出（feed, food, fuel, and export ＝ 三つのFと一つのE）」へ拡大したのだ。企業環境が変われば、環境変化に迅速に適応するため、企業は戦略を転換しなければならない。この変化に積極的に対応したのがＡＤＭであった。これとは逆に、カーギルはどちらかといえば消極的に対応したのみであった。カーギルは経験によって補助金政策というものは長続きしないことを理解していたからではないか、と想像する（ＡＤＭは、たとえ短期間でも補助金がもらえるのならもらった方が得、との考え方をしたようである）。このことは、穀物事業の本質は地道にヘッジング（価格変動による損失回避策）を行い、薄い流通マージンを手堅く稼ぐことにあり、一攫千金を狙うものではないことを示している。

非イデオロギー性と無国籍性

それなら穀物流通の担い手である穀物メジャーの強みは何か。それは穀物メジャーの非イデオロギー性と無国籍性である。つまり穀物メジャーは代金を支払ってくれる顧客となら、それが共産主義国であろうと資本主義国だろうと気にかけず、誰とでも喜んで取引する。先述の、七二年七月、コンチネンタル・グレインがソ連との間で大量のアメリカ産トウモロコシと小麦の輸出契約を結んだのは、その一例である。

東西冷戦の下では、東側の盟主であるソ連に西側のリーダーであるアメリカが穀物を売却することなど考えられなかった。というのは、食うに困っているソ連を助けることになるからだ。すなわちソ連向けの穀物輸出は「利敵行為」と考えられたのである。

一九八〇年一月、アメリカ大統領ジミー・カーターが対ソ穀物輸出を禁止したときは、永世中立国スイスにある子会社（コンチネンタルはフィナグレイン、カーギルはトレーダックス）を使い、アルゼンチン、カナダ、オーストラリア、欧州共同体（ＥＣ）から、トウモロコシや小麦を調達し販売した。穀物メジャーはアメリカが穀物輸出を停止しても、顧客が望むのであればアメリカ以外の国から穀物を調達し輸出することも躊躇しない。

かつてニューヨーク・タイムズの記者であったダン・モーガンは『巨大穀物商社（Grain Merchants）』の中で、「穀物メジャーは自分たちの利益が非イデオロギー的、非国家主義的世界――規則に縛られず、自由に取引ができる世界――にあることを心得ている。この無国籍性こそ穀物メジャーの特徴である」と述べているが、この無国籍性が穀物メジャーの強みになっている。

2　穀物事業の本質

中核的事業

穀物メジャーの担っている重要な仕事は穀物のマーケティングと流通である。メジャーの所有する輸出エレベーターへ集められる小口の農産物の品質は、それを栽培する農家ごとに違っている。低品質の穀物であっても、それ相応の価格で農家から引き取らなければならない。小口の貨物をブレンドして均一の品質の商品に仕上げるのが輸出エレベーターの役割である。だから穀物が円滑に流通するし、農家も安心して穀物の栽培ができる。もちろん遺伝子組換えトウモロコシやダイズも穀物メジャーを経由して、世界中の輸出国へ流れていく。

遺伝子組換えのテクノロジーを活用して、穀物の種子を研究・開発し、新しい種子を農家へ販売するところまでは種子会社の仕事であり、種子を選んで作付けするところから始めて、これを育て収穫して、生産地エレベーターへ販売するまでは農家の仕事である。また、農家から穀物を買い付けて大口の貨物に仕立て、それをソ連や中国やエジプトやブラジルなどの輸入国へ販売するのは穀物メジャーの仕事である。

穀物メジャーの中核的事業は穀物輸入国へ大量の穀物を輸出することに置かれている。その利益の源泉はライン（系列）エレベーターのマージン（手数料）収入と、輸出エレベーターのフォビング（積み替え）収入である。

穀物メジャーの果たしている役割は、以下のようなものである。

① 産者から小口の穀物を集荷し、倉庫に保管する。
② これらをまとめて大口で均一のグレード（等級）に仕上げる。
③ 均一のグレードの穀物を大量に輸送し、輸送コストを削減する。
④ 年間を通して穀物を国際市場へ競争力のある価格で販売する。
⑤ 輸入国の需要動向や市場環境の変化を探索し、穀物の流通を合理的に調整する。

このことによって世界中の消費者に彼らが必要とする穀物を供給する。

しかしながら、穀物メジャーが穀物事業から高収益を得るには三つの条件が必要である。その条件とは、第一に穀物の生産高が多い、第二に国内需要が旺盛である、第三に輸出が好調である、ことである。アメリカの穀物相場は輸出の好調に敏感に反応するから、これらの条件が満たされるときは、穀物価格は高水準で推移し、エレベーターの稼働率は上がり、その結果、収入が増えるのである。しかし、これらの条件が揃うことは「まれ」である。最近の例では、一九九六年から九七年にかけてと、二〇〇七年から〇八年にかけての二回あっただけである。

穀物メジャーの利益率が高い年は、その輸出事業がきまって好調で、収益が上がっている。たとえば穀物メジャーの〇七年の決算が好調で、純利益が高い伸びを示したのは、とくに小麦のフォビング・マージン（積み替え手数料）が値上がりし、上述の三条件が揃ったことが大きい。

というのも、第一にアメリカで小麦とトウモロコシが豊作になった。第二にエタノール政策が導入されたおかげでトウモロコシの国内需要が急増した。第三にユーロ高と不作による価格上昇で欧州連合産の小麦は競争力を失ったが、アメリカでは小麦が増産になった。これに加えて、ドル安も輸出拡大の「追い風」となった。

穀物メジャーも内心ではおそらく、アメリカの穀物が不作になって輸出余力がなくなること、エタノール政策の導入によってトウモロコシが値上がりし、価格競争力を失って輸出の妨げになることの二つの事態が、同時に起こらないことを願っていると思う。

アメリカでエタノール向けトウモロコシの使用量が急増し、最大の需要項目である飼料需要に並び、その結果、輸出余力が急減したらどうなるか。輸出エレベーターを経由するトウモロコシが激減するかもしれない。万が一、そんなことが起これば輸出ができなくなる。アメリカ産穀物の国際市場における競争優位性が失われ、穀物メジャーは重要な収入源をなくす。海外の輸入国へ輸出ができなくなれば、アメリカは穀物のレジデュアル・サプライヤー（供給の最後の依り所）の座を他国に譲り、表舞台から降りなければならない。そうなればアメリカの国益が損なわれる。

穀物メジャーが穀物事業を危険にさらすようなエタノール政策とエタノール産業の急成長に危惧を抱くのは当然である。とくにカーギルはその傾向が強い。なぜなら、カーギルはかつての強力なライバル、コンチネンタル・グレイン・カンパニー（コンチネンタル・グレイン・カンパニーは九八年一一月に、その穀物事業をカーギルへ売却することで合意した。この売却は翌九九年七月に司法省から認可された）とともに、七三年、七五年、八〇年の前後三回の穀物輸出停止という歴史の荒波を乗り越えてきた経験があるからである。

他方、ＡＤＭは本格的に輸出事業にかかわりだしてから、まだ日が浅い。ＡＤＭが本格的に輸出事業に手を染めたのは八一、八二年の戦後最悪の農業不況が終わった八五年以降のことだからである。つまりＡＤＭには穀物禁輸にともなう大混乱の経験はない。カーギルがエタノール政策から一定の距離を置いているのに対し、ＡＤＭがエタノール政策のもたらした事業機会を積極的に獲得しようとするのも、これまでの経験から貴重な教訓を学びとっているかどうかの違いにあると考えられる。

アメリカ政府が、近い将来、国益か政治的利益のどちらか一方を選択することを迫られた場合、どうするか。もちろん国益を最優先する。なぜなら穀物輸出とバイオ燃料の消費拡大を天秤にかければ、代替品のある石油とは異なり、代替品のない食糧の方がはるかに重要だからである。米国政府がどのような選択をしようと、穀物メジャーは政府の選択の結果もたらされる企業環境の変化に迅速に適応し、成長を続けなければならない。穀物取引の本質は、繰り返しになるが、世界中の輸出国で大量の穀物を集荷し、それをもっとも競争力のある価格で提供することにあるからである。

かつて、カーギルで飼料穀物の取引に携わり、その後、農務次官に転じたダニエル・アムスタッツは「穀物商社はいついかなる場合でも穀物を動かしてマージンをかき集めなければならない宿命にある。だから政府による輸出規制は、穀物商社にとって最大の敵なのだ」（日本経済新聞社編『先物王国シカゴ』日本経済新聞社、一九八三年）という。

穀物メジャーの類型

穀物メジャーには会社設立の経緯や事業の発展過程に際立った特徴がある。これを整理すると、①伝統商人型、②加工業者型、③生産者団体（穀物農協）型、④異業種参入型の四類型に大別することができる。

二〇一四年現在の穀物市場でしのぎを削っているのは伝統商人型、加工業者型の穀物メジャーが中心であり、そこへ生産者団体型が加わる形になっている。

①の伝統商人型のメジャーには、カーギル、バンゲ、ドレファスがある。これらの会社は穀物事業を目的に設立されていた。その揺籃期には集荷エレベーターを建設したり、買収したりして事業を拡大した。その後、農業関連事業や穀物加工事業へ進出し、経営多角化を進めてきた。そして中核的事業の穀物事業を、浮沈の多い不安定な事業から、堅実なマージン事業へと変化させてきた。

②の加工業者型のメジャーには、ＡＤＭやコナグラがある。小麦粉製粉やダイズ搾油などの穀物加工会社として発足し、加工事業の拡大に力を注いできた。これらの会社はまず

自社工場へ原料穀物を供給するための集荷網を作り上げた。けれども収穫期を迎えて、新穀（new crop）の穀物が一時期に集中して市場に出回るようになると、集荷した穀物を自社工場ですべて消費することはできなくなる。そうなると、余った穀物を国内で販売したり、輸出に回したりして、穀物集荷網の稼働率を高める必要がある。加工業者型の穀物メジャーの中核的事業は食品加工にあり、事業も発展しているが、その穀物集荷能力や輸送能力は、伝統的な穀物メジャーを凌ぐまでになっている。

コナグラは一九八三年、穀物業界の名門ピービィ・グレインを買収し、穀物事業に乗り出した。その後、〇八年になって小麦粉製粉、冷凍食品・食肉加工事業へ経営資源を集中するため穀物事業を分離・独立させガビロンへと改組した。このガビロンは一三年に日本の総合商社丸紅に買収された。

③の生産者団体型の準メジャーには、セネックス・ハーベスト・ステーツがある。この会社はいわば「メジャー級」の規模を持つ、地域農協を母体とする穀物商社である。セネックス・ハーベスト・ステーツはその生産力と強力な集荷力を背景に、国内販売の一大勢力となっていた。また一九九〇年代から穀物輸出事業の海外展開を積極的に推進してきた。メキシコにダイズ搾油工場を建設し、ブラジルにダイズ農場を取得した。それだけでなく、

旧ソ連の穀物事業も手掛けるようになった。

生産者団体が一九六六年に設立した輸出会社のＦＥＣ（ファーマーズ・エクスポート・カンパニー）は、「農民の作ったものは、農民の手で輸出を」というスローガンを掲げ、中西部の六つの農協が旗揚げした。参加農協の数はその後十二にまで増えた。ファーマーコ（カンザス州）、アグリインダストリー（アイオワ州）、ＧＴＡ（ファーマーズ・ユニオン・グレーン・ターミナル・アソーシエイション（ミネソタ州）の三大農協も大同団結した。

ところが米国政府の実施した「一九八〇年一月の対ソ穀物禁輸」がＦＥＣの倒産の原因となった。低調な輸出需要も間もなく上向いてくるとの読みが大きな誤りだったと知るのは、一二月の大暴落の打撃を受けた後のことだった。ＦＥＣはこの穀物相場の暴落を切り抜けることができず倒産に追い込まれた。八〇年一二月の三週間に発生した損失は四〇〇〇万ドル。創立後わずか一五年後のことであった。この倒産劇は「一九八〇年一二月の惨劇」と呼ばれ、穀物業界ではなお生々しい記憶（living memory）となっている。

④の異業種参入型のメジャーには、クック・インダストリーズがあった。しかし、クックは一九七六年、石油会社のオーナーであった「投機家バンカー・ハント」とのダイズの仕手戦に敗れて七七年五月の会計年度だけで九〇〇〇万ドルもの赤字を計上した。クック

は六〇〇〇万ドルの負債を抱えて銀行管理となり、すべてのエレベーターと本社オフィスまでを日本の総合商社三井物産に売却して穀物事業から撤退した。クックの撤退を機に、異業種参入型の穀物メジャーはその歴史的使命を終えた。

穀物輸出事業とリスク・マネジメント

アメリカ中西部の穀倉地帯は「世界のパン籠」と呼ばれるが、この地域で生産された穀物（代表的なものは小麦、トウモロコシ、ダイズである）は、通常、農家→カントリー・エレベーター→ターミナル・エレベーター→エクスポート・エレベーターという経路をたどり、ルイジアナ州ニューオーリンズの輸出施設から大型の本船に積み込まれる。あるいは、カントリー・エレベーターが河岸にあるときは集荷された穀物は直接ハシケに積み込まれ、タグボートに押されてミシシッピ川を南下する。ニューオーリンズのエクスポート・エレベーターに到着すると、穀物はハシケから降ろされ、本船に積み込まれる（積み込みには五日ほどかかる）。

そこから日本まで、パナマ運河を経由して、およそ三三日の航海をする。日本に到着してから一四日をかけて貨物を降ろす。このようにアメリカ産穀物はカントリー・エレベー

図2　穀物を運搬する船（上）とハシケ（下）

ターを出てから六〇日以上かけて、太平洋を渡ってくる。これが日本の生命線（ライフ・ライン）を支えている。

　世界の穀物輸出の担い手は「縁の下の力持ち」の巨大穀物商社、つまり穀物メジャーと呼ばれる。メジャーは圧倒的な生産力を持つアメリカから、穀物を必要としている多くの輸入国へ、その穀物を競争力のある価格で、大量かつ迅速に供給する能力を競い合っている。穀物の大量取引に成功するには輸入国の求めに応じて、穀物の数量を揃え、競争力のある価格を提示すること、そして他社に先んじて商談を開始する必要がある。これは穀物取引の秘訣といってよい。

　そこで穀物メジャーは大量集荷した穀物に価格下落に対する保険を掛ける。つまり安全策として現物の穀物の購入量に等しい量の定期ものを売り、価格リスクを回避する作業を日々地道に実行する。このように現物価格の変動、すなわち下落や上昇によって生じる損失を避けるため（最小化するため）、シカゴの定期市場（シカゴにある商品取引市場で行われる先物取引）を利用することはリスク・マネジメントにとって必須の手段となっている。

穀物メジャーの穀物事業は、①新規市場の開拓と、②リスク・マネジメントの二つが両輪となっている。穀物事業は七〇年代には投機的、挑戦的な仕事であったが、八一年、八二年の深刻な農業不況（レーガン・リセッションといわれる）をきっかけに、高度に投機的（highly speculative）なものから、十分に管理された（well-managed）ものへ変化した。それ以来、取引の大小にかかわらず、ヘッジを実行し確実にマージンを得ることが重視されるようになった。

筆者が勤めていたコンチネンタル・グレインも例外ではなかった。当時、コンチネンタルの輸出部門を率いていた副社長のボブ・クックは「十分なヘッジさえ行われていれば、どれほど大量の取引をしても、トップ・マネジメントは気にかけることはない。しかし、ヘッジが実行されていなければ、それがたとえ少量の取引でも気になって、あれこれいってくる」といった。八〇年代初めには穀物メジャーも、リスク・マネジメントの重要性を認識していた。

図３　シカゴ商品取引所（CBOT）

3　穀物価格の調整メカニズム

日本向けトウモロコシ価格の構造

日本でトウモロコシの値上がりが話題になるときは、シカゴ商品取引所（ＣＢＯＴ）の定期価格（先物取引価格）を指すことが多い。しかし、この説明は誤解を招きやすい。なぜなら、その説明からはその他の重要な価格構成要因、すなわち海上運賃、ＦＯＢベーシス、為替レートが抜け落ちているからである。

ここでトウモロコシ価格を例に取り上げて説明すると次のようになる。トウモロコシの輸入価格は、①トウモロコシの本体部分の価格、②トウモロコシの基礎部分（ベーシスと呼ばれている）、③ニューオーリンズから日本までの海上運賃、④海上保険の保険料、⑤為替レート、⑥荷役・

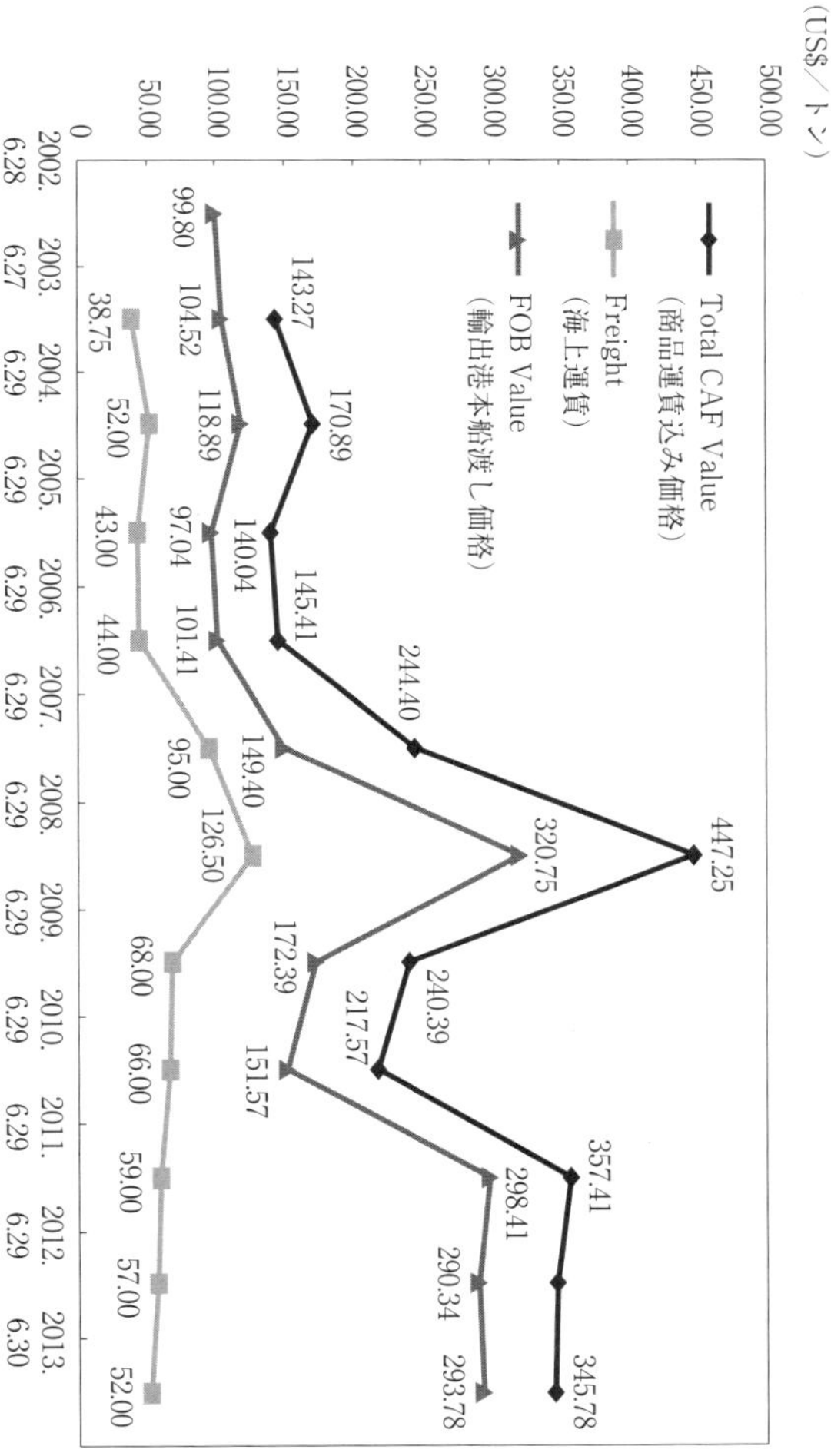

Total CAF Value：保険料，サイロ経費，10日間の倉庫料は除く。
Freight：ニューオリンズ積み－日本揚げ，パナマックス級，2港降ろし，ただしコンビネーションポート
（隣接する港をまとめて1港とカウントしたもの）は含まず。
FOB Value：（7月積）参考価格。

図４　トウモロコシ価格構成の推移

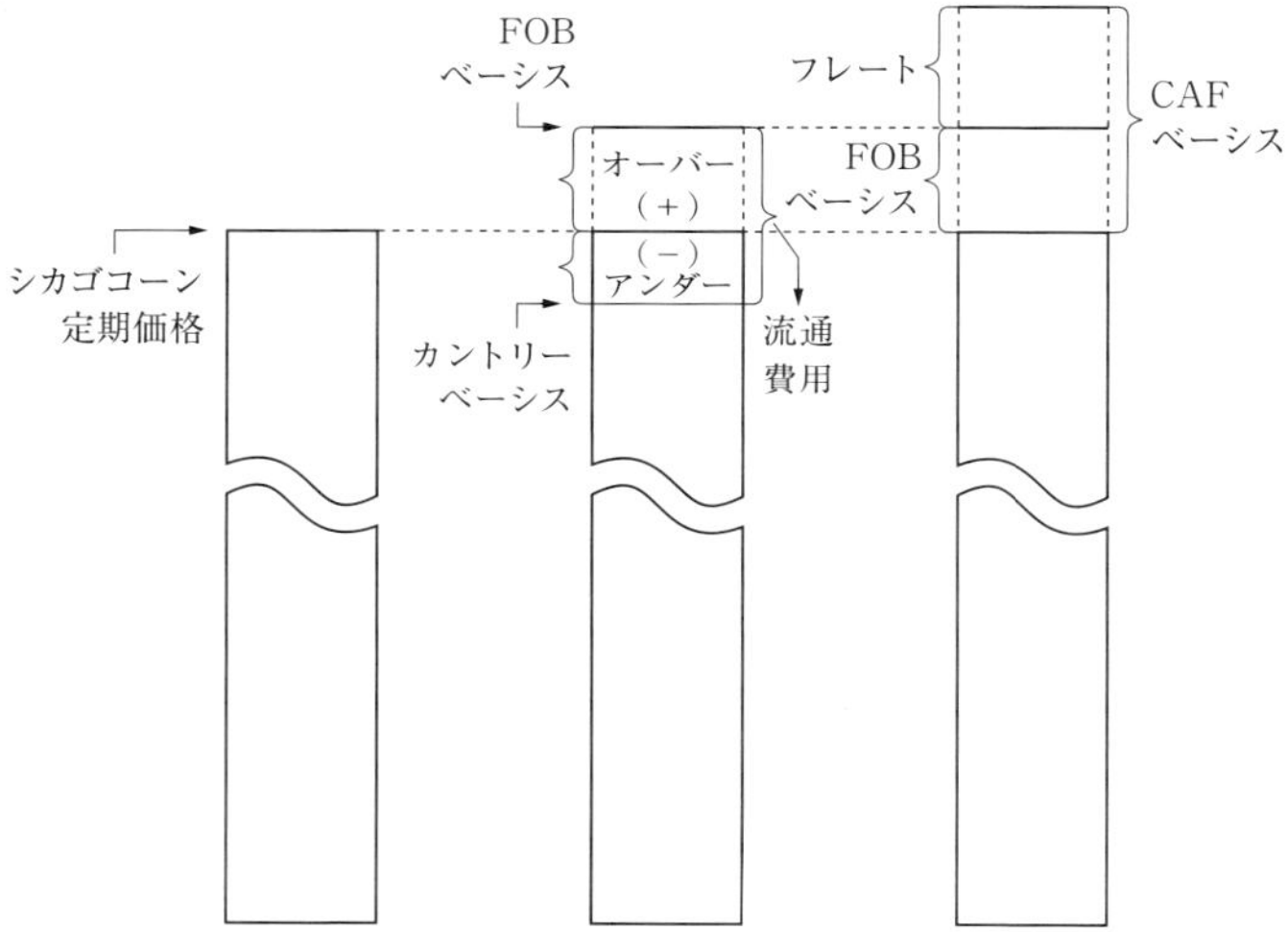

流通費用はカントリー・エレベーターからエクスポート・エレベーターで穀物を本船に積み込むまでのコストの総計である。この中にはカントリー・エレベーター使用料，保管料，販売マージン，トラック運賃，貸車運賃，バージ運賃，エクスポート・エレベーター使用料，金利，保険料などが含まれる。

エレベーター＝穀物倉庫。

ベーシス＝基礎差額すなわちシカゴ商品取引所の定期（先物）価格と現物価格の差。

フレート＝海上運賃。

プライシング＝値決め。

ヘッジング＝保険つなぎ（損失回避行為）すなわち現物の値上がり，値下がりによって発生する損失を，商品取引所の定期市場へ転嫁するつなぎ売買のこと。

図５　FOBベーシスとCAFベーシス
出典：茅野信行『プライシングとヘッジング』中央大学出版部，2005年，13頁

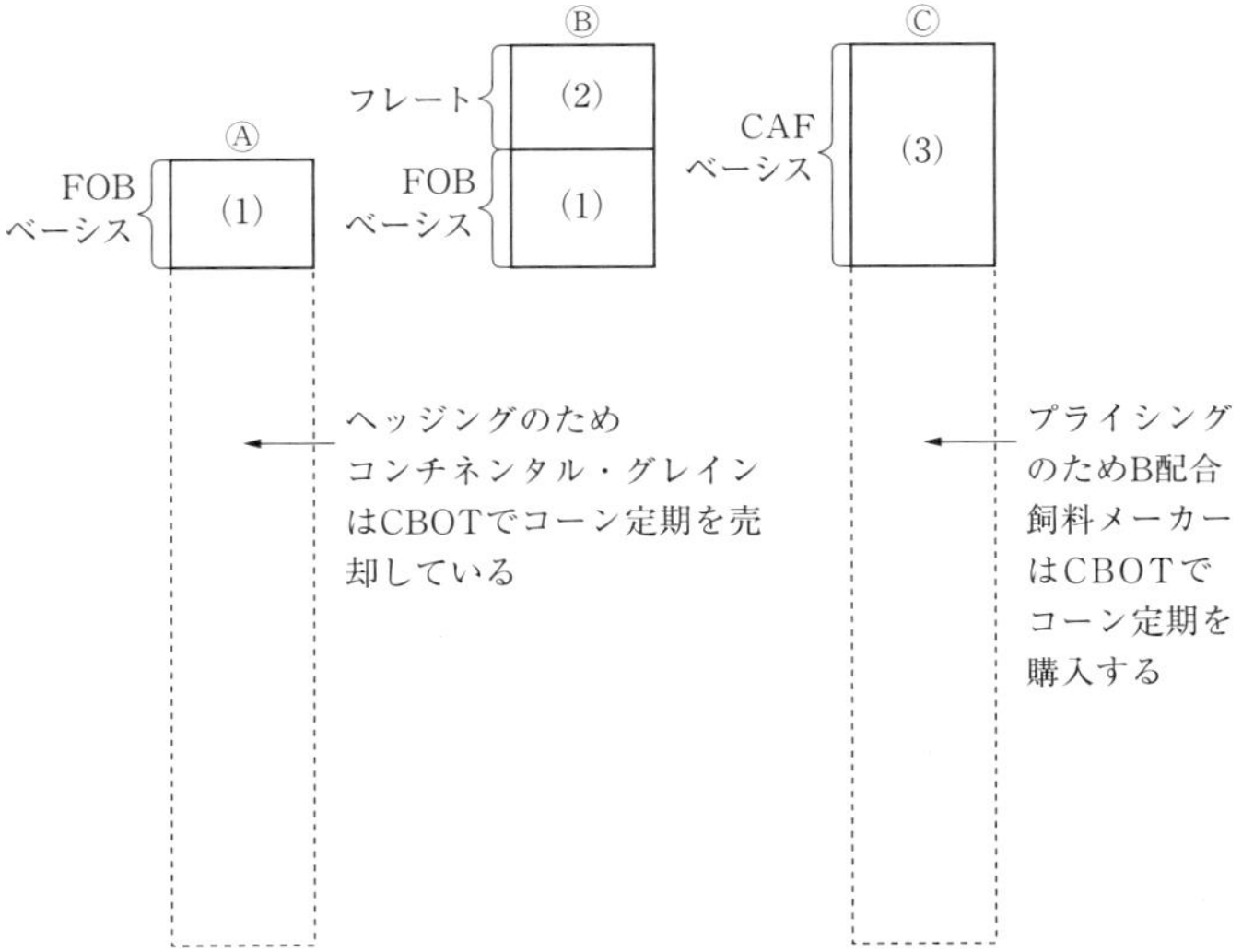

Ⓐ コンチネンタル・グレイン社はA商社へ，FOBベーシスを販売する。
↓
Ⓑ A商社はフレート（本船）を用船し，CAFベーシスを作る。
FOBベーシス(1)＋フレート(2)＝CAFベーシス(3)
↓
Ⓒ A商社はCAFベーシスをB配合飼料メーカーへ販売する。
↓
Ⓓ B配合飼料メーカーはコーン定期を購入し，コンチネンタル・グレインへ引き渡す。

図６　CAFベーシスとプライシング
出典：茅野信行『プライシングとヘッジング』中央大学出版部，2005年，15頁

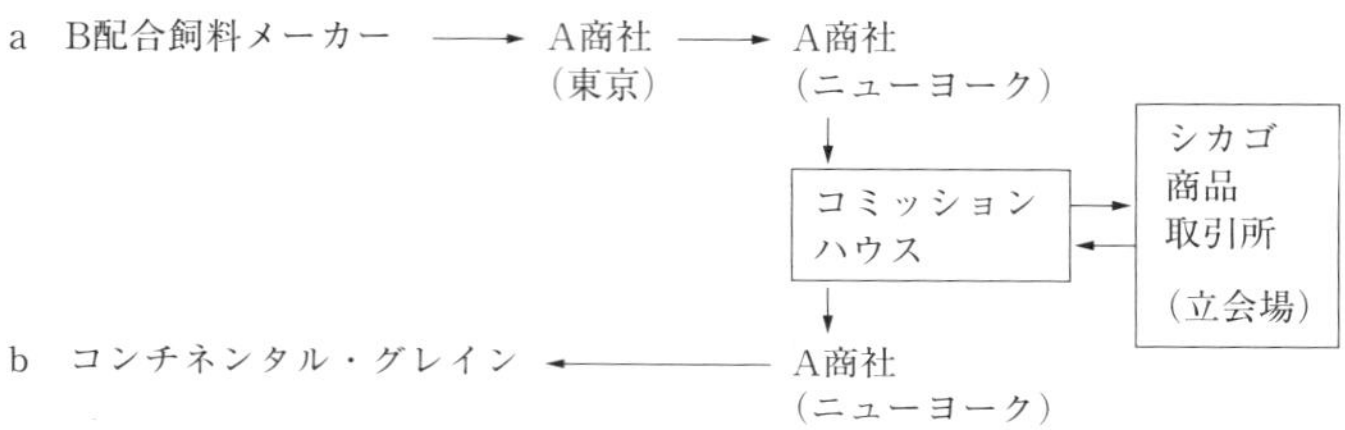

図7　プライシングのための定期（証書）購入（a）と引き渡し（b）

倉庫料、⑦商社の流通マージンの七つの要素から成り立っている。

このうち、①トウモロコシの本体部分（値決めが完了しないかぎり、日々変動する）と②基礎部分＝固定部分（買い付けと同時に決まり、最後まで変動しない）を合わせて、ＦＯＢ（free on board＝輸出港本船渡し）価格という。これは貨物（cargo）のコストのことである。これに③海上運賃を加えるとＣＡＦ価格（cargo and freight、cost and freight）になる。これが商品、運賃込み価格である。なお売買契約書ではCAF, Kashima のようにＣＡＦの後ろへ目的地を入れる習慣になっている。ここへ④保険料を上乗せしてＣＩＦ（cargo, insurance, and freight）とする契約もある。これは商品、運賃、保険料込み価格である。この契約はヨーロッパ向けの貨物に広く利用されている。

このほかに積期（shipment period）、つまり輸出港で貨物を積み込む期間（二〇日か三〇日のいずれかであることが多い）を決めれば、基本的な契約条件は整う。

それでは定期価格（先物取引価格）はどのようにして決められるのだろうか。定期価格はトウモロコシの実需家（配合飼料会社）がトウモロコシ定期を指値《さしね》して購入し、その購入した定期を、現物トウモロコシの供給者であるコンチネンタル・グレインへ引き渡し終えたとき、決まるのである。別の言い方をすると、CAFベーシスのトウモロコシを購入した実需家（配合飼料メーカーやコーンスターチ・メーカーなど）が、現物トウモロコシの最終確定単価（final flat price）を決定するため、CBOTの立会場でトウモロコシ定期を指値して購入する。そのトウモロコシ定期を現物トウモロコシの供給者であるコンチネンタル・グレインへ引き渡すことを「プライシング」――業界では「値決め（price fixing）」といい慣わしている――と呼ぶ（このときプライシングされるトウモロコシ定期の数量は、積み込まれる現物トウモロコシの数量に等しくならなければならない）。

トウモロコシの本体部分の価格は、プライシング済みの定期価格の平均値と等しくなる。なぜなら、プライシング完了後、実需家の購入した定期価格の平均値を計算して求めるからである。たとえば五万二〇〇〇トンのトウモロコシを買い付けたときは二〇八万ブッシェル（一ブッシェルは約二七キロ）、五万五〇〇〇トンの貨物を買い付けたときは二二〇万ブッシェルの定期を引き渡しする（プライシングは何回かに分け、自分が安いと考える価格で指値してよい）ことになっている。

シカゴのトウモロコシ定期市場では、価格形成は長期の需給予測にもとづいてなされる。とはいえ、期近限月《きぢかげんげつ》は現物取引の実態、すなわち活発、不活発、逼迫や緩和を反映する。トウモロコシの基礎部分（土台部分といえば、わかりやすいだろう）はベーシスと呼ばれ、現物需給と密接な関係がある。大量の輸出契約が結ばれたり、農家の極端な売り控えが続いたりすると現物の供給が逼迫し、ベーシスが値上がりするからだ。

穀物を運搬するパナマックス型（パナマ運河を通過できる最大級の船型、五万五〇〇〇トンの穀物を積載できる）の運賃も、船腹の需給関係や燃料費を反映して、上昇、下降を繰り返す。海上保険の保険料は定率であり料金も安いから、価格に対する影響は軽微である。けれども為替レートの変動は輸入価格にただちに跳ね返り、円建ての輸入価格を大きく左右する。為替が円高になるとトウモロコシ輸入に必要な日本円（金額）は少なくてすむ。これとは逆に、為替が円安に振れると、日本円が余分に必要になる。

東京穀物商品取引所（現在は東京商品取引所へ移管されている）の定期価格は、日本へ到着したトウモロコシの価格だから、これにはシカゴの定期価格、ニューオーリンズのＦＯＢベーシス、海上運賃、為替レート、商社の流通マージンなどの、価格構成要素がすべて含まれている。

ちなみに東京穀物商品取引所の〇八年六月二七日のトウモロコシ価格はトンあたり五万三三〇〇円、七月三日のダイズ価格は八万七八〇〇円であった。これは史上最高値であり、二〇一三年一二月に至るも更新されていない。シカゴの〇八年六月同日のトウモロコシ定期価格はブッシェルあたり七・五四七五ドル、一一年三月三日の定期価格は七・二九七五ドルであった（〇八年七月同日のダイズ定期価格は一六・五八ドルであった）。トン当たりに換算すると、〇八年六月が二九七・一三ドル、一一年三月は二八七・二九ドルであった。両者の差は九・八四ドルである。一ドル＝八〇円で計算してもトンあたり七八七円である。〇八年四月一一日、ニューヨーク原油（ＷＴＩ）定期は一バレルあたり一四七・二七ドルへ高騰した。これには全般的なドル安（対ユーロ）という伏線があった。〇八年四月に一ユーロ＝一・六ドルまで値下がりし、これが原油高の要因の一つとなった。

しかし、トウモロコシがこれほど値下がりした原因は、海上運賃の急落と円高が同時に起こったからである。海上運賃は〇八年六月にはトンあたり一四七・五〇ドルにもなった。

ところが一一年三月には五六ドルへ値下がりした。〇八年と比較して七二・二五ドルもの値下がりであった。円の対ドル為替レートは〇八年六月の一ドル＝一〇七円から、一一年三月には一ドル＝七八円へ二九円値上がりした。つまり海上運賃と為替レートの変動が、トンあたり二万一二〇〇円もの差になって表れたのだ。

このように穀物価格を論ずる場合には、シカゴ定期市場の価格だけに焦点を合わせるだけでは、市場の実態からはるかにかけ離れてしまう。そこへＦＯＢベーシス、海上運賃、為替レートなどの価格要素を加えて、トウモロコシの価格を総合的に評価する必要がある。これが穀物輸入国日本の取るべき現実的対応といえる。

穀物の在庫率と価格は逆相関の関係にある

二〇一〇年のトウモロコシの作付け作業は、春先から異常なほど温暖になったことも手伝って、史上最高のペースで進んだ。四月一一日、東京ではみぞれ混じりの雪が降った。最高気温は摂氏七度であった。ところが同日のミネソタ州セントポールの最高気温は摂氏二三度であった。四月半ばを前にして、この気温に達するとは異常である。この季節外れの温かさに後押しされ、アメリカのコーンベルト（トウモロコシ地帯）の農家は、例年よりずっと早く作付けを開始した。五月半ばに作付けが終了した時、市場関係者が豊作を確信したのも無理はなかった。六月も七月も天候は順調であった。これを受けて米農務省の需給予測も豊作型になった。

ところが九月に入って様子が変わった。単収が減少に転じたのである。それでも予想単収がエーカーあたり一六〇ブッシェルを上回っている間は増産の期待が持てた。しかし、一〇月になって米農務省は単収を一六二・五ブッシェルから一気に一五五・八ブッシェルへ引き下げた。六・七ブッシェルもの大幅な引き下げであった。この結果、生産高は九月予測の一三一億六〇〇〇万ブッシェルから一二六億六四〇〇万ブッシェルへ五億ブッシェル減少した。

需給予測の発表翌日、筆者はミネソタへ出発した。だが出発前に米農務省へ質問状を送ることを忘れなかった。質問の要点は三つであった。第一に、作柄（クロップのレーティング）がほとんど変化していないのに、単収がこれほど悪くなった理由は何か。第二に、クロップのレーティングと単収の間に密接な関係はないのか。第三に、在庫がこれだけ減少すれば価格は当然高騰する。アメリカの大学で使う経済学の教科書には、「価格の上昇は需要を抑制する」と書いてあるはずだが、いつから「価格の上昇は需要を作り出す」に

表２　トウモロコシの在庫と価格の関係（単位：100万ブッシェル）

	在庫量	在庫率 (%)	生産高	単収 (bu/a)	価格 (終値$/bu)
7月9日	1,373	10.3	13,245	163.5	3.7525
8月12日	1,312	9.7	13,365	165.0	4.0600
9月10日	1,116	8.3	13,160	162.5	4.6400
10月8日	902	6.7	12,664	155.8	5.2825
11月9日	827	6.2	12,540	154.8	5.7625
12月10日	832	6.2	12,540	154.8	5.6025
1月12日	745	5.5	12,447	152.8	6.3100

表３　ダイズの在庫と価格の関係（単位：100万ブッシェル）

	在庫量	在庫率 (%)	生産高	単収 (bu/a)	価格 (終値$/bu)
7月9日	360	11.4	3,345	42.9	10.2550
8月12日	360	11.1	3,433	44.7	10.2600
9月10日	350	10.6	3,483	44.7	10.2350
10月8日	265	8.0	3,408	44.4	11.3500
11月9日	185	5.5	3,375	43.9	13.1925
12月10日	165	4.9	3,375	43.9	12.7300
1月12日	140	4.2	3,329	43.5	14.0900

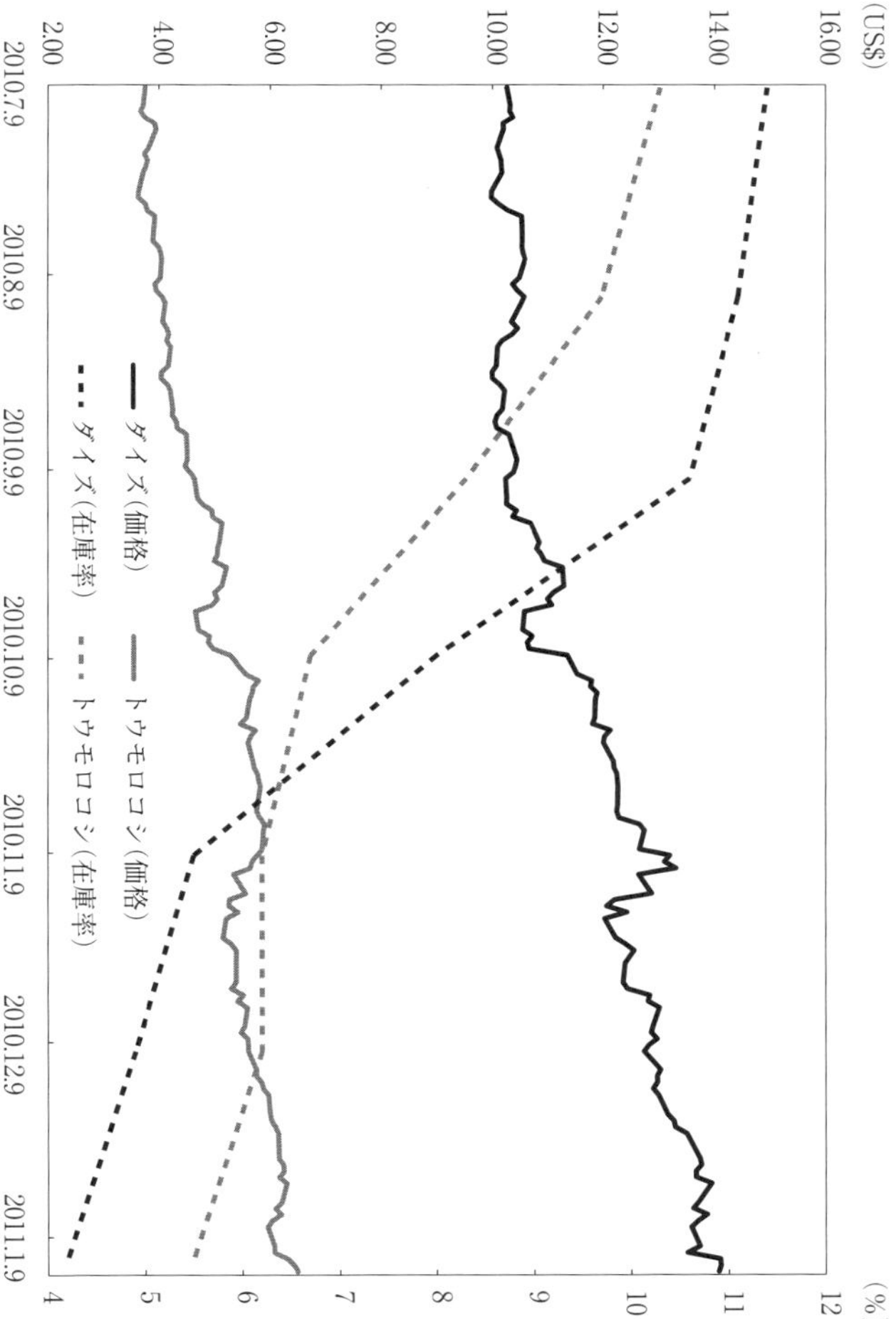

図８　在庫率の変化とCBOTの価格（期近・終値）推移

書き換えられたのか。書き換えられていないとすれば、喜ぶのは投資家だけである。

アメリカの消費者も輸入国の消費者も、どちらも困惑する。米農務省の需給予測は世界でもっとも公平であると考えられるが、今回は投資家を喜ばせただけに終わったのではないか。これが疑問だったのだ。

トウモロコシ産地を見て回ってから東京へ戻った私に、米農務省から返事が届いていた。その返事には「八月後半に降った雨のため、土中からの窒素の吸収が妨げられた。この結果、トウモロコシは十分に発育することができなくなった。九月に実地調査を行い、畑からトウモロコシを採集して、サヤについている列の総数、一列あたりのトウモロコシの粒数、サヤ重を慎重に計測した。計測結果を単収予測モデルへ当てはめたところ、この単収が導き出された」との説明であった。

この返答に対し、私は「雨で窒素の吸い上げが悪くなったという説明はわかる。だがブラジルのトウモロコシ生産地は成育期にアメリカのコーンベルトの二倍の降雨がある。それでも窒素の吸い上げが悪くなり、単収が低下したという話は聞かない。降水量が多いと本当に成長は阻害されるのか」と折り返し質問した。この質問に対する回答はなかった。だが米農務省の二人の担当者が誠意をもって返答してくれたことに私は感謝している。また外部の関係者に対する農務省の迅速な対応を高く評価する。

ミネソタは一〇月初めからすばらしい秋晴れが続き、「史上もっとも早く収穫作業が終了した」ことを農家に確認した。農家は大げさに言えば「欣喜雀躍」して喜んだのである。それに中国向けに一三〇万トン以上のトウモロコシが成約になり供給逼迫に拍車がかかった。

この間の在庫率と価格は明らかに反比例（逆相関）の関係にある。

これと同じことはダイズについてもいえる。

『農業リスクマネジメント』（東京穀物商品取引所編、二〇〇二年）によれば、米農務省は「収量と価格は正反対の方向に変化する傾向がある」と強調している（一九九九年、農業経済報告書第七七四号）。けれども不作になったとき手元に残されている在庫で、いつまで供給を続けられるかという余裕を示す在庫率、あるいは不作に対する持久力を表す在庫率との関係を見る方が、逆相関の関係にあることがはっきりする。とくにトウモロコシの需要拡大を狙ってアメリカでエタノール政策（〇五年成立、〇六年実施）が導入されてから、この関係はいよいよ顕著になっている。

4　穀物市場に起こった長期的、構造的変化

四つの変化

一九九一年一二月二五日、グラスノスチ（情報公開）とペレストロイカ（立て直し）を掲げ、八六年からソビエト連邦の改革に取り組んできたゴルバチョフ大統領が辞任し、一九九一年一二月三一日、ソビエト連邦は正式消滅した。ソ連はそれまで年間三五〇〇万トンないし四〇〇〇万トンの穀物を輸入する世界最大の穀物輸入国であった。それが一夜にして消滅したのだ。

それから二〇年余りが経過した。この間、世界穀物市場にはいくつかの重要な変化が起こった。それらの変化は、①遺伝子組換え種子の普及、②中国のダイズとトウモロコシ輸入の急増、③旧ソ連の小麦輸出国への転換と台頭、④米国政府のエタノール政策の導入という、穀物市場に長期的、構造的な影響を与えずにはおかないものであった。

それでは穀物の価格変動が激しくなったのは、いつからなのか。チャートを調べると、二〇〇三年に入ってからである。その理由は新興国の需要増大に求められる。しかし著名な投

資家ジョージ・ソロスは、穀物市場を初めとする商品市場を投資の視点からとらえ、「変動幅の拡大は、商品先物が機関投資家の投資対象資産になった結果である」と断言している。

二一世紀初めの穀物市場は、少数の輸出国に多数の輸入国が群がる構図が鮮明であった。とくに目立つのが新興国の需要増大と穀物供給の低迷と価格高騰であった。その原因は先進各国のバイオ燃料政策の導入と新興国の需要増大である。その背景には、地球温暖化にともなう旱魃や局地的豪雨の頻発と、その結果としての不作、それに供給減少が潜んでいる。また新生ロシアの小麦輸出大国への転換、新しい穀物輸出基地として南米の成長、世界穀物市場における米国の地位の相対的な低下、それに穀物輸入国日本の存在感の喪失を加えなければならないだろう。

遺伝子組換え種子の普及

一九九六年の春、ＧＭ（遺伝子組換え＝形質補強）トウモロコシを作付けした米国の農家は、出来秋になって目覚ましい単収（単位面積当たり収量）の増加を実感した。在来種のハイブリッド（一代雑種）コーンに比べて一〇パーセントから三〇パーセントも単収が向上した。ＧＭトウモロコシの害虫防除効果が発揮されたのである。農家はそれまでは年二〜三回殺虫剤を散布していた。しかしGM種子を作付けした九六年は殺虫剤を一回散布しただけだった。他方、GMダイズの単収改善効果も顕著だった。ラウンドアップという除草剤（非選択性のため、すべての植物を枯れさせてしまう）を散布しておけば、畑に雑草は生えない。だがラウンドアップ・レディというGMダイズは散布後もよく育つ。草丈の低いダイズは雑草に地中の養分を吸収されるだけでなく、草丈の高い雑草に隠れ光合成を妨げられるのが弱点だが、その心配をしなくてよい。その結果、単収が向上する。GMダイズを作付けしたかどうかは畑をみれば一目瞭然である。ダイズ畑に雑草が生えていれば在来種、生えていなければGMダイズが作付けされている。

ところで農業超大国アメリカで「植物の種子」が注目されるようになったのは、六〇年代に溯る。六〇年代にはヨーロッパ各国で相次いで「種苗法」（植物新品種保護法）が制定された。この種苗法は国によって多少の違いはあるものの、新品種が一定の条件（たとえば在来品種との区別性、それに均質性や安定性）を満たしていれば、育種者に特許と同じ独占権を与えるというもので、違反者に対し高額の罰金を科す国もある。さらに、この原則を国際的に承認させようという狙いで、六一年にヨーロッパを中心に「植物新品種保護条約」が締結され、六八年に発効した。この機関は植物新品種保護国際同盟（UPOV）

と呼ばれ、本部はジュネーブに置かれている。そして七〇年、アメリカでも「新品種保護法」が成立した。巨大企業が種子分野に進出するための条件が整った。巨額の開発費をつぎ込んでも、世界市場を相手に特許料を稼げる時代の幕開けであった。

これに遺伝子工学ブームが拍車をかけた。穀物メジャーのカーギル、食品大手アンダーソン・クレイトン、化学会社のモンサント、薬品会社のサンド、アップジョン、チバ・ガイギーなどである。とくにモンサントやチバ・ガイギー、それにサンドなどは遺伝子工学の実用化には力を入れている。世界を支配する巨大な多国籍企業がひとたび農業分野への本格的参入を決意すれば、その対象は「種子」になることは間違いない。なぜなら食糧生産はまず種子を播くことから始まるからだ。その上、種子は特許に守られて、利益を約束する商品になっている。

GMトウモロコシにはコーン・ボーラー（茎に細い穴をあけて入り込み、茎を食い荒らす害虫）に対する防虫効果を持つもの、コーン・ルートワーム（トウモロコシの根を食い荒らす害虫）に対する効果を持つもの、除草剤に対する耐性を持つもの、防虫効果と除草剤耐性の両方を併せ持つもの（スタック＝複合耐性と呼ばれる）がある。なかでもBtコーンが有名である。これはハイブリッド・コーンに土中菌 *Bacillus thuringiensis*（バチラス・

チューリンゲンシス／Bt菌）から取り出したタンパク質を組み込んだものだ。Btが毒性を発揮し、害虫アワノメイガの幼虫を寄せ付けない。

ＧＭダイズはラウンドアップ・レディが有名である。これはモンサント社が販売している除草剤ラウンドアップ（これ自体が環境負荷の小さいすぐれた除草剤である）に対する耐性を持つ品種で、ラウンドアップを散布した畑でも枯れずによく育つ。モンサント社はラウンドアップ（除草剤）とラウンドアップ・レディ（種子）をパッケージ（一揃い）で販売している。つまり除草剤が売れると種子の売れ行きに弾みがつき、種子の販売が好調ならば除草剤の売れ行きも増加するという「相乗効果（synergy effect）」が発揮される。

ＧＭダイズには単収増加に直接結び付く効果は期待しにくいが、農薬散布の量や回数を減らしたり、不耕起栽培（non-tillage ＝トウモロコシなどの根を畑に残したまま、畑を耕さずに種を播き、土壌の流失を防ぐ栽培法）を可能にしたりすることによって、生産コストの削減を実現している。ＧＭダイズのマーケティングで先行するモンサント社の市場シェアは九〇パーセントと非常に大きい。

ＧＭ種子の普及は急速で、導入五年後の二〇〇〇年にはその作付比率はダイズが五四パーセント、トウモロコシが二五パーセントに増加した。とくに二〇〇五年エネルギー法の下で、〇六年から自動車用代替燃料としてエタノールの使用義務量が定められてから、トウモロコシのスタック種子の作付けが急速に拡大した。二〇一三年のＧＭ種子作付比率はトウモロコシが九〇パーセント、ダイズが九三パーセントへ拡大している。

ブラジル政府は九六年から立法措置を講じて五年間、ＧＭダイズの栽培を禁止した。政府がＧＭダイズに対する海外の消費者の反発が強いことに不安を覚えたのである。ダイズはブラジルにとって将来性の豊かな輸出商品である。ＧＭ種子を作付けすることによって、ダイズ輸出が妨げられるようなことになれば、ブラジル経済は打撃を受ける。それなら非ＧＭダイズを栽培するにこしたことはない。そう考えたのだろう。

ところが事実は予想とは違った。どう違ったのか。輸出市場の下した判断は非ＧＭダイズも、ＧＭダイズも「ダイズであれば価格は同じ」というものだった。非ＧＭダイズだからといって、消費者が割増料金を払ってくれるほど、生易しいマーケットではなかった。これを見たブラジル政府は「ＧＭダイズでも非ＧＭダイズでも価格に差がない」ことを翻然として悟った。ならば雑草管理の容易なＧＭダイズの方が農家にはずっと有益である、こう結論した。それ以来ブラジルではＧＭダイズの生産はタブーではなくなった。いまでは南米ダイズのＧＭ比率はアルゼンチンでは一〇〇パーセント、ブラジルでは九七パーセントに達している。

GM種子業界の覇権争いは熾烈である。目下のところは、米モンサント、米デュポン、スイスのシンジェンタの大手三社と、米ダウケミカルの種子部門ダウ・アグロサイエンスと、独バイエルの種子部門バイエル・クロップサイエンスの中堅二社がしのぎを削っている。この覇権争いは、公平に見れば、モンサントの優位性自体は変わらない。しかし、ハイブリッド・トウモロコシの巨人である米パイオニア・ハイブレッドを傘下に収めたデュポン、積極的なM&A（買収・合併）を繰り返すシンジェンタの追い上げが急で、その差は少しずつではあるが、縮まり始めている。

種子業界では、現在、①乾燥耐性の優れたトウモロコシ、小麦などの新品種の開発、②エタノールの抽出歩留まりを向上させる、デンプン質の発酵しやすいトウモロコシの開発、③高単収の小麦の研究開発、が進められている。乾燥に強い種子の開発が急がれるのは、降水量の少ない乾燥地帯でもトウモロコシが栽培できるようになるからである。これまで乾燥に強い小麦栽培をするしかなかった畑でトウモロコシが栽培できるようになれば、農家は収入が増大する。それに農家は地下から農業用水を汲みあげて灌漑する灌漑コストの節約になる。動力源のモーターの電力を節約できるだけでなく、地下水の揚水量を減らせるためパイプ径を細くでき、地下水の減少に歯止めをかけられるからである。

遺伝子非組換え作物の分別流通

アメリカでは遺伝子組換え作物も非組換え作物も渾然一体となって流通するのが常識である。アメリカでは遺伝子組換えトウモロコシも非組換えトウモロコシも「コーンはコーン」として、組換えダイズも非組換えダイズも「ダイズはダイズ」として、何らの区別もなく集荷され、輸送され、販売される。したがって、トウモロコシであれば「アメリカ産、三等、黄色トウモロコシ、水分一五パーセント未満」、あるいはダイズであれば「アメリカ産、二等、黄色ダイズ、水分一四パーセント未満」、小麦なら「アメリカ産、二等、硬質赤色冬小麦、タンパク一二・七パーセント以上、水分一二・五パーセント未満」として売買される。連邦穀物検査局の発行する品質証明書に遺伝子組換え品とか非組換え品の区別は特記されない。これが「一般流通（generic handling）」と呼ばれる穀物の流通形態である。

一般流通は、もともと大規模農場で大型機械を使用して大量の穀物を生産するアメリカ農業の伝統から生まれてきた。穀物メジャーも広大な穀倉地帯で栽培される穀物を大量集荷、大量流通、大量販売することによって、「規模の利益」を追求し、流通効率を向上させている。なぜなら、穀物メジャーにとって流通「効率」を高めることが、流通マージンを確保し、市場での熾烈な競争に勝ち残る近道だからである。

そのため各社は、合理的な市場価格を支払って穀物を購入してくれる相手には、いつでもいくらでも穀物を販売する一貫供給体制を築き上げてきた。この点で、アメリカの大規模穀物生産と穀物メジャーの大量一貫供給体制は表裏一体の関係にある。

アメリカでは穀物は一般流通するのが習慣だから、契約栽培された非組換え穀物を、既存の流通経路を流して供給することはできない。そんなことをすれば、非組換え穀物に組換え穀物が混入してしまう。それを防ぐため、非組換え穀物を一般流通の穀物とは分けて別々に保管し、流通させる必要が生まれる。これが「分別流通」と呼ばれる流通形態である。分別流通に必要な施設とマンパワーは穀物メジャーが用意するのが普通である。

分別流通はＩＰハンドリングとも呼ばれる。ＩＰとはIdentity Preservedの頭文字で、生産されたトウモロコシやダイズの出自同一性、すなわち生産者、品種、畑、保管施設の所在地などが明らかで、必要な時はいつでも出所が確認できることをいう。つまりＩＰハンドリングされたトウモロコシやダイズには追跡可能性（トレーサビリティ：traceability）がある。言い換えると、「分別流通」とは契約栽培された非組換え作物に、「一般流通」の穀物が混入（ミクスチャー）するのを防止する、専用の流通形態のことである。

生産地のカントリー・エレベーターからエクスポート・エレベーターへの輸送はハシケが使われる。エクスポート・エレベーターへ到着した非組換え穀物は、そこで本船に積み替えられる。日本の港へ到着した穀物は、陸揚げされた後も、分別保管、分別輸送が必要になる。

豆腐や納豆の包装には、原料のダイズが「遺伝子組換えでない」と表示されている。これは契約栽培をし、それを日本に運んでくるからこそ許されるのである。すなわち「契約栽培された」穀物だから、一般流通とは異なる「ＩＰハンドリング」をすることが、「例外として」認められるわけである。そのために割増料金を払うことになっても、消費者が必要とするのなら払えばよい。そのコストを負担するか、しないかは消費者が決めることである。

中国が承認していない遺伝子組換えトウモロコシ

アメリカ農務省は二〇一三年一二月一〇日発表の需給予測で、一三／一四年度の中国のトウモロコシ輸入を七〇〇万トンと見積もっていた。だが一四年九月一一日発表の予測では三五〇万トンへと引き下げた。一三年一二月、アメリカから到着した貨物に、中国が未承認のトウモロコシ（ＭＩＲ一六二）が混入していることが判明したのである。トウモロコシはスイスのシンジェンタが開発したが、中国政府の承認は得られなかった。輸入許可の下りない品種は、中国では荷揚できない。たとえ中国以外の諸国が輸入を承認していてもである。

アメリカ産トウモロコシは品質にばらつきが少ないため需要が多い。このため引き取りを拒否された貨物は、大半が仕向け地を韓国に振り替えて処理された。しかし、今後も積み出される予定のトウモロコシは、引き取り拒否にあう可能性があるため、アメリカからの輸出に不利に働くと見られた。

このニュースを耳にしたとき、わたしは「中国ではとかく起こりそうな話だ」と気にも留めなかった。なぜなら、トウモロコシの引き取りを拒否されたケースの多くは、①中国でトウモロコシが豊作である、②中国のトウモロコシの国内価格が高く、輸入品が割安である、③法律の遵守を盾にして安い輸入品の流入を制限する、などの理由が考えられた。とくに考えられるのは、中国が豊作になり需給が緩和した、トウモロコシの引き取りを拒否しても、もっと安い価格で再購入することができるからである。

このトウモロコシは中国だけが承認していない。それゆえ、トウモロコシが「値下がりすれば、需要が増える」というプライスメカニズムは働かない。これは厄介な政治問題である。しかし、政治問題は紛争当事者が話し合って解決するより外、方法がない。ところが中国政府は問題をややこしくした。ＭＩＲが混入していないことを証明する書類を提出することを求めたのである。これは積み荷のなかにＭＩＲが含まれる可能性がゼロでないかぎり、実質的な輸入禁止になる。

問題はそれだけではない。ＭＩＲ一六二の輸入制限は、副産物のアルコール醸造粕(DDGS : Distillers Dried Grains with Soluble) にまでおよんだのである。年間五〇〇万トン近くのアルコール醸造粕を輸入していた中国は、ＤＤＧＳを配合飼料の原料として使うことができなくなった。アメリカ産のＤＤＧＳは市場を失い、その結果、価格が暴落した。価格暴落によって漁夫の利を得たのは韓国の配合飼料メーカーであった。

ところで、穀物メジャーのバンゲは、これに対し、「主要市場で承認済みの農産物を扱うことが、当社の原則である」として、一一年からＭＩＲ一六二の取り扱いを拒否している。バンゲは一一／一二年度にアメリカ産トウモロコシの一四パーセントを中国へ輸出していた。その後、アメリカ産ダイズからもＭＩＲ一六二を含むトウモロコシの残留物が見つかり、計一八万トンのアメリカ産ダイズが再検査を受けるなど、他の農産物にも影響が広がっている。

特定の遺伝子組換えトウモロコシを狙い撃ちにした実質的な輸出禁止措置は、日本のような恒常的な穀物輸入国にとって現実的で穏便な解決策とはならない。おそらく中国は日本とはやや異質な輸入国なのだろう。

米国のエタノール政策の導入

世界のトウモロコシの需給バランスを逼迫させ、高値を生み出しているのは、アメリカが二〇〇五年に導入した補助金付きのエタノール政策である。この政策はブッシュ政権下で〇五年八月八日、「二〇〇五年エネルギー政策法」として成立し、〇六年一月一日から実施された。エネルギー政策法は二年後の〇七年一二月一九日、「二〇〇七年エネルギー独立安全保障法」に改められ、使用義務量を倍増させた上で、〇八年一月一日から施行された。

この二つの法律の相違点は、目標に掲げるエタノールの使用義務量にある。二〇〇七年エネルギー独立安全保障法（改正エネルギー政策法）ではエタノールの最低使用義務量（更新可能燃料基準：Renewable Fuel Standard）を、エネルギー政策法で定められた義務量の二倍に引き上げた。この法律の下では、〇八年のトウモロコシ由来のエタノールの使用義務量は九〇億ガロン、そこから段階的に使用量を引き上げ、一五年には目標の一五〇億ガロンに達する。その後は一五〇億ガロンで据え置かれることになっている。

トウモロコシ由来のエタノールの最大の弱点は、石油ガソリンに対する価格競争力がまったくないことである。そのエタノールに価格競争力を持たせようとすれば、連邦政府や各州政府が税金免除や補助金給付など各種の優遇措置を講じなければならない。すなわちアメリカのエタノール政策は補助金なしには成り立ちえないという大きな矛盾を内在している。

問題はエタノール政策がブッシュ政権による米国農家に対する隠れた補助金になっていたことである。元来、エタノールにはガソリンに対する価格競争力がまったくない。エネルギーもガソリンより三〇パーセント少ない。このエタノールに価格競争力を持たせるため、連邦政府はガソリン税を免除した。農業補助金を削減した米国政府は、エネルギー政策の名を借りてバイオ燃料に補助金を付けたのである。

米国では一〇／一一年度のエタノール向け需要は五〇億二〇〇〇万ブッシェル（一ブッシェルは約二七キロ）と見込まれていた。エタノール優遇税制の導入以前は、エタノール向け需要は生産量の一一～一二パーセント程度だったから、一〇／一一年度に一五億ブッシェルもあれば供給は足りたはずである。それが五〇億二〇〇〇万ブッシェルへ嵩上げされた。これは優遇税制という特典がない場合の、エタノール向け需要（およそ一五億ブッシェル）の三倍以上になる。これを現在の在庫に上乗せすれば、期末在庫は四〇億ブッシェルを超える。

とはいえ米国政府を非難することはむずかしい。というのは、①エタノール向けにトウモロコシの新しい販路を開いた、②トウモロコシの追加需要が作り出された結果、農家の収入が増えた、③エタノール工場の新・増設は建設業界の仕事を増やした、④エタノール工場では管理者や作業員の追加の雇用が生み出された。このようにエタノール政策は中西部の地域経済に対し貴重な貢献をしているからだ。

米農務省がトウモロコシの需要項目に正式にエタノール向け需要を加えたのは〇二／〇三年度からである。その時の需要は九億九六〇〇万ブッシェルで、生産量八九億六七〇〇万ブッシェルの一一・一パーセントであった。それがガソリンにエタノールを混和して乗用車の燃料として使用することが法律で義務付けられた〇六年（穀物年度は〇五／〇六年に相当する）には一六億三〇〇万ブッシェル（生産量一一一億一三〇〇万ブッシェルの一四・四パーセント）へ増加した。その後、法律が改正されて使用義務量が引き上げられた〇七／〇八年度には三〇億四九〇〇万ブッシェル（生産量一三〇億三八〇〇万ブッシェルの二三・四パーセント）へ上昇した。一〇／一一年度には五〇億二〇〇〇万ブッシェル（生産量一二四億四七〇〇万ブッシェルの四〇・三パーセント）へと伸びている。

エタノール向けトウモロコシの需要拡大について、米農務省のキース・コリンズ主席エコノミストは「一九七〇年代にソ連が穀物市場に買い手として参入して以来の出来事」であると指摘し、穀物市場は世界的規模の構造変化に直面しているという。コリンズは〇七年三月一日、ワシントンで開かれた農業観測会議の席上で「二〇〇七年は作物生産について重要な変化が起こると予想される。このような変化を促進しているのはトウモロコシ価格の目覚ましい値上がりである。というのも市場ではトウモロコシを伝統的な飼料や食品と見るのではなく、バイオ燃料の原料として評価するようになっているからである。当販売年度(〇六／〇七)にはエタノール向けトウモロコシの需要が二一億五〇〇〇万ブッシェルに達し、翌〇七／〇八販売年度にはさらに五〇パーセント増え三二億ブッシェルへ拡大することが予想される。このようなトウモロコシ需要の急増は、トウモロコシ在庫を減少させ、価格を高騰させる」との見通しを明らかにした。この春はトウモロコシの作付面積が、ダイズや綿花作付面積を奪い取り、おそらく春小麦の作付面積にも影響を与えるだろう。他の主要作物の正味手取りがどれくらいになるかが、トウモロコシの作付面積を決めることになる。

コリンズは続けて「〇六／〇七年度にトウモロコシを栽培した農家の正味手取りは、生産コストを差し引いて、エーカーあたり一二五ドルであった。しかし〇七／〇八年度の正味手取りはエーカーあたり三三四ドルと見積もられている。前年度を二〇九ドル、六〇パーセントも上回っている。その他の作物の正味手取りも〇七／〇八年度は増える見通しである（ダイズは前年度よりエーカーあたり七五ドルのプラス、小麦は四二ドルのプラスになる）。綿花は、逆に、一二ドルのマイナスである。トウモロコシの作付面積は八七〇〇万エーカーで、前年度より八七〇万エーカーの上乗せになる。これは六〇年ぶりの大きな増加である」と予測した。

〇八年の改正エネルギー法によって、前述のように、米国では一五年に一五〇億ガロンのエタノールを使用することが義務付けられた。一ブッシェルのトウモロコシからは平均二・八ガロンのエタノールが製造できるから、一五〇億ガロンのエタノールを製造するには、五三億五七〇〇万ブッシェルの原料が必要になる。この場合、飼料・その他、食品・種子・工業用（エタノール向けを含む）、輸出という需要項目を全部足し合わせると一四二億ブッシェルになる。その内訳は、飼料・その他が五二億ブッシェル、食品・種子・工業用（エタノール向けを除く）が一六億ブッシェル、エタノール向けが五四億ブッシェル（エタノールと競合する原油価格が高騰すれば、五五億ブッシェルを超える可能性もある）、輸出二〇億ブッシェルである。トウモロコシの総需要が一五年には一四二億ブッシェルに達する見通しにあることは、今後の需給を議論するときは、もちろん考慮されねばならない。

米国ではすでにトウモロコシ生産の四割がエタノール製造に振り向けられている。これに対して、エタノール向けを除いた食品・種子・工業用の需要は〇二／〇三年度が一三億五九〇〇万ブッシェル、〇五／〇六年度が一四億一六〇〇万ブッシェル、一〇／一一年度が一三億八〇〇〇万ブッシェルである。一〇／一一年度は、インドの砂糖キビの不作をきっかけに砂糖が値上がりしたため、砂糖需要の一部は異性化糖（トウモロコシから作る）へ置き換わると見られるが、その分を加味しても一六億ブッシェルの需要を見込んでおけばよさそうである。

エタノールの優遇税制が縮小されるか（連邦政府の優遇税制は一一年一二月三一日に打ち切られた）、それとも輸入関税が大幅に引き下げられるか、あるいは撤廃されるようなら（一四年から、最低使用義務量が引き下げられることになった。その詳細は後日明らかにされるだろう）、エタノール向け需要の伸びは頭打ちになるはずである。また中国が米国のトウモロコシ市場を不要に刺激することを避けるため、たとえばアルゼンチンやウクライナからトウモロコシを輸入すれば、米国の輸出はそれだけ減少する。

ただし農務省の担当官が全米の倉庫を隈なく見て回り、保管されている在庫をすべて確認することは不可能である。そうだとすれば統計の専門家の心得として、「生産は少なめに、需要は多めに」予測するのは当然だろう。仮にトウモロコシの輸出が減少したりすると、その分だけトウモロコシの総需要は減少する。その結果、需給が緩和し、相場は値下がりすることが考えられる。

5　ロシアと中国の存在感

旧ソ連、世界一の小麦輸出国へ躍進

ロシアでは主要作物である小麦の生産地から輸出港までの輸送は七割が鉄道貨車、三割弱がトラックによって担われている。アメリカとは異なりハシケによる輸送はほとんど行

われない。穀物の保管については、米国式の設備が使われている。

ロシア国家統計局の資料によれば、「国内の穀物保管能力は一億一八二〇万トン、エレベーター（保管施設）の保管能力は三二八〇万トンで、穀物の生産高を上回っている。しかし穀物の保管施設や機械類の基盤は引き続き不十分である。多くのエレベーター、穀物受け入れ企業、穀物の販売拠点における主要施設や機械類は老朽化が進み、その老朽化比率は全施設の七〇〜八〇パーセントに達している。国内のエレベーターにおける穀物保管費用や調整費用は、近代的な穀物保管施設に比べて三〇〜四〇パーセントも高額である。このような状態では生産された穀物のうちかなりの部分がエレベーターの利用をあきらめてしまう。この結果、穀物のエレベーターへの持ち込みが減り、利用料金の一層の値上がりを招いてしまう」のだ。

エレベーター使用料や穀物の受け入れ料金が高ければ、穀物を低価格で販売しないかぎり価格競争力は得られない。また鉄道輸送のコストが高いこと、輸送効率の高いホッパー型貨車が不足していること、余剰穀物を輸出するための港湾インフラの未整備など、輸出拡大の可能性が著しく狭められている。

「専門家の評価によれば飼料用、工業用、食品用需要、輸出インフラとロジスティックス費用は穀物生産コストの三〇~七〇パーセントにも達する。穀物が農業生産の約四〇パーセントを占めていることを考慮すると、このような高コスト体質が農家の販売価格の下落と所得の減少、食料品価格の上昇、それに国際市場における価格競争力の低下を招いていることは明白である」(「輸入食糧協議会報」平成二三年三月号)と考えられている。要するに、穀物保管部門に対する政府の政策は、農家が高能率の大型エレベーターを利用するように誘導すること、保管能力を増強し、機械設備の基盤を強化して、労働生産性を向上させることに向けられなければならない。

ロシアの穀物輸出は民間の穀物輸出業者の手で行われるようになっている。最近は海外の多国籍穀物商社の存在感が急激に高まり、穀物輸出の約半分を外国企業が占めるようになった。グレンコア(現地法人として国際穀物会社という名の会社を所有している)、A・C・トッファー、カーギル、バンゲ、ドレファスが代表的である。他方、ロシア資本の輸出業者(その多くは穀物の生産も手掛けている)は、ロスインテルアグロセルビス、アグリコ、ユグトランジットセルビス、ユーグ・ルーシ、ラズグリャイ、アストンなどである。このうちユグトランジットセルビスは株主間の意見の対立が深刻化し、スタッフの一部が退社して、業績が急速に悪化している。身売り話が絶えず、前社長ポドリスキーが立ち上げた新会社バラースに売却される可能性が大きいといわれる。

そんな情勢の中、誰がいつロシアを世界屈指の小麦輸出国に変える戦略を立案し、その戦略を実施したのか。もとよりロシアには耕作しきれないほど広大な農地がある。気象条件の制約やインフラの未整備は軽視できないが、石油や天然ガスを地下から採掘するだけのモノカルチャー（単品）経済から、穀物を生産して輸出を拡大し外貨を稼ぐというバイカルチャー（複品）経済への路線修正は、共産主義国ロシアの発想とはかけ離れている。このように柔軟で現実的な政策の旗振り役を、いったい誰が務めたのか。

この点について、武田善憲著『ロシアの論理』（中公新書）に注目すべき記述がある。それは〇五年九月に定められた「優先的国家プロジェクト」の存在である。このプロジェクトは、当時大統領府長官だったメドベージェフの第一副首相就任に合わせて始まったもので、「教育、保健、住宅、農業という、国民生活に直結する四つの分野の改善を図る」ことを目指した計画であった。後にロシアにおける人口の急減に対応するため、「人口」が事実上の五つ目の分野として設定された。「優先的」という言葉が示すように、「これらの五分野は他の問題よりも高い優先順位をもって対策を講じることが期待された」という。これらの記述から推測すれば、ロシアの小麦輸出国への変身は、プーチンがシナリオを書き、メドベージェフが演出をしたと思われる。

中国のダイズ輸入は着実に増加

近年、世界最大のダイズ輸入国として穀物市場で存在感を増す中国だが、それ以前は隠れた小麦輸入大国であったことは意外に知られていない。先述のように米国は穀物輸出の長い歴史の中で、七二年七月の穀物（トウモロコシと小麦）のソ連への大量輸出は驚天動地の事件であった。だが中国はそれ以前から小麦の大口輸入国であった。

中国は六〇年代から七〇年代にかけて、年間五〇〇万～六〇〇万トンの小麦を輸入していた。その中国の小麦輸入は八〇年代に入ってから急速に増加した。八〇／八一年度は一三七九万トン、八一／八二年度は一三二〇万トン、八二／八三年度は一三〇〇万トンを輸入した。それが八七／八八年度には一五三三万トン、八八／八九年度には一五三八万トンへ増加したのである。また九二／九三年度にも一五八六万トンを輸入している。しかし九五／九六年度に一二五三万トンを輸入してからは、小麦輸入は減少した。九六／九七年度の輸入量は二七一万トン、九七／九八年度は一九二万トン、九八／九九年度にいたっては八三万トンである。二〇〇〇年代に入ってからは〇四／〇五年度に六七五万トンを輸入しただけで、それ以外の年度はおおむね一〇〇万トン以下の輸入にとどまっている。

その理由は国内生産の増加にある。中国の小麦生産高は二〇〇〇年代に入って九〇〇〇万～一億一〇〇〇万トン台で安定した。中国の小麦は東北地方や河北で生産されている。この地域の気候は概して乾燥しているため、小麦の生産に適しているのである。中国の農業は自然発生的な「適地適作」の原則に則って営まれており、河南ではコメ、華北では小麦が栽培されている。ただし〇三／〇四年度は天候不順のため小麦生産が八六四九万トンへ減少したため、翌〇四／〇五年度に六七五万トンを輸入して一過性の供給不足を補った。

中国のダイズ輸入がＷＴＯへの加盟によってどう変化するかを知りたいと思った筆者は香港にいるかつての同僚に電話をかけた。彼は開口一番こういった。「中国のダイズ輸入に影響はない。ダイズの輸入関税は現在三パーセントで、無視してもかまわないほど低い。それに中国は自国でダイズを生産するより海外から輸入する方がずっと安上がりになることがわかっている。中国はダイズ需要を輸入で賄う」と。

中国のダイズ輸入は九六／九七年度には二二七万トン、九八／九九年度には三八五万トンで日本を下回っていた。だが九九／〇〇年度に一〇一〇万トンと一〇〇〇万トンを突破してから勢いがつき、ＷＴＯに加盟した〇一／〇二年度には三〇七〇万トン、翌〇二／〇三年度には四〇〇二万トン、リーマンショックの起こった〇七／〇八年度には三七八二万トン、一〇／一一年度には五七〇〇万トンと急伸している。中国の業界関係者は中国の搾油能力は一〇年末までに一億一三〇〇万トンに増加する見通しであると述べた。〇六年の搾油能力は七七〇〇万トンであったから、搾油能力を五年で三〇〇〇万トン以上拡大したことになる。他方、ダイズ生産は九五／九六年度から一〇／一一年度まで、多い年で一七四〇万トン、少ない年で一三二二万トン、平均して一五五〇万トンであった。うち九五〇万トンが食品用に使われ、残りの六〇〇万トンが搾油用に回されていると推定される。

世界穀物市場における中国の重要性

このような中国のダイズ輸入の急増を、世界穀物市場の歴史的文脈の中でどのようにとらえたらよいか。それは七〇年代、八〇年代のソ連に代わり、〇六年から中国が世界最大の穀物輸入国になったという事実にある。かつてソ連は年間三五〇〇万トン以上の穀物を輸入していたが、その輸入はトウモロコシと小麦が中心であった。これと対照的に、中国の輸入はダイズ一辺倒である。その背景にはダイズ油の需要増大と養豚に使うタンパク原料のダイズ粕の需要拡大がある。中国のダイズ輸入は一二／一三年度で五九八七万トンだから、穀物の種類こそ違うが輸入量に関して中国は完全にソ連にとって代わっている。

先にも述べたように、九一年末にソ連が消滅し、米国は一夜にして三五〇〇万トンの輸出市場を失った。けれど中国のダイズ需要の急増のお陰で、穀物の生産過剰と輸出能力過剰の悪夢にはうなされずにすんだ。これは米国農業と穀物メジャーにとって、そしておそらく米農務省にとって、僥倖以外の何物でもなかったはずである。その結果、世界のダイズ市場は、生産が南・北アメリカの二極へ集中し、消費が中国と欧州連合の二極が並び立つ、四極構造に移行した。中国が大口のダイズ輸入国として登場しなければ、米国政府はおそらく価格支持のため多額の財政支出（赤字）の支払いを余儀なくされたに違いない。

中国はリーマンショック後の世界的な金融危機を、〇八年からの二年間に、総額四兆元（五八六〇億ドル）という財政支出と、大胆な金融緩和によって乗り切った。この景気対策のため供給された資金が食料品インフレの温床になった。急激なインフレは消費の足かせになるだけでなく、政治不安のきっかけにもなる。一二年の政権交代を控えた共産党政府がインフレに神経質になるのは当然であった。

〇八年九月に起こったリーマンショックをきっかけに穀物相場が暴落した。しかし、米国政府が金融緩和を推し進めたため、失業率には改善は見られなかったが、穀物価格は一〇年三月中旬から上昇し始めた。中国政府は一〇年一〇月、食料品インフレの昂進を憂慮し、インフレ退治に乗り出した。インフレが社会不安を煽ることを未然に防がなければならない理由があったからである。その理由とは一二年に予定されていた政権交代であった。中国共産党にとって世代交代を円滑に進めることは最優先の政治課題である。この交替劇を円滑に進めるには、政治的不安という後顧の憂いを絶たねばならない。食料品インフレを抑え込むことは急務となった。

中国政府は景気の冷え込みを招かないように注意しながらインフレを抑制するという、むずかしい経済の舵取りを迫られた。それはブレーキとアクセルを両足で踏むようにしながら乗用車を運転するようなものだ。これはインフレと景気後退が同時に起こる負のスパイラル、つまりスタグフレーションに陥ることだけは何としても避ける必要があったからである。

中国政府のインフレ対策は、一〇年の秋口から本格化した。政府は一〇年一一月搾油業者に対し食用油の値上げを見送るように要請した。「中国日報」は一一年八月四日の記事で、「食用油を加工・生産している会社、搾油会社とビン詰会社は、レストランなどの大口顧客に対する食用油のばら売り価格を値上げして売れるようになった。これは商品価格の高騰とインフレを反映したものである。昨年一一月に販売価格の上限が定められたが、それ以来、ばら売り価格は八・五～九・五パーセント値上がりし、現在はトン当たり一万二〇〇元（一五七〇ドル）から一万三〇〇〇元になっている。しかし、これらの会社はいまだに小売りの大型ペットボトル入りの価格を引き上げることを禁止され、その利益は圧迫されている」「政府は四月と五月に備蓄していたダイズを大手五社に販売したが、これは一時しのぎの解決策である。市場ではペットボトル入りの食用油が値上げされるかもしれないとの噂が、七月から飛び交いはじめた。上限価格が期限切れになるからである。しかし加工業者は、国家発展改革委員会（ＮＤＲＣ ＝ the National Development and Reform Commission）の認可待ちで値上げには踏み切っていないが、イーハイ・ケリー*とコフコ**には約五パーセントの値上げを許可したといわれている」と報じた。

その陰で、政府は以前に安く買い付け輸入した原料ダイズを搾油業者に供給し、彼らの採算が取れるよう配慮することを忘れなかった。業者は政府から安い原料ダイズを渡され、委託生産（toll crushing）を請け負うような形で、搾油マージンを得て事業を続けたのである。一一年二月二一日、政府は加工業者に対し農家から直接トウモロコシを買い付けることを禁止した。国家糧食局が備蓄用トウモロコシの買い付け量を増やすためであった。

それだけでは実効がともなわないと考えたのか、四月二七日、工業用や食品用という「非飼料用」需要の拡大を制限する方向へ舵を切った。それだけではない。政府は加工業者の事業拡大にブレーキをかけるため優遇税制の廃止を検討中であるといわれている。他方、金融機関に対してはトウモロコシの仲買（買取）業者への融資を禁止するよう命じた。中国政府の「非飼料」需要の増大にブレーキをかけようとする意図が透けて見える。

トウモロコシ需給逼迫の背景には飼料用と食品用、それに工業用の需要急増があることは周知の事実であるが、それにしても、なりふり構わぬインフレ対策にはいかにも短兵急な印象を受ける。かつての中国はそうではなかった。中国は九三年、九四年にも食料品インフレを経験している。その時、政府はインフレにどのように対処したのか。中国政府は価格凍結や統制を行わず、供給を増やしてインフレを乗り切った。供給を増やすことがインフレ克服の定石だからである。

インフレが起これば原材料価格は高騰する。このとき価格統制を実施すれば、製造業者は販売価格を引き上げることはできない。原材料が値上がりしているのに小売価格を値上げできなければ彼らは利益を得られない。利益が出なくなれば、製造業者は生産を減らす。その結果、供給不足に拍車がかかり価格はさらに高騰する。物価凍結や価格統制はインフレ克服には逆効果となるどころか、かえってインフレを助長する。

筆者は当時これを見て「中国のテクノクラートは優秀だ。インフレを正攻法で克服した」と感心した。逆の言い方をすれば、正攻法の対策を採れなかった一〇年のインフレはそれほど深刻だったということになる。中国政府には原材料の供給を増やす余地はなかった。先高を見越した一部の人々が、短期の利益を得ようと買い占めに出たからである。だが買い占めによって得られる利益など、たかが知れている。それに買い占めは、代替品への需要の移転を促す。需要が減少すれば買い占めによって得られる利益など霧散するからだ。

＊　シンガポールのウィルマー・インターナショナルが所有する、中国最大の食用油メーカー。そのマーケットシェアは五〇パーセントを超えるガリバー企業。

＊＊　中糧集団有限公司。本社北京。中国有数の企業グループ。食用油のマーケットシェアは約一〇パーセントである。

ソビエト連邦消滅後の価格推移

すでに見たように、期末在庫の減少や在庫率の低下は価格高騰の要因の一つである。しかし、留意しなければならないのは、期末在庫や在庫率とは世界の在庫率ではなく、米国の在庫や在庫率であることである。なぜなら、米国は世界最大の穀物輸出国であり、同時に、穀物供給の最後の砦という二面性を持っているからである。世界の穀物市場は米国を軸に展開してゆくから、穀物価格に与える影響は、米国の在庫率の方が、世界の在庫率よりはるかに大きいからである。

これまでの経験に照らせば、米国のトウモロコシやダイズの在庫率が一〇パーセントを割り込めば黄色信号が点滅し、五パーセントを下回れば赤信号が点灯する。在庫率が五パーセント未満へ低下すれば供給逼迫はいよいよ深刻になり、在庫は綱渡りを強いられる。しかし、小麦は例外である。小麦は在庫率が二五パーセントを切れば相場が高騰することが多い。というのは、小麦は世界中で冬小麦（北半球では九月作付け、翌年七月収穫）と春小麦（四月作付け、九月収穫）が栽培されている上、米国を上回る輸出国としてロシア、ウクライナ、カザフスタンを筆頭とする旧ソ連が台頭してきたからである。ただ米国の方が気温や降水量などの気象条件に恵まれているから、年々の輸出余力という点では米国の方がずっと安定している。

ここ二〇年余りにわたる米国の在庫率と価格の推移を振り返ってみよう。まず第一回目の価格高騰が九三年に起こった。米国が九三年六月、七月に未曾有の豪雨に見舞われたのである。穀倉地帯の西部に平年の四倍から五倍もの雨が降った。アメリカ中央部を流れるミシシッピ川が、ロッキー山脈の東側を流れるミズーリ川との合流地点で氾濫を起こし一八〇〜二〇〇万エーカーもの畑が水につかった。その上、産地では八月後半に気温が下がりトウモロコシは大幅減産、ダイズも減産となった。

その結果、九三／九四年度のトウモロコシ在庫率は前年度の二四・九パーセントから一一・二パーセントへ半減した。価格も九四年一月一三日の立ち会い中（取引時間中）、ブッシェルあたり三・一一七五ドルを記録した。他方、ダイズの在庫率は一〇・七パーセントとなり、前年度の一三・四パーセントよりさらに低下した。価格は九三年七月一九日の立ち会い中七・五五ドル／ブッシェルを付けた。

第二回目の価格高騰は九五年であった。この年は作付期の五月に低温と長雨に邪魔され、トウモロコシとダイズは記録的な作付け遅れとなった。トウモロコシ畑は播き直しをしたところも少なくなかった。作付適期を逃したため作付けを断念した畑もあった。それだけではない。七月には中西部と東部が熱波に襲われてトウモロコシが大幅減産となった。またトウモロコシの大輸出国だった中国が輸入国に変わり、米国から大量のトウモロコシを輸入した。このため九五／九六年度の在庫率は前年度の一六・七パーセントから過去最低の五・〇パーセントへ減少した。価格は九六年七月一二日の取引時間中に五・五四五ドルを付け、五・四八ドルで取引を終了した。

翌九六年は小麦が世界的に不作になり、小麦相場が急騰した。主要生産国のオーストラリアとカナダで小麦在庫が急減し、輸出余力が失われた。シカゴ小麦先物は四月二六日、七・一六五ドルで取引を終え、史上最高価格を更新した。なお九五／九六年度の小麦の在庫率は一五・八パーセントで、前年度の二〇・五パーセントから四・七パーセント下落した。

第三回目の価格上昇は〇三年に起きた。〇三年はトウモロコシとダイズの作柄は明暗が分かれた。トウモロコシは豊作となったが、ダイズは干ばつに襲われて不作になったのだ。トウモロコシの授粉期は七月であるのに対し、ダイズの開花期・着鞘期は八月である。ところが肝心な八月に降雨がなく、ダイズは二年連続の不作に終わり需給が逼迫した。このため南米から新穀ダイズが出回る直前の〇四年三月まで値上がりが続いた。四月からは新穀が出回り始め、ダイズの高騰は収まった。

第四回目の高騰は〇六年の秋口（一〇月）から始まった。この年から米国でエネルギー政策法が実施されて、エタノール・ブームが起こり、収穫期の一〇月から価格が上昇局面を迎えた。ダイズも同様に一〇月から上昇軌道を描き始めた。

翌〇七年はオーストラリアが二年連続で干ばつに襲われたばかりか、世界各国で小麦が不作となった。このため飼料用小麦の供給不足が起こり、その結果トウモロコシ価格を押し上げる一因となった。そこへ〇八年前半の原油価格の高騰が追い打ちをかけた。穀物と原油の高騰が同時に出現した。その理由はドルの余剰である。米国では〇二年から住宅ブームが始まった。低所得者にまで積極的に資金を供給したサブプライム住宅ローンがブームに火をつけたのである。住宅ブームは〇八年九月一五日のリーマンショックによってあえなく崩壊。米国発の金融危機が発生した。その結果、穀物価格は暴落した。

第五回目の価格上昇は一〇年に発生した。一〇年は六月半ばから、世界最大の小麦輸出国の旧ソ連が干ばつに見舞われ、凶作となった。これがきっかけとなって世界的に供給が逼迫し、値上がりが激しくなった。とくに旧ソ連のロシアは一〇年八月一五日から小麦輸出を停止し、中東や北アフリカの小麦輸入国を混乱に陥れた。

また一〇年には米農務省のトウモロコシの生産予想が八月から毎月大幅に引き下げられ、需給が当初の緩和見通しから逼迫へと急転回した。一一年五月一八日の「日本経済新聞」はこれを受けて「一〇／一一年度末の在庫率が五パーセントと一五年ぶりの低水準」に落ち込むことを伝えている。それが六月一〇日、シカゴ商品取引所のトウモロコシ定期取り引きがブッシェルあたり七・八七ドルと終値の過去最高の更新につながったのである。

第六回目の価格高騰は一二年に起こった。一二年六月中旬からトウモロコシとダイズの作況悪化が止まらなくなった。史上最悪に並ぶ大旱魃が米国中西部の穀倉地帯を襲ったからだ。米農務省は七月九日、トウモロコシとダイズの作柄が八八年以来の最悪の状況にあることを認めた。これを受けて穀物価格は急上昇。二番底を形成した六月一五日のシカゴ商品取引所の穀物相場はトウモロコシがブッシェルあたり五・〇九ドル、ダイズが一三・四二ドル、小麦が六・二六七五ドルであった。

七月三〇日にトウモロコシが八・二〇ドルと史上最高値を連日更新（七月一九日に史上初めて八・〇〇ドルを突破）し、ダイズも一七・二五七五ドルとこれまでの最高値に接近している。小麦は九・一四五ドル（史上最高価格は〇八年二月二七日の一二・八ドル）へ噴き上げている。理由はこれまた八八年と同じ投機資金の流入であった。

一二／一三年度の米国産穀物の輸出は、トウモロコシ生産二億七三八三万トンのうち輸出一八六七万トン、ダイズ生産八二〇六万トンのうち輸出三五七六万トン、小麦生産六一七六万トンのうち輸出二七四二万トン、コメ生産六三三万トンのうち輸出三四〇万トンである。とくにトウモロコシの生産と輸出の落ち込みが目立っている。トウモロコシの生産は一一／一二年度の三億一三九五万トンから四〇一二万トンの生産減少だった。このため高価格によって需要を抑制するより手がなく、輸出も同様に三九一八万トンから一八六七万トンへ二〇五一万トンも落ち込んだ。

その埋め合わせをつけたのは、もともと伝統的な輸出国ではなかったウクライナ、ロシア、カザフスタンそれにルーマニアなど東欧諸国、南アフリカ共和国、それにアルゼンチンとブラジルなどの準伝統的な輸出国であった。米国のトウモロコシ輸出の落ち込みは、七二年にアメリカが対ソ穀物大量輸出を開始して以来、絶えて久しくなかったことである。トウモロコシの大半は飼料用として家畜の肥育に使われるから、価格は安ければ安いほどよい。しかし一二年にはアメリカ産トウモロコシが価格競争力を失い世界一高価になった。アメリカ産トウモロコシの需要の四〇パーセント以上がエタノール向けに使用されていたからである。

干ばつに直撃された二〇一二年

一二年六月中旬から米国の穀物の作況悪化が止まらなくなった。史上最悪に並ぶ干ばつが穀倉地帯を襲っていたからだ。それは八八年の干ばつに匹敵するほど深刻なものだった。

この年は空を飛ぶ鳥が落ちてきたと言われるほど伝説的な高温であった。中西部の中心に高気圧のドームが形成されて居座り、六～七月の二カ月間雨らしい雨が降らなかった。

八八年はトウモロコシの単収が前年のエーカーあたり一一九・八ブッシェルから、八四・六ブッシェルへ二九・四パーセントも急減した。生産高も前年の七一億三一三〇万ブッシェルを三〇パーセントも下回る四九億二八六八万ブッシェルとなった。これに対し、ダイズの単収は三三・九ブッシェルから二七・〇ブッシェルへ二〇・四パーセント低下した。生産高は前年の一九億三七七二万ブッシェルを二〇パーセントも下回る一五億四八八四万ブッシェルとなった。

後を追うようにして価格高騰が起こった。不作懸念が強まり、市場人気が沸騰したのである。トウモロコシは一月の安値、ブッシェルあたり一・九四二五ドルから、七月の高値三・五九ドルまで値上がりした。ダイズは二月の安値五・九四五ドルから六月の高値一〇・九九五ドルまで上昇した。

一二年七月九日、米農務省はトウモロコシとダイズの作柄が八八年以来の最悪の状況にあることを認めた。さらに農務省の発表によれば、七月二九日にはトウモロコシの作柄は優・良の合計が二四パーセントとなった。これは八八年の優・良合計二〇パーセントに迫る勢いである。ダイズも優・良合計が二九パーセントへ落ち込んだ（米農務省は作柄を表すのに、非常に悪い、悪い、普通、良、優、の五段階に分け、各々の割合を示す習慣になっている）。

これを受けて穀物相場は急上昇。二番底を形成した六月一五日のシカゴ商品取引所の穀物価格はトウモロコシがブッシェルあたり五・〇九ドル、ダイズが一三・四二ドル、小麦が六・二六七五ドルであった。それが七月三〇日にはトウモロコシが八・二〇ドルと史上最高値を連日更新し、ダイズも一七・二五七五ドルとこれまでの最高値に接近している。小麦は九・一四五ドル（史上最高価格は〇八年二月二七日の一二・八ドル）へ噴き上げている。

こうした状況下で、株式や債券をはじめ、穀物を除くすべての商品（金、原油、砂糖、コーヒー、綿花、銅、プラチナなど）が下落した。この結果、ファンド・マネージャーが安心して買うことができ、買った後に枕を高くして寝られるのは穀物だけになった。理由は、①アメリカのトウモロコシとダイズが、一〇／一一年度、一一／一二年度と二年連続の不作に終わった、②一一／一二年度には同じく、南米のアルゼンチン、ブラジル、パラグアイのダイズが降雨不足から減産になった、③一二／一三年度の頼みの綱であったアメリカが深刻な干ばつに襲われ、「作付面積の増加が生産増をもたらし、需給は緩和する」という市場の淡い期待が無残に打ち砕かれたからである。

しかし、二〇一二年の不作と一九八八年の不作に間には大きな違いがある。それは需要サイドの要因である。八八年当時、米国にはエタノール政策は存在していなかった。中国はトウモロコシの輸出国（年間四〇〇万トン）であった。その上、中国はダイズの輸入国ではなかった。ところが一二年に中国は六〇〇万トンのトウモロコシを米国から輸入する見込みとなった。

穀物減産の影響をまともに受けるのはアメリカである。アメリカは世界最大の穀物生産国であると同時に輸出国であり、世界最大の畜産国だからである。アメリカが不作に終わった場合、アメリカの肩代わりをしてくれる穀物輸出国は、どこにもない。いきおい穀物価格は支援材料に敏感になり、値上がりしやすくなる。

しかし注意すべきことは、穀物の価格高騰と穀物メジャーの業績とは連動しないという事実である。たとえ価格が高騰してもパイプラインを流れる穀物量の絶対量が減少したのでは、手数料収入が落ち込み業績低迷を余儀なくされるからである。

思いがけぬ豊作になった二〇一三年

二〇一三年八月半ば、トウモロコシが値下がりし始めた。春先の長雨による深刻な作付け遅れが取り返され、穀物増産の見通しが強まったためだ。米農務省が一一月八日に発表した最新の需給予測によると、一三／一四年度のトウモロコシの生産は一四一億二五〇〇万ブッシェル、ダイズは三二億七五〇〇万ブッシェル、小麦は二一億五〇〇〇万ブッシェルが達成される見込みとなった。とくに四年振りの豊作となったトウモロコシの増産が目覚ましかった。

図9　トウモロコシ（上），ダイズ（下）の収穫

一二年、トウモロコシは旱魃と熱波の挟み撃ちに遭って、生産が一〇七億八〇〇〇万ブッシェルへと激減した。ダ

イズも同様の被害を受け、三〇億九四〇〇万ブッシェルの生産にとどまった。しかし、小麦は一九億九九〇〇万ブッシェルで豊作になった。干ばつが深刻化したのは六月中旬以降のことであり、小麦はすでに成熟期を過ぎていたから、干ばつの影響を逃れることができた。

こうしてトウモロコシの単収は、一一年のエーカーあたり一四七・二ブッシェルから、一二三・四ブッシェルへ一六・二パーセントも急減した。生産も前年の一三五億一六〇〇万ブッシェルを一二・八パーセント下回る一〇七億八〇〇〇万ブッシェルとなった。これに対し、ダイズの単収はエーカーあたり四一・九ブッシェルから三九・六ブッシェルへ五・五パーセント低下した。生産は前年の三〇億九四〇〇万ブッシェルからわずかに減少（一・一パーセント）し、三〇億一五〇〇万ブッシェルとなった。

これを受けて穀物価格は急上昇。二番底を形成した一二年六月一五日のシカゴ商品取引所の穀物相場はトウモロコシがブッシェルあたり五・〇九ドル、ダイズが一三・四二ドル、小麦が六・二六七五ドルであった。それが八月二一日、トウモロコシが八・三二〇五ドルと史上最高値を更新し（史上初めて八・〇〇ドルを突破）、ダイズも一二年九月四日、一七・七一ドルとこれまでの最高値を更新した。小麦も九・一四五ドルへ噴き上げた。その理由

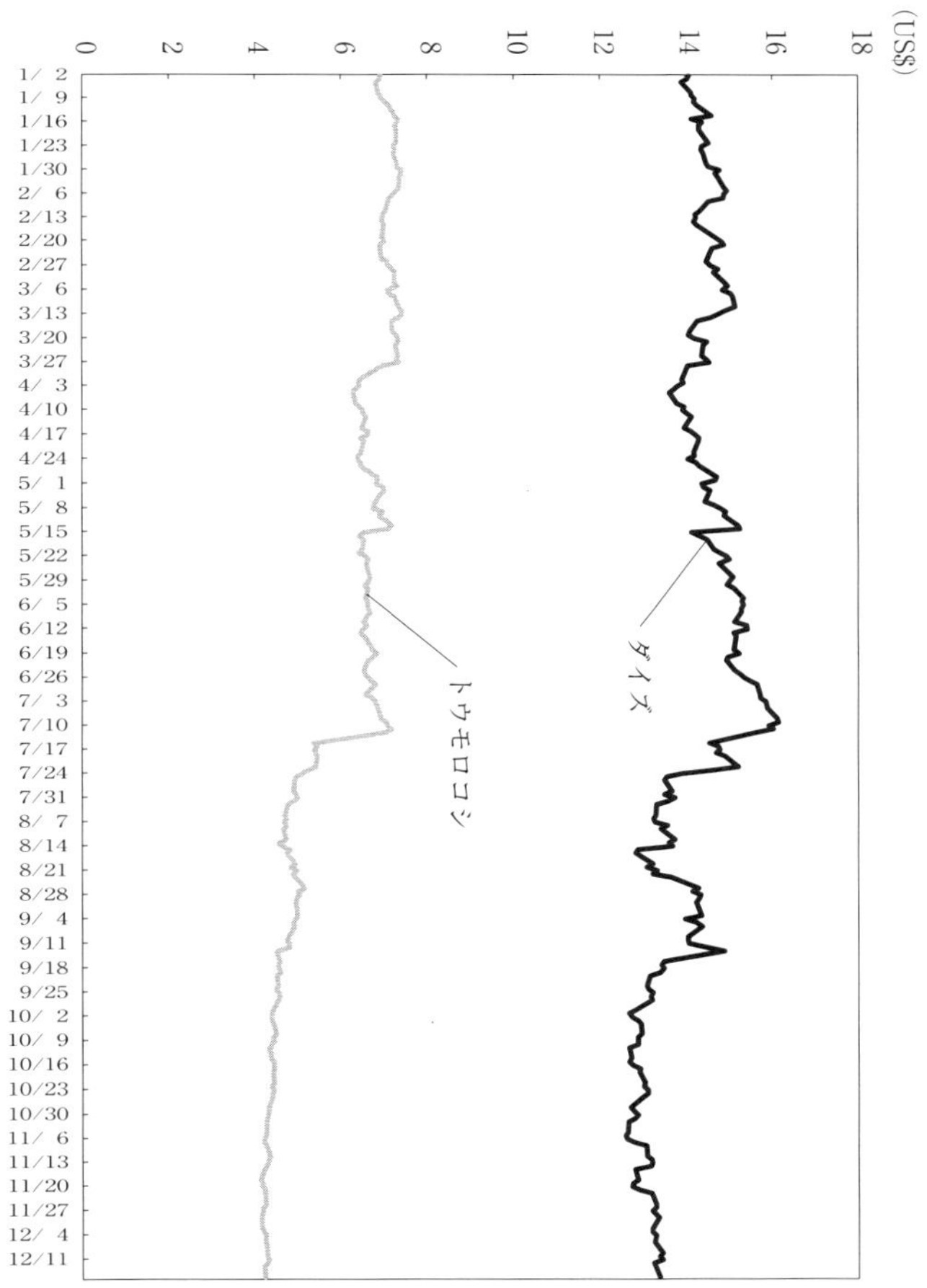

図10　CBOT穀物相場（2013年）

は生産急減と投機資金の流入の二つであった。

だが、満ちた月は欠け、高値は短期間で終わるもの。トウモロコシは一三年七月一〇日まで七・〇一五ドルを保っていたが、七月二五日には四・九六ドルと五・〇〇ドルを割り込んだ。さらに一〇月一一日に四・三三二五ドルまで下落した。他方、ダイズは一三年七月一一日まで一六ドル台を保っていたが、九月一三日に一三・四八二五ドルと一四ドルを割り込み、九月三〇日には一二・八二五ドルとなり一三ドル台を維持できなくなった。

長い間続いたダイズの高騰にも、ようやく終止符が打たれたようである。それまでダイズの高騰が解消されなかった理由は、一二年度のダイズ生産が不作に終わり、アメリカの生産が三年連続で減少し、在庫が逼迫したからであった。アメリカの不作による生産減少が二年連続で起きることはまれである。それが三年連続で起こるとは想像もできなかったのだ。

一三年九月以降の相場急落は、明らかに、プライス・メカニズムの働きである。プライス・メカニズムの復讐といってもよい。高価格が需要を抑制する一方で生産の呼び水となっただけでなく、成育期後半から成熟期にかけて好天が強力に豊作を後押ししたからである。

一三年の秋口から米国産穀物が価格競争力を取り戻すと、穀物メジャーの収益が改善した。アメリカは四年ぶりの豊作に恵まれ、生産量が急増した（トウモロコシの生産は一二／一三年度より二九・八パーセントもの増産になり、一三九億八九〇〇万ブッシェルに、ダイズの生産は七・四パーセント増加して三二億五八〇〇万ブッシェルとなった）。この結果、パイプラインを流れる穀物の量は著しく増え、エクスポート・エレベーターの稼働率が上がった。その結果、手数料収入が急増したのである。

6　国際穀物市場におけるアメリカの地位

最終的な供給者

二〇〇六年九月末から始まった穀物価格の全般的な高騰によって、世界穀物市場におけるアメリカの立場がいっそう鮮明になった。その立場が何かといえば、それはアメリカが不動のレジデュアル・サプライヤー（residual supplier）であることである。レジデュアル・サプライヤーとは「（穀物の）最終的な供給者」のことをいう。しかし、この重要な事実に日本の研究者の多くは注意を払ってこなかった。

レジデュアル・サプライヤーの役割について小麦を例にあげて説明すると、次のようになる。毎年クリスマス明けになると南米の主要輸出国であるアルゼンチンで新穀の収穫が始まる。そこで輸入国はアルゼンチン産の小麦を安値で手当てする。アルゼンチンの輸出余力が底を尽けば、次に、八月から出回ってくる安値のウクライナ産や旧ソ連産、あるいは欧州連合産の小麦を買う。もちろん主要輸出国のカナダやオーストラリアからも一定量の小麦を輸入する。この両国の輸出余力がなくなれば、輸入国は最後に、残りの必要量をすべてアメリカから購入する。

〇七／〇八年度は欧州連合、カナダ、オーストラリアが不作に終わり、供給余力が乏しくなったから、輸入国の頼みの綱はアメリカだけであった。世界中の小麦需要がアメリカに殺到し、アメリカは最後の砦となって、世界中へ小麦を供給した。小麦価格が史上空前の値上がりを演じたのは、むしろ当然かもしれない。

当時、ブッシュ大統領は「食糧の自給は国家安全保障上の利益である。アメリカでは（食糧の自給は）ごく当然のことのように思われている。しかしそれは贅沢な話なのだ」と発言し、また「国民を養うことのできない国（旧ソ連を念頭においてる）を想像できるだろうか」とも言っている。これはブッシュ大統領のアメリカ農業の競争力に対する並々ならぬ自信を示すものだろう。

ＡＤＭのエタノール戦略の影響

ＡＤＭ（アーチャー・ダニエルズ・ミッドランド、本社：イリノイ州ディケーター）はエタノール製造ではポエット社と並ぶ最大手で「エタノールのエクソン」と称される。ＡＤＭの〇七年の売上高は四四〇億一八〇〇万ドルで、〇六年の三六五億九六一〇万ドルから二〇・三パーセント増加し、純利益は二一億六二〇〇万ドルで〇六年の一三億一二一〇万ドルから六四・八パーセント増加している。ちなみに〇五年の売上高は三五九億四三八〇万ドル、純利益は一〇億四四四〇万ドルであった。

エタノール製造事業の収益率が高いため、ＡＤＭはエタノール政策の導入を絶好の事業機会としてとらえ、アンドレアス前会長の悲願であったエタノール事業を拡大することを狙っている。政府の手で優遇措置が用意されるのであれば、それを利用しない手はない。いずれ政策が変更されても、同業者がすべて同一の環境下で競争するだけのことだからである。

ＡＤＭは〇五年末、今後二年間に九億ドルを投じ、エタノール工場とバイオディーゼル工場を建設し、バイオ燃料の生産能力を増強する計画を発表した。バイオ燃料は京都議定書で二酸化炭素の排出量ゼロとされている。植物が成長する過程で二酸化炭素を取り込んでいるからだ。この追加投資によってＡＤＭのエタノール、バイオディーゼル関連事業への総投資額は二二億ドルに拡大する。エタノールの生産能力は現在の一二億ガロンから一七億ガロンへ増加する見通しである。ＡＤＭ社の中核事業はこれまではダイズやナタネ搾油、それにトウモロコシ製粉を中心とする穀物加工であった。しかし、七五年にテイバー・グレインを買収したことによって、穀物を取り扱う上流の施設と、サービスの自給自足という下流（消費者向け製品の販売）の事業展開に向けて大きな一歩を踏み出した。八〇年代半ばからは、エタノールやバイオディーゼル製造へ事業を拡大し、バイオエネルギー企業へ変貌を遂げている。

ＡＤＭの二〇〇四年度における事業分野別の営業利益は、食品・飼料原料（小麦粉製粉、リジンを含む）が一七・〇パーセント、金融が六〇パーセント、油脂加工一九・〇パーセント、コーンスターチ・甘味料が二〇・〇パーセント、バイオ関連製品二二・〇パーセント、農業サービス（輸出事業を含む）が一六・〇パーセントという内訳である。経営の多角化が進み、穀物事業の相対的な重要性が低下していることに注意が必要である。カーギル、ＡＤＭ、バンゲなどの穀物メジャーにあっては、穀物事業が会社全体の売り上げに占める割合は、一九七〇年代末には平均して五〇パーセントを占めていたが、一九八〇年代の終わりには二〇パーセントになり、いまや一五パーセントにまで低下している。

〇六年五月、ＡＤＭは米国大手石油会社シェブロンのパトリシア・ウォルツ上級副社長を最高経営責任者（ＣＥＯ）として迎え入れ、経営戦略の一大転換へ布石を打った。ウォルツは「ＡＤＭは世界における（バイオ）燃料と食糧のリーダー企業を目指す」と宣言している。彼女は〇七年エネルギー政策法で更新可能燃料基準が上積みされたことを歓迎し、「更新可能燃料基準（ＲＦＳ）の将来の拡大は、現在エタノールとバイオディーゼルが提供している今この場での問題解決策を実行することによってのみ、十分に達成される。ＡＤＭは引き続き更新可能なバイオ燃料の発展を先導することに貢献し、またバイオ燃料がエネルギーの安全保障を強化し、地方経済を活性化させ、環境問題を改善する助けとなる広範な幅広い役割を果たすことを願っている」と述べた。

カーギルのエタノール戦略の影響

これに対し、穀物メジャーの雄カーギル（本社：ミネソタ州ミネトンカ）は、搾油、デンプン加工、畜産、精肉、肥料などの事業へ着々と手を広げている。カーギルは農業関連事業の統合を目指して投資を行ってきた。カーギルが今日まで成功を収めてこれたのは、

図11　カーギルのエタノール工場

投資戦略よりもむしろ経験ある穀物商社としての伝統的な洞察力に負うところが大きい。またカーギルの規模と抜きん出た運営手腕がビッグリーグの先頭に立つ上で、きわめて重要なことである。

カーギルの〇八年の売上高は一二〇四億ドルで、前年比三六パーセント増え、純利益は三九億五〇〇〇万ドルで、同六九パーセント増えている。売上高の急増は一部資産の売却益によって嵩上げされた結果であり、フォビング・マージン（積み込み手数料）はすでに〇八年三月から五月にかけて、下落に転じている。〇七年の売上高は八八二億六六〇〇万ドルで前年比一七・三パーセント増加し、純利益は二三億四三〇〇万ドルで前年比五二・四パーセントの増加であった。

しかし、カーギルはＡＤＭとは異なり、バイオ燃料分野への進出には消極的なスタンスをとっている。その理由は、保守的で堅実な企業体質によるところが大きい。カーギル社は多角化計画そのものも、穀物取引と同じく保守的な原則に基づいている。多角化はいずれも穀物市場を作り出すための投資であり、穀物取引業から派生したものである。カーギルの多角化路線と多国籍化路線は主として穀物事業の関連分野に限定されており、カーギルは今後も穀物コングロマリット、穀物多国籍企業の枠を大きく逸脱することはないと見られる。

〇六年九月にカーギルの会長を退いたウォーレン・スティリーは、「穀物輸出は伝統的にカーギルの主要な事業であったが、将来の世界的な農産物輸出とアメリカの農産物輸出に対し、どのような見通しを立てているのか」との業界誌の質問に対して、「アメリカは引き続き主要な穀物輸出国であると考えている。しかし、どれくらい重要であるかは、その供給力と国内のバイオ燃料産業の成長率に左右される。少なくとも、これから数年間は、北米の輸出は横ばいか、多少減少することになるだろう。南米と旧ソ連は不振を取り戻し、輸出が増大すると見ている」と答えている。

アメリカのエタノール・ブーム

最近のエタノール・ブームについては「アメリカは本物のエタノール・ブームのさなかにある。エタノール産業は〇七年の年末にも、一二年の使用義務量七五億ガロンに到達する可能性がある。しかも州政府と連邦政府の両者は、エタノールの使用義務量を引き上げ、補助金を増額することを真剣に検討している。〇五年エネルギー法の期限切れを控えて、議会（上下両院）ではバイオ燃料に対する奨励金を増額することを内容とする追加立法の議論をたたかわせている。その政治的議論は、筆者の理解する範囲では、人為的な需要増加策に見合う供給を作り出す加速器のスピードを上げることより、ブレーキをかけることに置かれている。この一年、アメリカではバイオ燃料生産能力の急速な拡大が食品価格を押し上げたが、このことは世界中の貧しい人々をさらに困窮させる結果になった。穀物価格は五〇パーセントも上昇し、世界中が悪天候に見舞われて供給が減少したため、これら（食糧と飼料と燃料）の三つの用途に十分な供給ができなくなった」と述べている。

ステイリーはエタノール業界について、「明確なことは、補助金と保護と使用義務量が定められなかったならば、エタノール業界はアメリカではこれほどの速度で成長しなかったはずである」と持論を述べている。さらに言葉をついで、「関税障壁が世界中で取り除かれ、エタノールが公開自由市場で取引されるようになれば、混和業者はエタノールの供給について大きな信頼感を持つようになり、エタノール市場の規模はさらに拡大するだろう。それがいつ実現するかは不明だが、長期的に見てエタノール業界に肯定的な影響を与えることは容易に想像がつく。一般的に言えば、エタノール産業と消費者はどちらも、エタノール事業が不明瞭な政治的特恵ではなく、強固な経済基盤の上に構築されれば、もっと積極的にエタノールを使うようになるだろう。なぜなら、政治的特恵は市場環境が変化すれば、姿を消すかもしれないからである」という。

ステイリーは「経済的には、バイオ燃料はそれが競争力をもって供給される市場を見つけなければならない。というのは使用義務量と保護主義はエタノール産業に対する長期の土台にはなりえないからである」と述べ、カーギルはエタノール以外の工業用（たとえば生分解プラスチック）に膨大な投資をしていることを認めている。さらにステイリーは「一般的に言えば、食糧と飼料と燃料の競合という問題がある。この（穀物）業界では空腹な人々に対する食糧と、家畜を飼育する畜産業界に対する飼料と、乗用車やトラックに対する燃料のいずれかを選ぶようなことは望んでいない」というが、これは本音だろう。

アメリカの国益と穀物メジャー

穀物超大国アメリカの国益とは、世界穀物市場におけるレジデュアル・サプライヤー（最終供給者）の地位を維持し続けることにある。なぜなら、国際穀物市場におけるアメリカの競争優位性は、①他の生産国に比べて単位面積あたりの収穫量が多く、年々の生産高のブレが小さいため、潤沢な輸出余力を持つ、②市場がオープンで正当な市場価格を払いさえすれば、誰でも、いつでも、必要な穀物を買い付けることができる、③内陸輸送力が高く穀物積出能力（五大湖、東海岸、メキシコ湾岸、西海岸のどこからでも輸出が可能）に余裕がある、④北半球の大消費地、消費国に近いという地理上の利点がある、ことによっている。

穀物メジャーが〇七年に史上空前の利益を上げることができたのは、アメリカが穀物供給の最後の砦となり、世界中へ大量の穀物を輸出できたからである。〇七／〇八年度のアメリカの穀物輸出は、小麦が一二億六四〇〇万ブッシェル（三四三〇万トン）、トウモロコシ二四億三五〇〇万ブッシェル（六一八五万トン）、ダイズ一一億六〇〇〇万ブッシェル（三一五七万トン）と三種の主要穀物だけで一億二七七二万トンに上った。前年度の一億九〇六万トンより一八六六万トン、一七・一パーセントもの増加であった。これが穀物メジャーの輸出エレベーターの稼働率を高め、エレベーターの使用料収入を増やしたのである。アメリカがレジデュアル・サプライヤーの地位を堅持するためには穀物を増産し、輸出需要を満たす必要があるが、アメリカは穀物を増産することができるだろうか。筆者は「できる」と思う。それはどのようにしてか。市場メカニズムを使うのである。

アメリカの農家が穀物価格の高騰を見て穀物を増産するには、三つの方法がある。第一に、作付面積を増やす。第二に、密植を励行してエーカーあたりの株数を増やす、第三に、収量の多い新しいタイプのＧＭ種子を作付けすることである。

第一の作付面積の拡大は、供給増大の切り札である。これはダイズからトウモロコシへ、あるいは綿花からトウモロコシへ作付けを転換することによって可能になる。農地拡大が限界に近づいていることは事実だが、作付面積の拡大余地はなお大きいと考えられる。米農務省の主席アナリスト、キース・コリンズは〇七年三月一日にワシントンで開かれた農業観測会議の席上、「トウモロコシ増産への変化を加速させているのは、目覚しい価格の上昇である。市場は伝統的な飼料と食糧向けの消費から、バイオ燃料生産の価値へ評価を変えつつある」と述べた。とくにアメリカ市場ではこの傾向が強い。農家の行動原理が「収入極大化」にあり、収入の多い作物を優先的に作付けするからである。彼は「トウモロコシの作付面積は、〇七年春には、他の農作物の面積を取り込むことになるだろう。とくに中西部のダイズと、南部の綿花とダイズ、北部平原の春小麦からの転作が増えることになる」と説明している。

第二に、エーカーあたりの株数を増やすためには、種子と種子との間隔を詰めて種を播くことである。これは播種機を牽引するトラクターに備え付けられたコンピューターを操作すれば簡単にできる。ちなみに筆者が米国に駐在していた二五年前には一エーカーに一万八〇〇〇株から二万二〇〇〇株を作付けするのが一般的であった。しかし、最近では三万二〇〇〇株から、多いところでは三万六〇〇〇株を作付けすることも珍しくなくなっている。

第三に、新開発の多収量のGM種子を作付けすることである。新しいタイプの種子は試験農場（test plot）では、生育条件に恵まれさえすれば、すでにエーカーあたり三〇〇ブッシェルの収量が達成されているという。これまでの経験によれば、この単収に豊作年なら〇・七二を掛け、平年作なら〇・六七を掛けると全米平均にほぼ等しくなる。すなわち豊作になれば平均単収二一六ブッシェルが実現する。これは史上最高を記録した〇四年の一六〇・四ブッシェルを三四・五パーセントも上回る数字である。種子の改良はこれから先も営々と進められ、単収はさらに向上するはずである（〇九年には単収が一六四・七ブッシェルとなり、過去最高を記録した）。

過度の価格高騰を抑えるプライス・メカニズム

二〇〇八年八月六日、トウモロコシはブッシェルあたり五・〇八ドルで取引を終えた。六月二七日の高値七・五四七五ドルから二・四六七五ドル、トン換算で九七・一四ドルも値下がりしている。同日、ダイズは一二・二〇五ドルで取引を終了した。七月三日の高値一六・五八ドルに比べると四・三七五ドル、トン換算で一六〇・七六ドルもの急落である。

相場急落の原因は、①投機資金の穀物市場からの流出、②実需家の買付け急減、③好天に恵まれたことによる増産の見通し、④ユーロ高が一服しドルの独歩安が止まったこと、にあると思われる。

投機資金が穀物市場から退出している理由は、おそらく、①エタノール政策が見直され、補助金と輸入関税が切り下げられる、②エタノール使用義務量が引き下げられる、③商品指数ファンドに対する持ち高規制、報告義務が課される、④アメリカ政府がドル防衛とインフレ防止に力を入れざるを得なくなった結果、市中金利が上昇することが予想されるか

表4　米国産トウモロコシ需給見通し　（単位：100万ブッシェル）

年度		08/09	09/10	10/11	11/12	12/13	13/14
作付面積（100万エーカー）		86.0	86.4	88.2	91.9	97.2	95.4
収穫面積（100万エーカー）		78.6	79.5	81.4	84.0	87.4	87.7
イールド（bus/エーカー）		153.9	164.7	152.8	147.2	123.4	158.8
供給	期初在庫	1,624	1,673	1,708	1,128	989	821
	生　産	12,092	13,092	12,447	12,360	10,780	13,925
	輸　入	14	8	28	29	162	35
	総供給	13,729	14,774	14,182	13,517	11,932	14,781
需要	飼料・その他	5,182	5,125	4,795	4,557	4,335	5,300
	食品・種子・工業	5,025	5,961	6,426	6,428	6,044	6,400
	うちエタノール	3,709	4,591	5,019	5,000	4,648	5,000
	輸　出	1,849	1,980	1,834	1,543	731	1,450
	総需要	12,056	13,066	13,055	12,528	11,111	13,150
期末在庫		1,673	1,708	1,128	989	821	1,631
在庫率（%）		13.9	13.1	8.6	7.9	7.4	12.4

出典：米国農務省，2014年1月10日発表

らである。実を言えば、予想は見事に外れた。サブプライム・ローンに端を発した金融危機が深刻化したため、連邦準備制度理事会（FRB）は〇八年一〇月八日にフェデラル・ファンド金利を〇・五パーセント、一〇月二九日にさらに〇・五四パーセント引き下げ、年率一・〇パーセントとし、さらに一二月一六日、実質ゼロ金利とした。米金融史上初めてのことであった。

というのは投機資金にとって最大のリスクは価格変動ではなく、政府による制度変更のリスクだか

表５　米国産ダイズ需給見通し　　（単位：100万ブッシェル）

年度		08/09	09/10	10/11	11/12	12/13	13/14
作付面積（100万エーカー）		75.7	77.5	77.4	75.0	77.2	76.5
収穫面積（100万エーカー）		74.7	76.4	76.6	73.8	76.2	75.9
イールド（bus/エーカー）		39.7	44.0	43.5	41.9	39.8	43.3
供給	期初在庫	205	138	151	215	169	141
	生　産	2,967	3,359	3,329	3,094	3,034	3,289
	輸　入	13	15	14	16	36	25
	総供給	3,185	3,512	3,495	3,325	3,239	3,454
需要	搾　油	1,662	1,752	1,648	1,703	1,689	1,700
	輸　出	1,279	1,499	1,501	1,365	1,320	1,495
	種　子	90	90	87	90	89	87
	その他	16	20	43	−2	1	22
	総需要	3,047	3,361	3,280	3,155	3,099	3,304
期末在庫		138	151	215	169	141	150
在庫率（%）		4.5	4.5	6.6	5.4	4.5	4.5

出典：米国農務省，2014年1月10日発表

らである。このときは、経済の崩壊が止まらず金融危機が拡大していたから、政府は巨額の資金を使い銀行を救済し、保険会社のＡＩＧを救済し、政府系の住宅金融機関のファニーメイとフレディマックを救済し、ついでにＧＭやクライスラーという自動車会社も救済した。このときは徹底的な金融緩和だったから、制度変更のリスクは顕在化しなかった。

しかし、ここで議論しなければならないことはエタノール向けトウモロコシの需要が急増し、米国政府の予期しなかった事態が生ま

表６　米国産小麦需給見通し　（単位：100万ブッシェル）

年　度		08/09	09/10	10/11	11/12	12/13	13/14
作付面積（100万エーカー）		63.2	59.2	53.6	54.4	55.7	56.2
収穫面積（100万エーカー）		55.7	49.9	47.6	45.7	48.9	45.2
イールド（bus/エーカー）		44.9	44.5	46.3	43.7	46.3	47.2
供給	期初在庫	306	657	976	862	743	718
	生　産	2,499	2,218	2,207	1,999	2,266	2,130
	輸　入	127	119	97	112	123	160
	総供給	2,932	2,993	3,279	2,974	3,131	3,008
需要	食　品	927	919	926	941	945	950
	種　子	78	69	71	76	73	74
	飼料・その他	255	150	132	162	388	250
	輸　出	1,015	879	1,289	1,051	1,007	1,125
	総需要	2,275	2,018	2,417	2,231	2,414	2,399
期末在庫		657	976	862	743	718	608
在庫率（%）		28.9	48.4	35.7	33.3	29.7	25.3

出典：米国農務省，2014年1月10日発表

れてきたことである。政府が予想していなかった事態とは何か。それはアメリカの国益と国内の政治的利益の衝突である。この点を真正面から取り上げて論じている専門家は、残念なことに、まだ現れていない。

〇六年一〇月から穀物価格が上昇局面に突入し、〇九年九月のリーマンショックを挟んで、一三年八月まで未曾有の価格高騰が続いたことは記憶に新しい。トウモロコシが不作に終わっても、エタノールの使用義務量が変更されないのであれば、穀物メジャーはト

ウモロコシの輸出を減らさざるをえない。これは政府が輸出規制を行うのと本質的には同じことである。なぜなら、需給の調整は本来価格メカニズム（神の見えざる手）によってなされるべきであり、見える人の手（すなわち政府）で行われるべきではないからである。穀物メジャーが期待するのは、アメリカのトウモロコシ供給が増加し、エタノール向け需要と輸出需要の両方を、どちらも高水準で満たすことである。

トウモロコシの供給が増加しても、補助金付きのエタノール政策という矛盾は克服されないが、少なくとも矛盾は目立たなくなる。アメリカのエネルギー法に本質的な矛盾があることは確かだが、法律はすでに実施されている。とすれば、トウモロコシの増産を達成することこそが、食糧と輸出とバイオ燃料の相克を解決する近道になるだろう。

エタノール政策は見直されるか

〇八年八月七日、米環境保護局はエネルギー法で定められたエタノールなどのバイオ燃料の使用義務量の削減をテキサス州が求めていた問題について、同州の要請を却下したと発表した。テキサス州が求めていたのは「更新可能燃料基準（ＲＦＳ）」の緩和。先述のように現行の基準では、ガソリンに混合するトウモロコシ由来のエタノールの使用義務量を〇八年に九〇億ガロン、〇九年に一〇五億ガロンとし、その後も一五年まで年々引き上げることになっている。同州はこの基準が穀物価格の高騰の要因と指摘していた。トウモロコシなどのバイオ燃料向けの穀物価格の高騰で、使用義務量削減への支持が広がっていたが、連邦政府としてバイオ燃料の利用を堅持する姿勢を明確にした。

ところで大統領選挙が終盤戦を迎えていた一二年夏以降は、いずれの候補者も農家を敵に回すようなエタノール政策の見直しを口にしなかった。〇九年一月に大統領がブッシュからオバマに交替した。オバマ大統領はエタノール推進派のトム・ビルサックを農務長官に指名し、エタノールをバックアップする作戦に出た。ところが当のエタノール業界は、〇八年一〇月末に大手のベラサン・エナジーが、〇九年四月にはアベンティンが倒産した。オバマ大統領としてはエタノール業界を苦境から救い出すために何らかの手を打たなければならなかった。どうするのか。エタノール政策を見直してガソリンとの混合比率を増やすのである。現在のエタノールの混合比率は約一〇・二パーセントだが、これを一二パーセントから一五パーセント程度まで引き上げることである。

〇九年にトウモロコシが豊作になり値下がりするようなことがあれば、そのときはエタノールの混合比率の引き上げに踏み切るかもしれないと思われた。事実、連邦政府は一一年春から、八五パーセントのガソリンに一五パーセントのエタノールを混合したＥ－15の普及を推進し始めた。だが給油所の多くは追加の投資が必要になる給油所の改修を嫌ったため、政府の思惑とは裏腹に、Ｅ－15の消費拡大は進まなかった。また一三年秋、米環境保護局（ＥＰＡ）は、一四年にエタノール向けのトウモロコシ使用義務量を引き下げると発表し、六〇日間のパブリックコメントの聴取期間を設けた。パブリックコメントの結果は、おそらく使用義務量の引き下げに否定的な意見が大勢を占めるだろう。

万一アメリカでトウモロコシが不作に終わるようなことがあれば、穀物メジャーはアメリカ以外の産地から安いトウモロコシを大量に調達し、輸入国へ輸出するだけである。なぜなら、穀物事業は輸出余力と価格競争力がすべてを決める世界だからである。穀物の原産地がアメリカである必要はもとよりない。穀物に祖国はなく、穀物メジャーに国籍はないからである。

穀物メジャーの命運をにぎるアメリカ産穀物

〇七年から〇八年にかけて実施された世界各国の穀物輸出規制は、需給の実態から判断するかぎり、規制しなくても済ませられた。需給は逼迫していたが、〇八年の年間最高価格がこれまでの史上最高価格を大幅に上回ることまでは予想できなかった。にもかかわらず、ドル安と投機資金の流入によって穀物市場で異常な価格高騰が起こり、各国政府を慌てさせた。そこへ原油の高騰がダメを押したのである。

各国政府は食料価格の高騰を抑え、インフレを未然に防ぐため、穀物を増産し国内供給を増やすことに全力をあげた。それだけでは不十分と考えたためか、さらに輸出禁止、輸出関税の賦課、輸出枠の設定などの措置を取った。輸出国がこれらの輸出規制措置を講じたことは、公平に見て、必ずしも賢明とはいえない。とりわけ問題になるは、輸出規制をする必要のない国までが規制に踏み切ったことである。輸出規制は「国内市場への供給優先」という政治的判断が絡んでくるから事態はややこしくなる。なぜかといえば、輸出国の政府が政権を維持するために人気取りを図ったり、支持率の浮揚を狙ったりすることが起こるからである。

これに対して、穀物輸入国は価格がさらに上昇するのではないかという不安に駆られた。そこで輸入国は自由な取引の保証された輸出制限のない米国へ行き、必要な穀物をすべて買い付けたのだ。裏返して言えば、各国の輸出規制は輸入国をレジデュアル・サプライヤーである米国へ追いやっただけであった。その上、輸出規制に走った国々は、輸入国から信用できない供給国という烙印を押された。このように禁輸措置は各国政府の思惑とは逆に、むしろ輸出国に大きな打撃を与えることが多い。

レジデュアル・サプライヤーという考え方は、七〇年代後半には穀物メジャーの間でよく知られるようになっていた。この言葉の意味するところを、敷衍《ふえん》して説明すると、次のようになる。

世界には数多くの穀物生産国がある。彼らは豊作になれば輸出余力が生まれるので、それを輸出市場へ安く売ってくる。しかし、輸入国がそれを買い付けると、安値の売り物はすぐに底をついてしまう。次に、別の生産国が豊作に恵まれる。その生産国も余剰生産物を輸出市場へ売りに出してくる。これも他の輸入国が急いで購入する。こうして安価な穀物は次々に買い付けられ姿を消す。そして輸入国は最後に米国へ行き、必要な穀物をすべて購入する。

その典型的な例が一〇年に起こったロシアの旱魃だった。一〇年六月半ばから八月半ばまでロシアは干ばつに襲われ、まったく雨が降らなかった。ウクライナもカザフスタンも日照りに襲われ、小麦生産が激減した。このためロシアは八月一五日から小麦輸出を禁止した（この輸出禁止は一一年七月一日に解除された）。他方、カナダの春小麦は六月、七月の雨にたたられ、小麦が減産になった。欧州連合もフランスとドイツが高温乾燥した天候になり、小麦生産が減少した。そのとき輸入国はどのような対応をしたのか。輸出余力のある生産国、すなわち欧州連合、オーストラリア、米国などの国々から小麦を調達した。二〇一〇／一一年度は米国では小麦が豊作になり、輸入国は必要な小麦を米国から輸入できたからである。

ロシアの小麦輸出停止を受けて、シカゴ商品取引所の小麦定期価格（先物取引価格）は七月末から上昇した。しかし、この上昇傾向は長くは続かなかった。一一年二月九日に一ブッシェル八・八六ドルを頂点に値下がりに転じたのである。〇八年二月二七日に記録したブッシェルあたり一二・八〇ドルの過去最高価格には遠く及ばなかった。

このように世界穀物市場で米国が果たしている役割は、原油市場でサウジアラビアが果たしているスイング・プロデューサー（調整産油国）の役割と同じである。米国は世界穀物市場の最終的な需給調整を引き受けると同時に、その供給責任をも果たしている。このことは米国でエタノール政策が導入されるまではとくに顕著であった。エタノール政策導入以前は、ごく単純化していえば、トウモロコシの世界需給は、米国の「飼料・その他」が調整弁の役割を担い、ダイズは米国の「搾油需要」が、小麦は米国の「輸出」が需給を均衡させてきたからである。

このような文脈下で米国の輸出余力が失われるような事態になれば、世界の穀物貿易は成り立たなくなり瓦解の瀬戸際に追い込まれる。世界の穀物輸入国はこの冷厳な事実を理解しておかねばならない。穀物メジャーがこれまで頼りにしてきた、そして、これからも頼りにしなければならないのは、アメリカの安定した輸出余力である。アメリカの穀物輸出の多様性と安定性が穀物メジャーの命運を握っている。

【参考文献】


石川博友（一九八一）『穀物メジャー――食糧戦略の「陰の支配者」』岩波新書。

栢俊彦（二〇〇七）『株式会社ロシア――混沌から甦るビジネスシステム』日本経済新聞出版社。

リチャード・ギルモア著、中川善之訳（一九八二）『世界の食糧戦略』ＴＢＳブリタニカ。

柴田明夫（二〇〇七）『穀物争奪――日本の食が世界から取り残される日』日本経済新聞出版社。

武田善憲（二〇一〇）『ロシアの論理――復活した大国は何を目指すか』中公新書。

ジェームズ・トレイジャー著、坂下昇訳（一九七五）『穀物戦争』東洋経済新報社。

茅野信行（二〇〇五）『プライシングとヘッジング――穀物定期市場を利用するリスクマネジ

メントの方法』中央大学出版部。

茅野信行（二〇〇九）『食糧格差社会――始まった「争奪戦」と爆食する世界』ビジネス社。

茅野信行（二〇一三）『東西冷戦終結後の世界穀物市場』中央大学出版部。

東京穀物商品取引所編（二〇〇二）『農業リスクマネジメント』東京穀商品取引所。

日本経済新聞社編（一九八三）『先物王国シカゴ――投機地帯を行く』日本経済新聞社。

ダン・モーガン著、喜多迅鷹・喜多元子訳（一九八一）『巨大穀物商社――アメリカ食糧戦略のかげに』日本放送出版協会。

読売新聞中国取材班（二〇一一）『メガチャイナ――翻弄される世界、内なる矛盾』中公新書。

Chicago Board of Trade (1989) *Commodity Trading Manual.*

Hieronymus, T. A. (1981) *Economics of Futures Trading For Commercial and Personal Profit,* Commodity Research Bureau Inc., New York.

United States Department of Agriculture, *The World Agricultural Supply and Demand Estimates,* WASDE report (each month).

Milling & Baking News.

索　引

あ　行

か　行

さ　行

ま 行

や 行

ら 行

わ 行

《著者紹介》
各章扉裏参照。

シリーズ・いま日本の「農」を問う⑤

遺伝子組換えは農業に何をもたらすか

——世界の穀物流通と安全性——

2015年3月31日　初版第1刷発行　〈検印省略〉

定価はカバーに
表示しています

著　者　椎名隆 石崎陽子 内田健 茅野信行

発行者　杉田啓三

印刷者　坂本喜杏

発行所　株式会社 ミネルヴァ書房

607-8494　京都市山科区日ノ岡堤谷町1
電話代表　(075)581-5191
振替口座　01020-0-8076

冨山房インターナショナル・兼文堂

ISBN 978-4-623-07303-0
Printed in Japan